COURS COMPLET

D'ENSEIGNEMENT SECONDAIRE SPÉCIAL

COURS

D'HISTOIRE NATURELLE

Toutes nos éditions sont revêtues de notre griffe.

ON TROUVE A LA MÊME LIBRAIRIE :

DU MÊME AUTEUR :

Cours d'Histoire naturelle rédigé conformément aux programmes officiels de 1866 :

Année préparatoire. 1 vol. in-18 jésus, avec figures, cart. 2 25
Première année. 1 vol. in-18 jésus, avec figures, cart.... 2 »
Deuxième année. 1 vol. in-18 jésus avec fig. et carte, cart. 3 »
Troisième année. 1 vol. in-18 jésus. cart. 3 50

Éléments d'Histoire naturelle :

Physiologie. 1 volume in-18 jésus, avec 47 figures dans le texte. 6e édition, brochée.......... 1 50

Zoologie. 1 volume in-18 jésus, avec 261 figures dans le texte, 5e édition, brochée.......... 2 25

Botanique. 1 volume in-18 jésus, avec 208 figures dans le texte. 5e édition, brochée.......... 2 25

Géologie et Minéralogie. (*Sous presse*).

Le cartonnage se paye 15 cent. en sus.

La Vie et les mœurs des insectes. Extraits de Réaumur. 1 volume in-18 jésus, avec figures intercalées dans le texte. 2e édition, brochée .... 2 »

PARIS. — IMP. JULES LE CLERE, RUE CASSETTE, 17.

COURS COMPLET
D'ENSEIGNEMENT SECONDAIRE SPÉCIAL

COURS
D'HISTOIRE NATURELLE

RÉDIGÉ
Conformément aux programmes officiels de 1866

PAR

M. C. DE MONTMAHOU
Ancien professeur d'histoire naturelle à l'École municipale Turgot,
Inspecteur de l'enseignement primaire pour le département de la Seine.

DEUXIÈME ANNEE

ZOOLOGIE. — BOTANIQUE. — GÉOLOGIE.

QUATRIÈME ÉDITION

PARIS
LIBRAIRIE CH. DELAGRAVE
15, RUE SOUFFLOT, 15.

1879

PROGRAMME OFFICIEL

DU

COURS D'HISTOIRE NATURELLE

DEUXIÈME ANNÉE

ZOOLOGIE (OISEAUX, REPTILES, POISSONS, INSECTES); BOTANIQUE; GÉOLOGIE.

1° *Zoologie.*

Rappeler les caractères généraux de l'embranchement des vertébrés.

Classe des oiseaux. — Mode d'organisation des oiseaux. — Notions sur les plumes; leur développement et leurs usages. — Structure des ailes. — Mode de respiration des oiseaux.

Différences dans la conformation des oiseaux en rapport avec leur manière de vivre. — Oiseaux de proie, oiseaux de rivage, oiseaux nageurs, oiseaux nocturnes et diurnes, oiseaux coureurs. — Oiseaux granivores, oiseaux insectivores, bons voiliers.

Exemples de ces divers groupes : aigle, hibou, hirondelle, pie, pigeon ou poule, autruche, cigogne, canard, cygne. — Oiseaux de haute mer.

Construction des nids. — Éducation des jeunes. — Voyages.

Classe des reptiles et *classe des amphibiens.* — Notions sur le lézard et le crocodile.

Notions sur les tortues. — Construction de la carapace de ces animaux.

Notions sur les serpents. — Différences entre les serpents venimeux et les serpents non venimeux. — Exemples. — Caractères à l'aide desquels on peut distinguer entre elles les vipères et les couleuvres. — Serpents à sonnettes.

Différences entre les reptiles et les batraciens. — Notions sur l'histoire naturelle de quelques-uns de ces animaux. — Venin qui suinte de la peau des crapauds. — Fables relatives aux salamandres.

Classe des poissons. — Notions sur l'histoire naturelle et sur le monde d'organisation de ces animaux. — Structure de leurs nageoires. — Comparaison entre ces organes et les pattes des mammifères. — Vessie natatoire ; ses usages. — Mécanisme de la respiration.

Poissons osseux et poissons cartilagineux.

Notions sur l'histoire naturelle du saumon, du hareng et de quelques autres espèces.

Résumé sur la classification naturelle des animaux vertébrés.

Classe des insectes. — Caractères généraux de ces animaux. — Leur squelette extérieur; divisions du corps; nombre et structure des pattes. — Structure des ailes. — Mode de respiration. — Différence dans la conformation de la bouche suivant le régime. — Insectes suceurs.

Métamorphoses.

Différences entre un scarabée, un criquet, une demoiselle, une abeille, un papillon, une punaise des bois, une mouche et une puce (ou entre d'autres espèces, choisies d'une manière analogue).

Conclusions. — La classe des insectes doit être divisée en plusieurs ordres, qui renferment chacun l'un des insectes dont il vient d'être question et que l'on désigne sous les noms de *coléoptères, orthoptères, lépidoptères*, etc.

Présenter, sous forme de tableaux synoptiques, les caractères à l'aide desquels on peut reconnaître l'ordre auquel un insecte appartient.

Histoire naturelle du hanneton, pris comme exemple de l'ordre des coléoptères.

Lampyres ou vers luisants.

Histoire naturelle des sauterelles, prises comme exemple de l'ordre des orthoptères.

Histoire naturelle des termites ou fourmis blanches.

Histoire naturelle des abeilles et des autres espèces qui appartiennent à la même famille naturelle. — Bourdons, abeilles solitaires, etc.

Insister sur les instincts particuliers de ces animaux. — Leur architecture.

Des papillons diurnes, crépusculaires et nocturnes. — Compléter l'histoire des vers à soie et dire quelques mots des autres espèces dont le cocon peut être utilisé de la même manière.

Teignes. — Leur industrie.

Des cigales, etc.

Différences entre le dard de l'abeille et les instruments vulnérants des mouches en général.

Des cousins et des autres insectes pourvus de venin.

Résumé sur la classification des insectes.

Caractères des principaux ordres et de quelques familles naturelles.

Quelques notions sur les animaux annelés des autres classes.

Arachnides : araignées, scorpions, mites.

Crustacés : écrevisses, homards, crabes.

Amélides : sangsues.

Vers intestinaux et autres parasites. — Exemple : œstres du cheval et du mouton.

Notions sommaires sur les métamorphoses et les migrations des parasites.

Des *mollusques*. — Du colimaçon et de quelques autres animaux qui sont organisés à peu près de la même manière.

Mollusques marins qui produisent des matières colorantes (pourpre).

De la sèche. — Conformation. — Encre de la sèche (sépia), etc.

Mollusques acéphales. — Moules d'eau douce. — Huîtres perlières, etc.

Tarets. — Dégâts qu'ils occasionnent en perçant le bois des navires, des pilotis, etc.

Notions sur le corail et quelques autres *zoophytes*. — Mode de formation des polypiers. — Rôles de ces animaux dans l'économie générale de la nature. — Formation des récifs et des îles de corail dans l'océan Pacifique, etc. — Quelques notions sur la nature des éponges.

Infusoires. — Notions relatives à l'existence d'animalcules qui sont trop petits pour être visibles sans le secours du microscope.

Anguillules de la colle et du vinaigre. — Monades, etc.

Résumé. — Coup d'œil général sur la classification naturelle du règne animal. — Résumé des principaux caractères des embranchements, des classes et des familles les plus importantes.

2° *Botanique.*

Étude de la nutrition des végétaux. — Ses applications à la culture. I. Germination. Faire sous les yeux des élèves les expériences mêmes de germination, c'est-à-dire leur faire semer 8, 15 ou 20 jours avant la leçon, suivant le temps nécesssaire pour leur développement, diverses graines : froment, orge, choux, haricots. — Faire les pesées nécessaires pour leur montrer la perte en poids de ces graines à l'état desséché à 100°

Nécessité de la présence de l'oxygène de l'air.

Dégagement d'acide carbonique sous une cloche.

Destruction d'une partie de la fécule.

Formation du sucre.

Germination en grand dans la fabrication de la bière.

Élévation de température.

Absence de coloration verte à cette époque.

Développement des feuilles cotylédonaires et de la gemmule.

Commencement de l'accroissement réel.

Conditions favorables à la germination dans la culture.

2. *Rapports de la plante avec le sol.* — Absorption par les racines.

Matières solubles seules absorbées.

Nature des matières solubles contenues dans le sol.

Composition du sol cultivé.

Changement qu'il éprouve par la culture, le drainage, les amendements, les engrais.

Rapports de la structure des racines avec l'absorption. — Terminaison des radicelles et poils radiculaires.

Influence du degré de division, de la profondeur et de la direction des racines.

3. *Rapports de la plante avec l'atmosphère.*

Transpiration. — Conditions qui la font varier. — Quantité. — Organes par lesquels elle s'opère.

Respiration. — Absorption ou exhalation gazeuse. Pendant la nuit, elle est analogue à celle qui a lieu pendant la germination. — Dégagement d'acide carbonique. Perte de carbone.

Sous l'influence de la lumière solaire, dans les parties vertes, fixation du carbone de l'acide carbonique de l'air.

Influence de ces deux modes de respiration.

Étiolement. — Insolation. — Coloration intense. — Application à la culture.

4. Mouvement des liquides dans la racine, la tige et les feuilles.

Parties par lesquelles s'opère la transmission des liquides du sol jusqu'aux feuilles.

Tissus de transmission. — Fibres ligneuses et vaisseaux.

Parties de la tige dans lesquelles s'élaborent des matériaux pour la nutrition de la plante. Parenchyme de la moelle, des rayons médullaires et du bois.

5. Nature de la séve ascendante.

Matières absorbées dans le sol et dissoutes sur son trajet dans la racine et la tige.

Séves sucrées de divers arbres. — Séve de l'érable, du bouleau, etc. — Palmiers à sucre.

Constitution des jeunes cellules et des tissus adultes.

Variations; sucre et vin de palmier à diverses époques de la végétation.

6. Nature des sucs élaborés ou modifiés par la transpiration et la respiration.

Latex ou sucs propres.

Séve descendante.

Fécule, sucre, etc., déposés ou sécrétés dans diverses parties du parenchyme.

7. Nutrition générale des plantes.

Éléments minéraux puisés dans le sol.

Cendres variant suivant le sol et la plante.

Eléments des matières organiques puisés dans le sol et dans l'air.

Origine du carbone, de l'azote, de l'hydrogène et de l'oxygène.

Influence des amendements et des engrais.

Plantes parasites.

8. Développement des tissus des végétaux. — Division et multiplication des cellules.

Soudure des tissus; greffes.

Accroissement des divers organes et des tiges ligneuses en particulier.

9. Produits divers élaborés par les plantes; leur siége habituel.

Fécule, sucre, inuline; huiles fixes, résines, huiles essentielles, caoutchouc, matières colorantes, alcalis et acides organiques, etc.

10. Applications de ces études sur la nutrition à la culture des végétaux.

3° *Géologie.*

Les leçons de la seconde année du cours de géologie sont consacrées à l'étude de la série complète des terrains stratifiés, en passant rapidement sur ceux qui ont peu d'importance par les produits qu'on en retire ou qui n'occupent qu'une faible étendue en France.

Ces terrains sont rattachés à ceux mêmes du pays étudié dans la première année, qui servent de point de départ pour considérer ceux qui leur sont superposés et ceux qui leur sont inférieurs.

On ne peut donc pas tracer une marche identique dans toutes les écoles.

Les terrains de sédiment stratifiés régulièrement permettent d'établir une chronologie essentielle en géologie. On doit signaler leurs inclinaisons diverses, leur défaut de parallélisme, qui conduit à admettre des changements dans la forme de la surface du sol à diverses époques, et le bouleversement des couches primitivement déposées horizontalement.

A défaut d'observations directes, on montre aux élèves des figures représentant ces diverses modifications de la stratification.

Importance de ces différences dans la stratification pour distinguer des formations successives.

Présence fréquente des débris organiques dans les terrains à sédiment. Ils font connaître les êtres contemporains de ces terrains et la nature du milieu dans lequel le terrain s'est formé, leurs différences plus ou moins grandes dans les formations différentes.

On doit insister sur les terrains qui offrent une grande étendue et une grande utilité :

Terrains ardoisiers;
Terrains houillers;
Grès des Vosges et grès bigarré;
Terrains salifères;
Terrains jurassiques et lias;
Craie;
Terrains tertiaires; exemples des différents bassins, parisien,

aquitanien, provençal, Auvergne, etc., en insistant sur ceux qui se rattachent le plus à la localité où l'école d'enseignement secondaire spécial est située.

Diverses formations de ces terrains tertiaires.

Caractères paléontologiques, minéralogiques de ces divers terrains.

Les terrains quaternaires, alluviens et diluviens, qui jouent un grand rôle dans la formation du sol cultivé et dans l'enveloppe superficielle de la terre, ne doivent pas être négligés; ils conduisent aux dernières révolutions du globe et à l'origine de l'homme.

Ceux de ces terrains qui sont le siége d'exploitations importantes doivent être étudiés avec plus de détails, au moyen de coupes et d'échantillons.

HISTOIRE NATURELLE

ZOOLOGIE.

CHAPITRE PREMIER.

ORGANISATION DES OISEAUX.

Les OISEAUX constituent la seconde classe de l'embranchement des Vertébrés; avant d'entrer dans l'étude de leur organisation, nous croyons devoir rappeler brièvement les caractères généraux de l'embranchement dont ils font partie.

Les Vertébrés sont tous pourvus d'un squelette intérieur, dont les os désignés sous le nom de *vertèbres* représentent la partie essentielle et permanente. Ils possèdent un encéphale et une moelle épinière, qui forment la masse principale du système nerveux et sont protégés par une enveloppe osseuse, composée du crâne et des vertèbres. Des deux côtés de la colonne vertébrale s'attachent les côtes, et, plus ou moins directement, les différentes pièces qui constituent la charpente solide de l'organisme. Le corps montre une disposition symétrique. Les muscles recouvrent les os et les font agir. Les viscères essentiels sont logés dans la tête et dans le tronc.

Les Oiseaux se distinguent des Mammifères par plusieurs caractères très-importants. Au lieu de donner naissance à des petits vivants, ils pondent des œufs; au lieu de dents, ils ont un bec corné; au lieu de poils, ils ont des plumes; enfin, presque tous jouissent de la faculté de se mouvoir dans l'air, et leurs membres antérieurs transformés en ailes ne peuvent servir ni à la marche ni à la préhension des aliments. Le système respiratoire des oiseaux diffère de celui des mammifères en ce que les bronches se prolongent au delà des poumons et communiquent avec des sacs membraneux placés dans l'abdomen. L'air pénètre

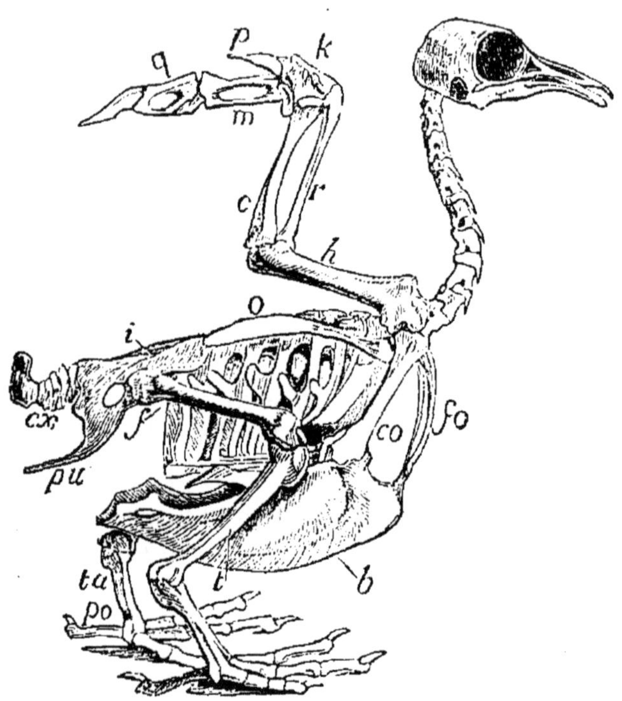

Fig. 1. — Squelette du Pigeon[1].

ainsi dans toutes les parties du corps, jusque dans les os même, et les surfaces par lesquelles s'exerce la respiration se trouvent infiniment multipliées. En même temps, par

1. Fig. 1. — *o*, omoplate. — *fo*, fourchette. — *co*, os coracoïdien. — *h*, humérus. — *r*, radius. — *c*, cubitus. — *k*, carpe. — *m*, métacarpe. — *p*, pouce. — *q*, doigt. — *i*, os iliaque. — *pu*, pubis. — *cx*, coccyx. — *f*, fémur. — *t*, tibia. — *ta*, tarse. — *po*, pouce. — *b*, crête du sternum ou bréchet.

une conséquence naturelle, la diffusion de l'air diminue la densité du corps, et facilite le vol. La température intérieure est très-élevée ; elle atteint 44 degrés centigrades. La circulation s'effectue de la même façon que chez les mammifères ; il est important, toutefois, de noter que les globules sont elliptiques. Le tube digestif présente trois estomacs ; le cœcum est double, et le rectum se termine dans une poche appelée *cloaque*, où se terminent également les conduits destinés aux œufs et à la sécrétion urinaire,

Le squelette des oiseaux, tout aussi solide que ceux des mammifères, présente une légèreté beaucoup plus grande ; à volume égal, un os d'oie pèse deux fois moins qu'un os de lapin. Les membres antérieurs ne sont plus que le support des plumes dont l'action doit produire le vol. La main est réduite à une espèce de moignon, vulgairement désigné sous le nom d'*aileron*. L'épaule, outre les clavicules proprement dites, soudées l'une à l'autre pour constituer la *fourchette*, possède un point d'appui beaucoup plus solide dans les os coracoïdiens, qui viennent s'arc-bouter directement contre le sternum. Les membres postérieurs se composent d'une cuisse courte, d'une jambe plus ou moins longue suivant les espèces, d'un tarse représentant à la fois

Fig. 2. — Sternum et épaule de la Buse[1].

le tarse et le métatarse, et de doigts ordinairement au nombre de quatre. Les os du tronc, particulièrement les

1. Fig. 2. — *st*, sternum avec son bréchet. — *c*, os coracoïdien. — *f*, fourchette. — *o*, omoplate.

vertèbres, jouissent de peu de mobilité et sont solidement fixés les uns aux autres. Le sternum est d'autant plus étendu que le vol est plus puissant. Cet os porte sur la ligne médiane une crête saillante appelée *bréchet*, sur laquelle s'insèrent les muscles moteurs des ailes. Les vertèbres cervicales sont très-mobiles; leur nombre varie de neuf à vingt-deux. La longueur du cou est généralement en raison de celle des pattes, disposition nécessaire pour que les oiseaux puissent saisir sur le sol leur nourriture.

Le crâne est relativement volumineux, tandis que la face se trouve presque réduite aux mandibules du bec. La forme et la structure du bec sont dans un rapport intime avec les mœurs et le régime des oiseaux. Nous avons constaté, chez les mammifères, le même rapport dans la forme des mâchoires et des dents. Chez les oiseaux de proie, l'extrémité du bec est recourbée; cette partie est conformée pour pénétrer dans la chair et pour la séparer des os, comme ferait un scalpel. Chez les oiseaux aquatiques, le bec présente souvent des rainures; c'est par là que s'écoule la vase mêlée aux petits poissons et aux vers dont ces animaux se nourrissent. D'autres ont le bec terminé par une sorte de cuiller, dont ils se servent pour fouiller le limon ou pour écumer la surface des eaux. Les hirondelles et plusieurs autres espèces insectivores sont pourvues d'un bec très-largement fendu. Au-dessous du bec, existent quelquefois des sacs membraneux d'une assez grande capacité; ce sont des réservoirs où certains oiseaux pêcheurs, comme les pélicans, emmagasinent leurs captures. La langue est généralement mince, pointue, sèche et cornée ; chez les perroquets, par exception, elle est volumineuse et charnue.

Nous avons déjà dit que le tube digestif présentait trois estomacs. Le *jabot*, ou premier estomac, n'est qu'une dilatation de la partie inférieure de l'œsophage. Les aliments s'y entassent de manière à faire saillie en avant du cou; mais ils n'y subissent pas de véritable élaboration. Le *ventricule succenturié*, ou second estomac, présente des parois épaisses et glanduleuses qui secrètent un fluide dont les aliments s'imbibent. Le *gésier*, ou troisième estomac, est formé par une membrane presque cartilagineuse, tout autour de laquelle se trouve une enveloppe musculaire, que

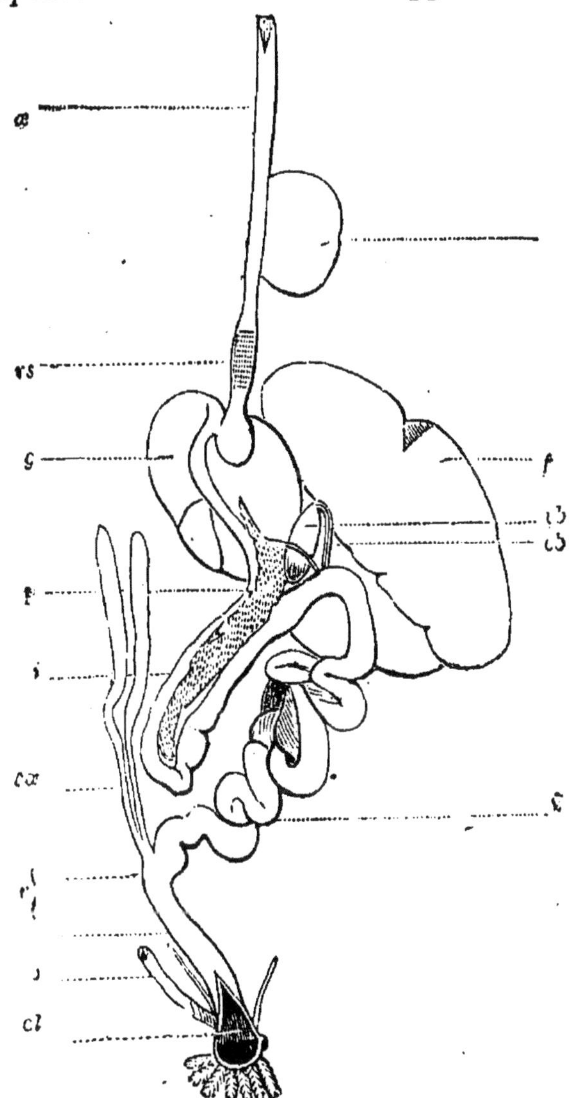

Fig. 3. — Appareil digestif de la Poule [1].

l'on mange dans les oiseaux de basse-cour sous le nom même de *gésier*. Le bec corné des oiseaux n'étant pas susceptible

1. Fig. 3. — *œ*, œsophage. — *j*, jabot. — *vs*, ventricule succenturié. — *g*, gésier. — *f*, foie. — *vb*, vésicule biliaire. — *cb*, canal biliaire. — *p*, pancréas. — *i*, intestin grêle. — *cœ*, cœcum. — *r*, rectum. — *cl*, cloaque. — *o*, oviducte. — *cu*, conduit urinaire.

d'exécuter la mastication, c'est dans le troisième estomac que les aliments sont broyés. Cet organe est d'autant plus fort que les aliments ont plus besoin de trituration. Chez la plupart des espèces carnassières, il n'a que des parois minces, à peine revêtues de fibres musculaires. Chez les granivores, au contraire, il est très-épais ; pour aider à l'action du gésier et faciliter l'écrasement des graines, ces oiseaux ont l'habitude d'avaler de petites pierres.

Les fonctions des oiseaux sont très-actives ; aussi mangent-ils beaucoup et presque continuellement. Chaque jour, en moyenne, ils consomment un sixième de leur poids. Si la ration de l'homme était réglée sur ce pied, elle dépasserait douze kilogrammes. Beaucoup d'espèces font preuve d'une voracité extraordinaire. Le plongeur mange aisément une quantité de nourriture égale au poids de son corps. Le pélican, lorsqu'il a faim, engloutit plus de poisson qu'il n'en faudrait pour nourrir cinq personnes. Les granivores ne sont pas moins gloutons que les carnassiers. Souvent ils se gorgent à tel point qu'il leur est impossible de prendre leur vol pour échapper au chasseur. Parmi ceux qu'on élève en cage, on en voit qui s'étouffent à force de manger.

L'encéphale des oiseaux est généralement très-développé. Chez le pinson, il forme un vingtième du poids du corps ; chez le moineau, un vingt-cinquième. Chez l'aigle, cependant, il ne forme plus qu'un quatre-vingt-dixième ; et, chez le serin, un deux centième. L'œil des oiseaux est très-volumineux relativement aux dimensions de la tête ; il est toujours protégé par trois paupières, deux horizontales et une verticale, celle-ci naissant de l'angle interne de l'œil et appelée *paupière clignotante*. L'iris est large et percé d'une pupille ronde. Une membrane noire, plissée en éventail, qui n'existe pas chez les mammifères et qui a reçu le nom de *peigne*, part de la rétine et se porte vers la partie interne du cristallin. La puissance de la vision est très-grande chez les oiseaux. Ils aperçoivent leur proie, quelque petite qu'elle soit, à des distances énormes. Les narines sont situées à la base du bec, et l'odorat paraît être peu développé. La nature habituellement cornée de la langue rend nécessairement le goût très-obtus chez la plupart des oiseaux. L'audition s'exerce d'une manière parfaite, surtout chez les espèces nocturnes.

Les oiseaux possèdent presque tous deux larynx, l'un situé au sommet de la trachée, l'autre beaucoup plus bas, sur la bifurcation même des bronches. La voix se forme dans le second larynx, et cette circonstance, jointe à la grande étendue de la trachée, explique comment les oiseaux de basse-cour, après qu'on leur a coupé le cou, continuent souvent à faire entendre leur cri.

La peau des oiseaux est couverte de plumes. Ces plumes se composent d'une tige portant des *barbes*, ordinairement divisées en *barbules*. On appelle *tectrices* les plumes qui ne remplissent d'autres fonctions que celles de téguments; elles protégent le corps contre le froid et l'humidité, et sont revêtues d'un enduit gras qui les rend imperméables à l'eau. Chez les oiseaux qui doivent habiter les régions froides, il existe en grande abondance, sous les plumes superficielles, un duvet plus ou moins fin, que l'on utilise pour remplir les oreillers et les édredons. Les plumes des membres supérieurs prennent un développement extrême, et fournissent, par leur arrangement, la surface sur laquelle l'oiseau s'appuie dans le vol; on les désigne sous le nom de *rémiges* ou *pennes* de l'aile. La main en porte toujours dix appelées *rémiges primaires*; l'avant-bras, quinze à vingt appelées *rémiges secondaires*. Des plumes moins fortes sont attachées à l'humérus; ce sont les *scapulaires;* d'autres au pouce, ce sont les *bâtardes*. On nomme *couvertures* de l'aile les plumes qui recouvrent et garnissent supérieurement la base des pennes. Les grandes plumes qui forment la queue et viennent s'attacher au coccyx sont généralement au nombre de douze, quelquefois cependant plus nombreuses. Elles remplissent dans le vol la fonction du gouvernail; on les appelle pour cette raison plumes *rectrices*.

Chaque espèce volatile est caractérisée par la couleur de son plumage, et l'on rencontre sous ce rapport, parmi les oiseaux, infiniment plus de variété que parmi les mammifères. Certaines espèces présentent des reflets métalliques dont la richesse et l'éclat rivalisent avec les pierres

Fig. 4. — Disposition des plumes de la Pie[1].

précieuses. Souvent dans une même espèce, le mâle et la femelle n'ont pas le même plumage, et c'est en général le

1. Fig. 4. — RP, plumes insérées sur la main ou rémiges primaires. — RS, plumes de l'avant-bras ou rémiges secondaires. — B, plumes du pouce ou pennes bâtardes ou fouet de l'aile. — E, grandes couvertures de l'aile. — C, petites couvertures. — RE, rectrices, ou pennes de la queue. — L, couvertures de la queue. — P, pouce du membre inférieur. — D,D, doigts.

mâle qui se trouve le plus brillamment orné. D'un autre côté, le plumage d'hiver n'est pas semblable à celui d'été; les oiseaux subissent ordinairement, au printemps et à l'automne, des *mues* pendant lesquelles ils se dépouillent de leur ancien plumage et en revêtent un nouveau.

Les oiseaux, pour s'élever et se déplacer dans un milieu aussi peu dense que l'air, sont obligés de faire une dépense énorme de force : aussi la nature a-t-elle donné à leurs organes locomoteurs une puissance proportionnée aux difficultés qu'ils doivent vaincre. Les muscles pectoraux, qui mettent en mouvement les ailes, pèsent plus à eux seuls que tous les autres muscles réunis. Les ailes sont toujours d'autant plus développées que les oiseaux sont destinés à une existence plus aérienne. Telles hirondelles, dont le poids ne dépasse pas quarante grammes, ont des ailes de quarante-cinq centimètres d'envergure ; c'est que, ces oiseaux se nourrissant d'insectes extrêmement petits et dont ils doivent consommer une grande quantité chaque jour, il leur faut une très-grande activité de vol pour s'élever et s'abaisser, tourner continuellement en tous sens à la poursuite de leur proie presque microscopique. Les ailes de l'albatros mesurent une envergure de quatre mètres. La frégate présente, si l'on considère le volume de son corps, un développement d'ailes peut-être plus extraordinaire. Ces deux espèces passent leur vie à planer au-dessus de l'océan; on les voit bien rarement à terre, et c'est à peine si, par intervalle, elles se posent quelques instants sur les vagues. L'énorme étendue de leurs ailes ne leur permet de prendre leur vol que sur les pointes escarpées des rochers.

Tout le monde connaît la vélocité de certains oiseaux. Avant l'invention des télégraphes, la poste aux pigeons était le moyen de communication le plus prompt que l'on eût pu imaginer. Ces messagers allaient alors d'Amsterdam à Londres en six heures, ce qui fait, en ne comptant ni les arrêts ni les circuits, près de quatre-vingt-dix kilomètres à l'heure. Les hirondelles en font jusqu'à cent vingt, et les martinets jusqu'à cent quatre-vingts. L'aigle, d'après sa vitesse connue, ferait le tour du monde en neuf jours.

Chez les oiseaux nageurs, les ailes sont ordinairement très-peu développées. Le grèbe, qui pèse un kilogramme, n'a guère plus de la moitié de l'envergure du martinet. Beaucoup d'oiseaux sont obligés de plonger au fond de l'eau pour trouver le poisson dont ils se nourrissent. Pour eux, un puissant développement des ailes serait plutôt nuisible qu'utile. Ces organes deviennent alors tout à fait rudimentaires et ressemblent à des sortes de nageoires.

Chez les oiseaux coureurs, l'autruche, par exemple, les ailes ne servent qu'à l'accélération de la marche; elles sont à peine développées. D'un autre côté, les membres inférieurs, au lieu d'être terminés par des griffes plus ou moins acérées, comme chez les oiseaux de haut vol, ou par des palmures, comme chez les oiseaux aquatiques, reposent sur une surface plane qui rappelle le pied des mammifères ruminants; les doigts forment presque un sabot. En même temps, les tarses sont très-élevés, dépouillés de plumes: on dirait que le corps est perché sur des échasses. Ces oiseaux font partie d'un groupe très-nombreux, celui des Echassiers, dans lequel prennent place également plusieurs espèces douées, au contraire, d'une très-grande aptitude pour le vol. La plupart de ces dernières ont des doigts très-allongés et en forme de raquettes; destinées à courir sur les vases molles, les roseaux, les plantes aquatiques, la large étendue de leur base de sustentation les empêche d'enfoncer dans ce milieu semi-liquide. Divers échassiers, tels que les hérons, passent des journées entières debout sur une seule jambe et tenant l'autre repliée sous le corps; ils prennent même ainsi leur sommeil. Chez eux, l'extrémité supérieure du tarse s'articule avec la base de la jambe, de manière à rendre cette position tout à fait sans fatigue; pour la conserver, ils n'ont besoin, en réalité, d'aucun effort musculaire.

Un mécanisme de même nature explique pourquoi les oiseaux, pour dormir, se perchent généralement sur des branches dont leurs doigts embrassent plus ou moins complétement la circonférence. Toutes les fois que la jambe se plie, les muscles qui vont de cette région à l'extrémité des orteils agissent en même temps pour déterminer la flexion des doigts, et ceux-ci se maintiennent solidement fixés à la branche tant que l'oiseau conserve la posture qu'il a prise en s'endormant.

Dans le cours de première année, en faisant l'histoire des rongeurs, nous avons eu l'occasion de parler des voyages que certaines espèces, les lemmings, les campagnols, par exemple, entreprennent à des époques déterminées, et comme sous l'influence d'un instinct irrésistible. Ce qui était une exception dans la classe des mammifères devient, dans celle des oiseaux, un fait des plus communs. Chaque année, soit au printemps, soit à l'automne, un grand nombre d'espèces se déplacent. Les unes quittent le nord pour le sud, les autres le sud pour le nord. Au moment où les hirondelles nous fuient pour gagner les côtes de l'Afrique, les cygnes, les oies sauvages abandonnent la Norvége et viennent passer l'hiver dans notre climat plus favorisé. On ne saurait trop admirer la régularité, la discipline avec lesquelles s'opèrent ces migrations, et plus encore peut-être l'instinct infaillible qui conduit à travers l'espace les bandes voyageuses. Cette même influence qui dirige les oiseaux d'une manière si sûre vers le lieu de leur exil les ramène ensuite d'une manière non moins sûre vers les contrées qu'ils fréquentaient, vers le nid même qu'ils s'étaient construit. Pendant bien des années, les hirondelles reviennent chaque printemps reprendre possession de leurs anciennes habitations.

Pour beaucoup d'espèces, la cause de ces voyages périodiques est facile à pénétrer. Tantôt ce sont les gelées qui solidifient la surface des étangs, empêchent les oiseaux pêcheurs d'y trouver leur nourriture, et les obligent à se rapprocher du midi. D'autres fois, c'est l'automne qui détruit les insectes et force les oiseaux insectivores à chercher des climats où cette pâture ne chôme point.

Un fait extrêmement curieux dans l'histoire des espèces voyageuses, c'est la ponctualité avec laquelle s'effectuent et leur départ et leur arrivée. Pour plusieurs de nos oiseaux, il y a rarement une différence d'une semaine, à peine ordinairement celle d'un jour. L'arrivée hâtive des espèces qui descendent du nord annonce généralement que l'hiver sera prématuré et rigoureux. Un retard dans le retour des hirondelles annonce la prolongation des froids. Si ces pauvres oiseaux surviennent avant l'éclosion des insectes dont ils vivent, on les voit se réunir tous en tas et périr sans chercher d'autre nourriture.

L'époque du départ est quelquefois un peu plus variable que celle de l'arrivée, sans doute parce que les vieux oiseaux hésitent à laisser sans secours des petits qui auraient encore besoin de leur assistance. Cependant l'amour maternel, qui, chez les animaux, semble dominer tous les autres instincts, n'a jamais assez de puissance pour mettre obstacle aux migrations. Les oiseaux captifs eux-mêmes, malgré les soins dont on les entoure, malgré la sécurité dont ils jouissent, se sentent, à l'époque déterminée, sous l'influence de ce besoin irrésistible, et le témoignent par leur inquiétude et leur agitation.

On nomme *oiseaux de passage* les oiseaux qui sont sujets aux migrations. Sur toute leur route, ils fournissent d'abondantes ressources aux localités qu'ils traversent. Les chasseurs les attendent à jour fixe dans les gorges des montagnes, et ils tombent par milliers dans les filets. Pour nos hirondelles au vol rapide, c'est presque un jeu de franchir les deux ou trois mille kilomètres qui séparent la France de la côte de Sierra-Léone. Mais, pour les cailles et pour tant d'autres espèces lourdes et chargées d'embonpoint, le voyage est rempli de périls et de fatigues; un bien petit nombre arrivent à leur destination.

Les oiseaux commencent la série des animaux ovipares, c'est-à-dire des animaux qui se reproduisent par des œufs et qui sont dépourvus d'organes destinés à l'allaitement des petits. Les œufs des oiseaux ont besoin pour éclore d'être maintenus pendant un certain temps sous l'influence d'une température assez élevée. C'est pour cela que la mère les *couve*. Dans les pays chauds, l'ardeur du soleil suffit presque durant le jour pour assurer aux œufs la température nécessaire. L'incubation est, du reste, un acte purement physique, et l'on détermine facilement l'éclosion artificielle des œufs en les faisant séjourner dans des fours chauffés à 40 degrés centigrades. Les Égyptiens employaient ce moyen pour la propagation des volatiles domestiques ; on y a renoncé dans beaucoup de pays, à cause des difficultés que présente l'éducation des poussins.

L'œuf de la poule donnera une excellente idée de la constitution de l'œuf chez les oiseaux. L'enveloppe extérieure ou *coque* consiste en une croûte calcaire, extrêmement

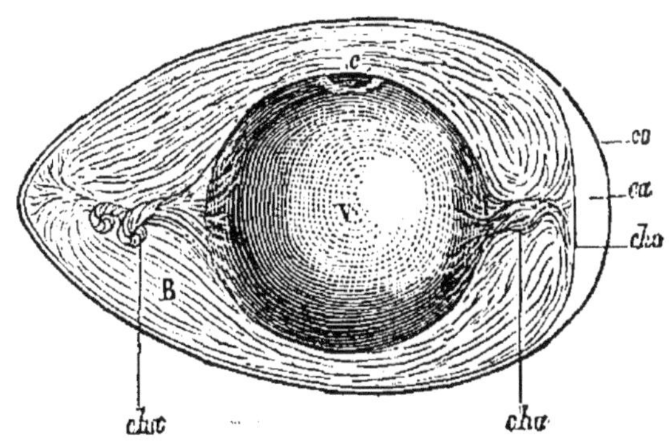

Fig. 5. — Coupe théorique d'un œuf d'oiseau [1].

poreuse, doublée en dedans d'une membrane mince appelée *chorion*. Vient ensuite un liquide visqueux, transparent, coagulable par la chaleur ; c'est le *blanc* de l'œuf ou *albumen*. Au centre, est une masse sphérique de couleur jaune, le *vitellus*, fixé dans sa position par des sortes de ligaments très-fragiles, les *chalazes*. Ces ligaments ne sont autre chose que l'albumen tordu sur lui-même. Le *vitellus* est formé par une agglomération de vésicules très-petites qu'enveloppe une pellicule infiniment mince. Sur un point de la surface se montre une tache blanchâtre et arrondie ; c'est la *cicatricule*, ou germe du jeune oiseau. Par l'incubation, ce germe

1. Fig. 5. — Coupe théorique d'un œuf d'oiseau. — *co*, coque. — *cho*, chorion. — *ca*, chambre à air. — V, vitellus. — B, albumen ou blanc de l'œuf. — *cha*, *cha*, chalazes. — *c*, cicatricule.

se développe, s'organise et absorbe à son profit toutes les matières contenues dans l'œuf. L'*albumen* et le *vitellus* ne sont, en réalité, que des magasins de nourriture. Dans l'œuf de poule, ces deux matières existent en proportion sensiblement égale. L'*albumen* se compose de 13 pour 100 d'un principe azoté, l'albumine, et de 87 pour 100 d'eau. Le *vitellus* se compose de 19 pour 100 d'un principe azoté, la vitelline, de 29 pour 100 d'un principe gras, l'huile d'œuf, enfin, de 51 pour 100 d'eau, avec une petite quantité de matière sulfurée. C'est la décomposition de cette matière qui donne aux œufs pourris leur odeur caractéristique ; il se forme alors de l'hydrogène sulfuré.

L'oiseau trouve donc dans son œuf de la matière azotée et de la matière grasse, c'est-à-dire, tous les éléments nécessaires à son développement et à la formation de ses tissus. D'un autre côté, l'enveloppe calcaire fournit les rudiments de la matière minérale des os. L'air qui doit servir à la respiration de l'embryon vient à travers les pores de la coquille, et il existe au gros bout une espèce de réservoir, la *chambre à air*, ménagée entre les deux feuillets du chorion. L'air est indispensable au développement du germe. Lorsqu'on veut conserver des œufs pour la consommation domestique, on les trempe dans une solution de chaux ou de tout autre substance propre à boucher les pores de la coquille.

Toutes les parties constituantes de l'œuf ne sont pas formées par les mêmes organes. Le jaune ou vitellus s'organise dans l'*ovaire*, sorte de grappe suspendue à la paroi postérieure de l'abdomen de l'oiseau. Détaché de l'ovaire, le vitellus descend vers le cloaque par un canal nommé *oviducte*; c'est là qu'il se recouvre d'albumen, et, comme il est en même temps animé d'un mouvement de rotation sur lui-même, il en résulte une torsion qui forme les chalazes. Dans la dernière partie de l'oviducte, sont sécrétées la matière calcaire de la coque et la matière colorante qui, chez certaines espèces, en nuance la surface. L'œuf est ensuite versé dans le cloaque, puis pondu.

Le nombre des œufs produits à chaque ponte varie suivant les espèces. En général, par une sage prévision de la nature, les espèces carnassières sont moins fécondes que les autres. Nous donnerons quelques chiffres empruntés à Burdach.

Vautour...........	2 œufs.	Merle.............	4 à 5 œufs.
Grand-Duc.........	id.	Épervier...........	5 à 6 œufs.
Outarde...........	id.	Geai..............	id.
Tourterelle........	id.	Pie-grièche........	id.
Aigle.............	3 à 4 œufs.	Étourneau.........	6 à 8 œufs.
Butor.............	id.	Pie...............	id.
Héron.............	id.	Faisan.............	id.
Corbeau...........	4 à 5 œufs.	Perdrix rouge......	16 œufs.
Loriot............	id.	Caille............	id.
Grive.............	id.		

CHAPITRE II.

CLASSIFICATION DES OISEAUX ET REVUE DES PRINCIPALES ESPÈCES.

La classification des Oiseaux ne repose pas sur des caractères aussi tranchés que la classification des Mammifères. Le tableau ci-dessous comprend les six ordres établis par Cuvier.

1° Oiseaux de proie ou Rapaces. — Oiseaux terrestres, à pieds non palmés ; jambes couvertes de plumes ; tarses courts ; narines dépourvues d'écaille ; ongles forts et arqués ; bec crochu à son extrémité.

Exemples : l'*aigle*, le *faucon*, le *vautour*, le *hibou*, la *chouette*.

2° Passereaux. — Oiseaux terrestres, à pieds non palmés ; jambes emplumées ; tarses courts ; narines dépourvues d'écaille ; ongles faibles et peu courbés ; bec non crochu.

Exemples : le *merle*, l'*hirondelle*, la *pie*, le *corbeau*, le *colibri*.

3° Grimpeurs. — Oiseaux terrestres, à pieds non palmés ; jambes emplumées ; tarses courts ; narines sans écaille ; ongles faibles ; deux doigts dirigés en avant et deux en arrière.

Exemples : le *perroquet*, le *coucou*, le *pic*.

4° Gallinacés. — Oiseaux terrestres, à pieds non palmés ; jambes emplumées ; tarses courts ; une écaille molle recouvrant la narine.

Exemples : le *pigeon*, la *poule*, la *perdrix*, la *caille*.

5° Échassiers. — Oiseaux de rivage, pour la plupart ; point de vraie palmature aux pieds ; narines sans écaille ; jambes nues et tarses allongés en échasses.

Exemples : l'*autruche*, la *cigogne*, la *bécasse*.

6° Palmipèdes. — Oiseaux aquatiques à pieds palmés; jambes toujours emplumées; narines sans écaille.

Exemples : le *canard*, la *mouette*, le *pélican*, le *manchot*.

Ordre des Rapaces.

Les Rapaces correspondent aux mammifères carnivores. Les uns vivent de petits quadrupèdes ou d'oiseaux, les autres de charogne, quelques-uns de poissons, de reptiles ou d'insectes. Leurs doigts sont armés de griffes puissantes et crochues, constituant des *serres*. Leur bec, droit à sa base, se recourbe à son extrémité en une pointe acérée. Leurs ailes sont ordinairement très-étendues et la plupart ont un vol très-rapide. Leurs nids, appelés *aires*, sont généralement placés sur des arbres très-élevés ou sur des rochers inaccessibles.

On partage les Rapaces en *Rapaces diurnes* et *Rapaces nocturnes*.

Les Rapaces diurnes ont les yeux dirigés de côté. Ils se montrent pendant le jour et recherchent la lumière. Nous citerons ici : les *Aigles*, les *Faucons*, les *Gerfauts*,

Fig. 6. — Tête et serre de l'Aigle royal.

les *Émouchets*, les *Éperviers*, les *Autours*, les *Milans*, les *Buses*, les *Vautours*, les *Condors*.

L'*Aigle* habite les montagnes, les falaises escarpées, les

sites les plus sauvages et les plus déserts. De cet oiseau plein de force et d'audace les poëtes ont fait le symbole du courage. La vérité, c'est qu'il est excessivement vorace et qu'il brave tous les dangers pour assouvir son insatiable appétit. S'il épargne les petits animaux, c'est parce qu'il n'y trouverait pas une pâture suffisante, et, surtout, parce qu'il sait bien que les buissons leur offrent un asile où il ne lui est pas possible de les poursuivre.

Les aigles ne se nourrissent que de proies vivantes. Ils attaquent les gros oiseaux, les lièvres, les agneaux, voire même les daims et les chevreuils. Il est bien constaté que parfois des aigles ont enlevé de très-jeunes enfants et les ont emportés dans leur aire. Cette aire est un immense nid qui peut avoir jusqu'à six mètres de circonférence, et dans lequel les aigles entassent par monceaux les quartiers de viande destinés à la nourriture de leurs petits.

On distingue plusieurs espèces d'aigles. L'*Aigle royal* ou *Aigle brun* se trouve dans les Alpes, les Pyrénées, les montagnes d'Auvergne, quelquefois dans la forêt de Fontainebleau. Sa taille dépasse un mètre. L'*Aigle impérial*, plus petit, plus trapu, plus féroce et plus pillard que le précédent, habite l'Afrique et les hautes montagnes du midi de l'Europe. L'*Aigle pêcheur*, très-commun sur nos côtes pendant l'hiver, se nourrit de poissons qu'il saisit à la surface de l'eau, ou qu'il va chercher en plongeant. Le *Balbusard* (fig. 7), autre espèce d'aigle également vouée à la pêche, se rencontre sur le bord des eaux douces dans plusieurs de nos provinces. L'*Aigle Jean-le-Blanc*, qui se montre souvent en France, se nourrit principalement de petits reptiles et de serpents. L'*Orfraie* ou *Pygargue* est presque un oiseau de nuit. Les romanciers aiment à le représenter poussant le soir son lugubre cri sur les ruines des vieilles tours gothiques.

Les *Faucons* habitent les régions montagneuses du centre et du midi de l'Europe. Ils se nourrissent de gros oiseaux, tels que les faisans, les canards, les oies. Ils sont très-forts et, en même temps, très-courageux. A l'époque où la chasse était le privilége exclusif des nobles, on dressait des faucons et d'autres oiseaux de ce groupe, tels que les éperviers, les autours, les hobereaux, les gerfauts. — Les *Cresserelles*, plus ordinairement connues sous le nom d'*émouchets*, se nourrissent de rats, de souris, de mulots, de toutes sortes de petits reptiles, et, sous ce rapport, elles nous rendent quelques services. Par compensation, elles font une chasse active aux poussins des basses-cours.— Les *Émerillons*, beaucoup plus petits que l'espèce précédente, ne dépassent guère la taille d'une grive. Ils chassent les alouettes,

Fig. 7. — Balbusard.

les cailles et autre menu gibier. On les trouve habituellement dans les montagnes boisées. — Les *Gerfauts*, originaires de l'Islande, sont, de tous les oiseaux de proie, les plus acharnés pour la chasse ; aussi les fauconniers les tenaient ils en grande estime.— L'*Autour* habite les régions montagneuses de la France; bien que sa longueur dépasse 60 centimètres, c'est un oiseau de peu de courage et qui n'attaque guère que les pigeons, les écureuils, les souris et autres rongeurs sans défense. — L'*Épervier*, plus petit que l'autour, est très-commun dans nos contrées; il vit d'oiseaux, de lézards, de limaçons. — La *Buse* habite les forêts ; son aspect est disgracieux, son vol lourd ; elle guette le gibier du haut des arbres et en détruit une grande quantité. Une variété appelée *Soubuse,* commune en France, niche à terre, près des marais, et chasse les grenouilles, les lézards, les rats d'eau, etc. — Le *Milan* porte de puissantes ailes; son vol est très-rapide, mais ses pattes et son bec sont faiblement armés. C'est l'oiseau le plus lâche que l'on puisse imaginer. Les plus petits mammifères le font fuir, et souvent le corbeau lui arrache son butin. Le milan a bien rarement le courage d'attaquer une proie vivante; la chair putréfiée forme sa nourriture habituelle.

Les *Vautours* se distinguent des espèces précédentes par leur tête et leur cou nus. Ils ont, en outre, les serres relativement moins fortes. Leur courage n'étant pas au niveau de leur gloutonnerie, ils s'accommodent de tout ce qu'ils rencontrent et vivent de charognes et de débris infects. Le plus ordinairement, au lieu de rester solitaires comme les faucons, ils se réunissent par troupes extrêmement nombreuses. A la suite des grandes batailles, on en voit de véritables légions accourir de tous les points de l'horizon pour dépecer les cadavres. Ce sont les hyènes de la classe des oiseaux.

Fig. 8. — Tête du Condor.

Les *Vautours proprement dits* appartiennent exclusivement à l'ancien continent, et fréquentent toutes les contrées montagneuses. On en distingue deux espèces : le *Vautour brun* et le *Vautour fauve*.

Le *Condor* est une grande espèce de vautour qui habite les cimes les plus élevées des Andes. Ses ailes ont jusqu'à quatre mètres d'envergure. De tous les oiseaux, c'est celui dont le vol est le plus puissant. Malgré sa force, il est très-lâche et ne se nourrit guère que de cadavres. On dit cependant qu'il attaque, dans certaines circonstances, l'homme, les gros mammifères, et qu'il enlève des moutons, des lamas, quelquefois même des enfants.

Les Rapaces nocturnes présentent tous un air de famille qui ne permet guère de les séparer. Ils ont les yeux très-gros et dirigés en avant (fig. 9). Ils sont ennemis de la lumière, se tiennent cachés durant le jour et ne sortent ordinairement pour chasser que vers l'heure du crépuscule. Leur régime est carnassier ; ils vivent d'insectes, de petits reptiles, de petits oiseaux, de petits mammifères, qu'ils avalent tout entiers et sans les dépecer. En général, ils ne construisent pas de nid et déposent leurs œufs dans les trous des arbres, dans les vieux murs, dans les rochers ou

Fig. 9. — Tête et serres du Grand-Duc.

les nids abandonnés. L'aspect et les mœurs tristes de ces oiseaux les rendent l'objet d'une aversion à peu près universelle ; on les désigne communément sous le nom d'*oiseaux de la mort*. Cependant l'agriculture leur est redevable de la destruction d'une foule d'animaux nuisibles.

Le *Hibou commun* ou *Moyen-Duc* se trouve dans presque toutes nos forêts, caché parmi les rochers ou dans les cavernes. C'est un chasseur infatigable de mulots, de rats et de taupes. Son plumage est jaune, semé de taches brunes ; sa tête porte sur une double aigrette formée par des plumes redressées. Son cri, comme celui de tous les nocturnes, est lugubre et plaintif. — Le *Grand-Duc*, plus grand que le hibou, porte pareillement une double aigrette. On le rencontre moins fréquemment dans nos forêts ; il se nourrit de petits rongeurs, attaque les lapins, quelquefois même, dit-on, les jeunes chevreuils, et ne craint pas de disputer sa proie aux buses. — La *Chouette proprement dite* n'a point d'aigrettes ; c'est à peu près le seul caractère qui la distingue du hibou. — La *Hulotte* ou *Chat-Huant*, ou *Chouette des bois* (fig. 10), n'a point non plus d'aigrettes ;

Fig. 10. — Chat-huant.

elle est un peu plus grande que le hibou et habite les vieux troncs d'arbres. — L'*Effraie* niche dans les vieilles tours en ruine, dans les clochers délabrés. C'est lui qu'on regarde le plus particulièrement comme un oiseau sinistre. — La *Chevêche* a des habitudes moins exclusivement nocturnes que les espèces précédentes ; elle chasse souvent pendant le jour. — Le *Scops* est petit, d'un aspect assez élégant ; son plumage est tacheté de noir ; sa tête porte des aigrettes.

Ordre des Passereaux.

L'ordre immense des Passereaux se compose d'une infinité d'espèces, généralement d'assez petite taille, mais qui sont tellement distinctes les unes des autres sous le rapport de la forme et des mœurs, qu'il serait assez difficile de leur trouver beaucoup de caractères communs. Cependant tous les Passereaux volent; tous marchent en sautillant; leurs habitudes sont essentiellement terrestres; leurs tarses sont courts; leurs doigts, toujours dépourvus de palmures et terminés par des ongles faibles et peu courbés, sont au nombre de quatre, trois en avant, un en arrière; leur bec n'est jamais crochu; enfin, leurs narines sont privées d'écailles.

Quelques espèces sont carnivores et attaquent de faibles oiseaux. Un bien plus grand nombre sont insectivores ou bien granivores; ces dernières possèdent en général un bec gros et court, très-propre à rompre les enveloppes des graines. Cette différence de régime chez les Passereaux prend la plus grande importance au point de vue de l'agriculture. En effet, les oiseaux qui vivent exclusivement d'insectes sont pour nous des auxiliaires utiles, puisqu'ils détruisent des espèces ennemies. Au contraire, les oiseaux qui vivent de graines nous causent un préjudice considérable, particulièrement ceux qui enlèvent les semailles. Il paraît donc très-rationnel de limiter autant que possible la multiplication des espèces granivores et de favoriser autant que possible celle des espèces insectivores. Mais ce qui est très-simple en théorie devient parfois très-difficile dans la pratique. Il est bien peu d'oiseaux, en effet, qui soient exclusivement granivores ou insectivores. Dans certaines circonstances, au moment de l'éducation des petits, par exemple, les plus granivores deviennent des insectivores acharnés. Un couple de moineaux détruit, pendant cette période, 1600 chenilles environ par semaine. La question consiste alors à décider si ce service paye ce que l'oiseau peut consommer de grain pendant le reste de l'année. Il faut, d'un autre côté, se défier des observations mal faites. Une espèce de mésange passe pour se nourrir de bourgeons; en conséquence, on la détruit tant qu'on peut. Il est démontré, cependant, qu'elle respecte les bourgeons sains, et qu'elle attaque seulement ceux qui sont déjà rongés intérieurement par une larve d'insecte dont elle-même est très-friande. L'oiseau rend donc un service, puisqu'il détruit un insecte qui, plus tard, pondrait quelques centaines d'œufs destinés à engendrer des insectes semblables.

Presque tous les Passereaux sont de mœurs douces; beaucoup ont un plumage coloré des nuances les plus agréables; beaucoup ont le privilége de produire des sons qui nous plaisent; à cet ordre appartiennent presque tous les oiseaux chanteurs.

Les Passereaux se divisent en cinq familles : les *Dentirostres*, les *Fissirostres*, les *Conirostres*, les *Ténuirostres* et les *Syndactyles*.

LES DENTIROSTRES ont le bec échancré par une dentelure; on distingue dans ce groupe : les *Pies-grièches*, les *Merles*,

Fig. 11. — Bec de la Pie-grièche commune.

les *Grives*, les *Loriots* et les innombrables variétés de *Becs-fins*.

Les *Pies-grièches* sont des diminutifs d'oiseaux de proie. Leur petite taille les réduit à vivre habituellement d'insectes; mais elles aiment la chair, et elles attaquent les oiseaux, les petits mammifères, quand elles en trouvent l'occasion. Elles se défendent avec succès contre les corneilles, les cresserelles ; cependant les plus grosses espèces sont tout au plus de la taille d'une grive. — Les *Merles*, moins carnassiers que les Pies-grièches, préfèrent les baies aux insectes et se trouvent ainsi exempts de la nécessité d'émigrer. Pendant la mauvaise saison, au lieu de changer de climat, ils se retirent dans les forêts d'arbres verts et vivent alors de baies de différentes sortes, particulièrement de baies de genévrier. Le chant du merle est un sifflement éclatant. Son plumage, naturellement noir, peut, dans certaines circonstances, devenir blanc comme neige, et l'on a vu souvent des *merles blancs*. C'est là un simple phénomène d'albinisme. — Les *Grives* sont des oiseaux voyageurs; bien peu d'individus de cette espèce passent l'hiver dans nos contrées. La chair de la grive est délicate, surtout en automne, époque où elle vit de raisin; sont chant est agréable. — Le *Loriot d'Europe*, entièrement jaune avec quelques taches noires, arrive en France à l'époque des fruits et en consomme des quantités énormes; ses dégâts sont en partie payés par la guerre acharnée qu'il fait aux insectes; il est surtout avide de cerises. — Les *Becs-fins*, reconnaissables à leur bec droit, effilé, pointu, sont de

Fig. 12. — Traquet.

petits oiseaux de buissons, vifs et remuants, généralement doués d'une voix harmonieuse. Nous mentionnerons le *Traquet*, le *Rouge-Gorge*, le *Rossignol*, la *Fauvette*, le *Roitelet*, la *Bergeronnette*, le *Becfigue*.

Les Fissirostres ont le bec court et très-largement fendu. Quelques-uns sont diurnes, comme les *Hirondelles* et les *Martinets*; d'autres nocturnes, comme les *Engoulevents*.

Nous possédons dans notre climat quatre espèces d'*Hirondelles* : l'*Hirondelle de fenêtre*, l'*Hirondelle de cheminée*, l'*Hirondelle de rivage* et l'*Hirondelle de montagne*:

ces noms sont en rapport avec les habitudes des espèces. Les unes et les autres se rendent fort utiles par la destruction d'une énorme quantité d'insectes. Les hirondelles passent leur vie dans l'air; leurs pattes sont si courtes qu'il leur est extrêmement difficile de marcher à terre, et encore plus d'y reprendreleur vol. Ces oiseaux arrivent à l'époque où leur pâture ordinaire commence à se montrer, c'est-à-dire vers l'équinoxe de printemps, et elles émigrent vers l'équinoxe d'automne, lorsque les insectes disparaissent. Elles passent la mauvaise saison en Afrique, et, vers le mois d'octobre, on les voit arriver au Sénégal. Une espèce exotique, l'*Hirondelle salangane*, qui habite les îles de la mer des Indes, fabrique son nid avec des fucus gélatineux auxquels elle fait subir une sorte de digestion dans son premier estomac. Les nids de salanganes sont très-recherchés par les Chinois, qui les considèrent comme un excellent mets, et qui les payent un prix exorbitant. — A côté des hirondelles prennent place les *Martinets*, dont les ailes atteignent des dimensions encore plus considé-

Fig. 13. — Martinet d'Europe.

rables. Le *Martinet noir* se trouve au printemps et pendant l'été dans toute l'Europe. Il vit d'insectes et niche dans les crevasses des murailles et sur les entablements des habitations. — Les *Engoulevents* arrivent et partent en même temps que les hirondelles ; ce sont des oiseaux nocturnes, solitaires, farouches. Ils se tiennent sur la lisière des forêts, et se nourrissent de phalènes et d'autres insectes crépusculaires ou nocturnes. Leur plumage, par ses nuances, rappelle celui des chouettes. Ils volent sans bruit, la bouche ouverte ; leur cri est une sorte de plainte mélancolique, qui s'entend d'assez loin, dans la campagne, pendant les nuits tranquilles.

Fig. 14. — Tête de l'Engoulevent.

Les CONIROSTRES ont le bec robuste et de forme conique. On distingue parmi eux : les *Alouettes*, les *Mésanges*, les *Bruants*, les *Moineaux*, les *Pinsons*, les *Serins*, les *Bouvreuils*, les *Étourneaux*, les *Corbeaux*, les *Pies*, les *Geais*, les *Oiseaux de paradis*.

Les *Alouettes* vivent à terre et y font leur nid. Leur nourriture se compose d'insectes, d'herbes, de graines. Elles se tiennent l'été sur les hauteurs et descendent l'hiver dans les plaines. Leur vol est perpendiculaire, et, en s'élevant, elles font entendre un cri peu varié, mais qui ne manque pas de charme. Les alouettes d'automne se vendent dans les marchés sous le nom de *mauviettes*. — Les *Mésanges* consomment peu de graines et se nourrissent surtout de larves et d'insectes, qu'elles savent chercher jusque sous l'écorce et dans les bourgeons. Elles sont très-carnassières et tuent, lorsqu'elles le peuvent, les oiseaux plus faibles pour leur manger la cervelle. Il est impossible de les tenir en cage avec d'autres espèces. Nous en avons en France cinq ou six variétés, entre autres, la *Mésange charbonnière*, la *Mésange à tête bleue* et la *Mésange à longue queue*. — Parmi les *Bruants*, les uns sont sédentaires, les autres, voyageurs. La plus connue des espèces voyageuses est l'*Ortolan*, petit oiseau à plumage brun olive avec la gorge jaune, que l'on prend aux piéges, dans l'automne, et que l'on mange après l'avoir engraissé.

Les *Moineaux* se trouvent dans tous les endroits où l'homme a établi ses cultures. Ce sont nos ennemis, car ils mangent nos céréales; mais ce sont, en même temps, nos auxiliaires, car ils détruisent pour l'alimentation de leurs petits des quantités énormes de chenilles. En certains pays on a voulu les exterminer, et l'expérience a démontré qu'ils étaient nécessaires à la limitation des insectes. Les moineaux des villes ont une juste réputation d'impudence et de témérité. Ce sont là, du reste, leurs conditions d'existence; ils mourraient de faim s'ils redoutaient le bruit et la foule. Il n'est point d'oiseaux plus cosmopolites et plus faciles à loger. Tout emplacement leur est bon, un trou de mur, un rebord de toit, un faîte de cheminée; on en a vu s'installer sur la hune d'un navire, et, le navire partant, s'embarquer sans inquiétude avec lui. — Les *Pinsons*, très-voisins des moineaux, sont remarquables par la gaieté de leur chant. Il en est de même des *Chardonnerets*, ainsi nommés à cause de leur prédilection pour la graine de chardon. Les *Linottes* possèdent aussi, les mâles du moins, un chant très-agréable. — Les *Serins*, originaires des îles Canaries, se trouvent aujourd'hui parfaitement acclimatés dans toute l'Europe. Il ne serait peut-être pas bien difficile de les habituer progressivement à vivre par eux-mêmes et en toute liberté dans les parcs et dans les jardins. — Les *Bouvreuils* ont un plumage cendré en dessus et rouge en dessous, avec une calotte noire; ils nichent dans les taillis, le long des chemins; on les apprivoise aisément; ils apprennent à chanter et même à parler. — Les *Étourneaux*, vulgairement appelés *Sansonnets*, sont des oiseaux turbulents et bavards qui se tiennent par troupes sur les arbres, au voisinage des prairies.

Les *Corbeaux*, les *Corneilles*, les *Pies*, les *Geais* constituent dans l'ordre des Passereaux un groupe remarquable par la grandeur de la taille, par la force du bec, enfin par les habitudes carnivores. Le *Corbeau* porte un plumage d'un noir pur; il habite toutes les contrées et vit solitairement dans les endroits écartés. Il apprend à parler, s'apprivoise facilement, se promène alors en liberté dans les maisons et ne craint aucun de nos animaux domestiques. Il est omnivore, bien qu'il préfère à tout les charognes

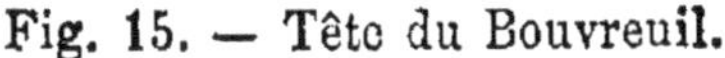

Fig. 15. — Tête du Bouvreuil. Fig. 16. — Tête du Corbeau.

puantes; dans plusieurs pays même, la propreté des rues est uniquement due à l'intervention de cet oiseau. A défaut de viande, le corbeau mange des insectes ou des graines. Il aime à suivre les semeurs et enlève le blé à mesure qu'on le jette; mais, en même temps, il purge le champ d'insectes. — La *Corneille*, plus petite que le corbeau, se trouve aussi largement répandue, mais elle est moins sauvage et vit réunie en troupes nombreuses. Certaines espèces, comme la *Corneille mantelée*, émigrent; la plupart, comme la *Corneille de clocher* ou *Choucas*, passent toute l'année dans nos climats. Ce sont des corneilles de ce genre que nous voyons planer en troupes autour des clochers et au-dessus des édifices. — La *Pie* est plus petite que la corneille; son plumage est noir, avec le ventre et une partie des ailes d'un blanc pur. Elle apprend à parler et abuse de cette faculté. On connaît son penchant à tout enlever et à tout cacher. — Le *Geai* apprend aussi à parler; il imite facilement les autres oiseaux. Pour faire contraste à son plumage gris sombre, il porte aux ailes de belles plumes bleues quelquefois employées comme parure. Il habite les taillis, et souvent il émigre pendant l'hiver.

Dans le groupe des Ténuirostres, passereaux à bec grêle et allongé, nous citerons les *Colibris*, célèbres par l'éclat inimitable de leur plumage à reflets métalliques, ainsi que par l'exiguïté de leur taille, parfois comparable à celle des insectes. Une de ces espèces a la taille d'une abeille, et les petits, lorsqu'ils sortent de l'œuf, sont tout au plus de la grosseur d'une mouche. Les colibris habitent l'Amérique méridionale et se plaisent dans le voisinage des jardins et des habitations. On les prend facilement; quelquefois même on a pu les transporter vivants jusqu'en Angleterre et jusqu'à Saint-Pétersbourg. Presque tous se nourrissent de petits insectes qu'ils saisissent avec leur long bec au fond de la corolle des fleurs. On assure que quelques-uns vivent simplement de pollen. Ces oiseaux, malgré leur petitesse, sont remplis de force et de courage; ils se battent avec acharnement pour défendre leur couvée contre des ennemis dix fois plus gros qu'eux. On en connaît plusieurs centaines d'espèces, divisées en *colibris* et *oiseaux-mouches*, suivant que le bec est arqué ou droit.

Parmi les Syndactyles, petite famille que caractérise la disposition particulière des doigts, nous citerons seulement les *Martins-Pêcheurs*, assez communs sur le bord des rivières, dans l'Europe méridionale et tempérée, et qui sont remarquables par leur beau plumage émaillé de bleu, de vert, de noir et de roux. Leurs mœurs sont farouches et solitaires. Ils vivent de poissons. Leur taille est à peu près celle des moineaux.

Ordre des Grimpeurs.

Les oiseaux très-improprement réunis sous le nom de Grimpeurs, n'ont de commun que la disposition de leurs doigts, dont les deux médians sont dirigés en avant et dont les deux externes sont dirigés en arrière. Certaines espèces, comme les *Perroquets* et les *Pics*, grimpent effectivement; d'autres, comme les *Coucous*, ne grimpent pas.

Les *Perroquets* ont le bec gros et court, la langue épaisse et charnue. Ils volent mal, mais grimpent avec une grande aisance, en s'aidant du bec aussi bien que des pattes. Les pattes leur servent également pour porter les aliments à leur bec. Ces aliments consistent surtout en amandes, qu'ils savent retirer de leur enveloppe, quelque dure qu'elle soit. Les perroquets sont, en général, revêtus des couleurs les plus brillantes, parmi lesquelles dominent le rouge, le vert, le jaune, le bleu. Plusieurs espèces possèdent la faculté d'articuler des sons et de répéter des paroles humaines. Cette faculté est due à la structure du larynx inférieur et à la disposition charnue de la langue. Les perroquets font preuve d'une grande intelligence ; ils sont très-sociables, s'apprivoisent facilement, et, moyennant certaines précautions, vivent sous les climats les plus froids, bien que tous soient originaires des contrées équatoriales. Le nombre des espèces est infini ; on les a réparties en différentes tribus, dont les principales sont les *Aras*, les *Kakatoès*, les *Perroquets proprement dits* et les *Perruches*.

Les *Pics* nous représentent les oiseaux grimpeurs par excellence. Grâce à leurs ongles forts et crochus qui s'enfoncent dans l'écorce, grâce aux plumes raides et inflexibles qui font de leur queue un solide arc-boutant, ils vont et viennent avec la plus grande facilité le long des troncs d'arbres et sur les grosses branches. Leur bec droit et tranchant fouille l'écorce, en même temps que leur langue, très-longue et toujours enduite de salive, pénètre dans les interstices pour engluer les larves d'insectes. La vie des pics est laborieuse, pénible, solitaire. Ils nichent dans les troncs d'arbres, et habitent toutes les forêts du globe. On en trouve six espèces en Europe. La plus connue est le *Pic vert*.

Les *Coucous* passent l'hiver en Afrique. Ils arrivent dans nos climats au mois d'avril et s'en vont au mois de septembre. Ils vivent d'insectes et dévorent des quantités énormes de chenilles. Le plumage de l'espèce commune est gris cendré sur le dos, avec le ventre gris. Les coucous ne se construisent point de nids ; ils déposent leurs œufs dans les nids d'autres insectivores, tels que le rossignol, la fauvette, le rouge-gorge, tous beaucoup plus petits que le coucou lui-même. Chose bizarre, le propriétaire du nid couve les œufs étrangers et élève les petits avec le même soin que s'il s'agissait de sa propre progéniture. C'est que, chez les oiseaux, l'amour maternel n'est qu'un instinct aveugle, se rapportant exclusivement à la propagation de

Fig. 17. — Coucou commun.

l'espèce. La poule élève des œufs de canards, l'aigle, des œufs de poule, sans que l'un ou l'autre paraisse s'apercevoir d'une substitution qui est pourtant bien manifeste. L'introduction d'un œuf de coucou dans un nid est fatale aux enfants du propriétaire légitime. A peine le jeune coucou est-il sorti de l'œuf, qu'il se glisse sous le plus proche de ses compagnons et tâche de le placer sur son dos, où il le retient en élevant les ailes. Cela fait, il se traîne à reculons jusqu'au bord du nid, se dresse par un effort énergique, et jette sa charge par-dessus. L'opération continue jusqu'à ce que le coucou se soit débarrassé de toute la couvée. De sa part, il n'y a ni ingratitude ni férocité. C'est un instinct qui l'entraîne, instinct non moins irrésistible que celui qui force la mère des victimes à nourrir leur meurtrier. Cependant on a fait du coucou le symbole des ingrats.

CHAPITRE III.

OISEAUX; — SUITE DE LA REVUE DES PRINCIPALES ESPÈCES.

Ordre des Gallinacés.

Les oiseaux de l'ordre des Gallinacés se rattachent à deux types assez voisins, dont l'un est représenté par les *Pigeons*, l'autre par les *Coqs*, les *Dindons*, les *Faisans*, les *Perdrix*, les *Cailles*.

Les *Pigeons* ont le vol lourd, mais puissant, et ils sont en état de le prolonger pendant un temps considérable. Les oiseaux de ce groupe ont les doigts conformés de manière à pouvoir se fixer solidement sur les branches. Ils nichent dans les arbres et vivent ordinairement par paire, bien que, à l'époque des migrations, ils se réunissent parfois en troupes innombrables. Nous citerons parmi les espèces les plus remarquables : le *Ramier*, le *petit Ramier*, la *Tourterelle*, le *Biset* ou *Pigeon de roche*.

Le *Ramier* ne passe en France que la saison chaude; il arrive en mars, et nous quitte vers novembre, pour aller en Espagne ou en Italie. Son plumage est d'un cendré bleuâtre; sa taille dépasse celle des autres pigeons; mais il est très-sauvage et ne se reproduit point en domesticité. — Le *petit Ramier*, plus petit que le précédent, a les mêmes mœurs. — La *Tourterelle* s'habitue facilement à la domesticité; son cri, plaintif et monotone, ne manque point de charme, néanmoins, lorsqu'on l'entend au fond des bois. On recherche surtout comme oiseau privé la *Tourterelle à collier*, jolie espèce dont la nuque est ornée d'un collier noir. — Le

Biset paraît être la souche de nos pigeons domestiques. Il habite les bois et niche de préférence au milieu des rochers ; de là son nom de *Pigeon de roche*. On distingue parmi les *pigeons domestiques* un très-grand nombre de variétés ; l'une d'elles, le *Pigeon messager*, a été employée de toute antiquité pour porter les messages. A quelque distance qu'on l'emmène du lieu où sont restés sa femelle et ses petits, fût-ce à plusieurs centaines de kilomètres, cet oiseau trouve sa route dans l'air, et, en quelques heures, il est de retour auprès des objets de son affection.

L'éducation des pigeons domestiques se fait dans des colombiers ou dans des volières. Le premier mode est plus économique, mais il est considéré comme funeste à l'agriculture. En effet, les pigeons se nourrissent pendant une grande partie de l'année des graines qu'ils trouvent dans leurs excursions au dehors, et les frais de leur alimentation sont alors supportés par des cultivateurs qui n'ont aucune part dans les profits du colombier. La chair des pigeons est un aliment sain et agréable ; en divers pays cependant, en Russie par exemple, un préjugé religieux empêche de la manger. La fiente des pigeons, la *colombine*, est l'un des engrais les plus riches en azote ; elle est presque indispensable pour certaines cultures.

Les Gallinacés dont il nous reste à parler volent péniblement, et se distinguent par leur port lourd. Leurs doigts sont mal disposés pour se fixer aux branches. Aussi ces oiseaux vivent-ils à peu près exclusivement sur le sol, et c'est là que les femelles établissent leurs nids. Ils forment, en général, de petites troupes composées d'un mâle et de plusieurs femelles. La plupart sont d'origine étrangère, mais leur acclimatation en Europe s'est faite avec une facilité extrême, et, par des efforts bien dirigés, nous parviendrons sans doute à nous approprier ceux que nous ne possédons point encore aujourd'hui. De tous ces animaux, le plus important est la *Poule*, dont l'introduction dans notre domesticité date d'une époque extrêmement ancienne. Il se pond annuellement en France dix milliards d'œufs, représentant une valeur d'au moins 500 millions de francs. Le seul commerce d'exportation dépasse 100 millions. A quels chiffres arriverait-on, si l'on calculait la valeur des volailles livrées à la consommation intérieure! Ces oiseaux si précieux sont d'un entretien facile; ils ne réclament pour ainsi dire aucun soin, s'accommodent de toute espèce de nourriture et trouvent eux-mêmes la plus grande partie de ce qui leur est nécessaire, en fouillant dans la terre et dans les fumiers. Les poules conservent pendant quatre années leur fécondité entière; les bonnes pondent presque tous les jours, sauf le temps de l'incubation, depuis la fin de janvier jusqu'à la fin d'octobre. Cependant on ne peut guère compter en moyenne que sur cinquante à soixante œufs par an. L'incubation dure vingt et un jours; pendant que la poule est sur ses œufs, elle cesse de pondre. Il en est de même pendant qu'elle élève ses poussins. On a imaginé, pour éviter ces non-valeurs, de faire éclore les œufs dans des étuves ou des fours, suivant la méthode égyptienne. Malheureusement, notre climat est beaucoup moins favorable que celui de l'Égypte au développement des petits êtres délicats qui sortent de l'œuf à peine vêtus.

Le coq, à l'état domestique, ne partage avec la femelle ni les soins de l'incubation, ni ceux de l'éducation de la jeune famille; mais il défend intrépidement contre toutes les attaques son troupeau de poules et de poussins. C'est un animal noble et fier, toujours prêt au combat. Pendant longtemps il a glorieusement figuré sur notre drapeau national; son nom même en latin signifie gaulois.

Dans nos exploitations rurales, les poules offrent un tel mélange de formes, de plumages et de tailles diverses, qu'il est le plus souvent impossible d'y reconnaître aucune race distincte. Dans quelques cantons seulement, on maintient assez pures des races estimées. Telles sont celles de la *Bresse*, du *Mans* et de *Caux*. En général, on regarde les variétés à *pattes jaunes*, désignées dans le Nord sous le nom de *Poules russes*, comme préférables pour l'engraissement, et les variétés à *pattes grises* comme meilleures pour la production des œufs.

Les races étrangères les plus connues sont : en Angleterre, la *Poule de Dorking* ; en Belgique, la *Poule grise campinoise*, dite *Poule de tous les jours*, parce qu'elle pond en effet presque tous les jours sans interruption, du printemps à l'automne ; en Espagne, la *Poule noire*, presque égale à la grise campinoise pour la production des œufs. Depuis quelques années, les basses-cours de toute l'Europe ont été envahies par des races de l'Asie orientale, désignées sous les noms de *Poules malaises* et de *Poules de la Cochinchine*, et dont les plus beaux reproducteurs se vendent à des prix très-élevés. La faveur dont ces deux races sont l'objet semble fondée plutôt sur la mode que sur la raison. En effet, elles donnent de gros œufs et de belles volailles ; mais elles produisent peu, mangent beaucoup, et coûtent, en réalité, plus qu'elles ne rapportent. On peut les ranger, avec la *race huppée de Hambourg* et la *race naine de Bantam*, dite *petite Poule anglaise*, parmi les oiseaux d'ornement plutôt que parmi les volailles d'un rapport véritable.

Les *Dindons* nous sont venus du Mexique. Les premiers que l'on vit en France furent mangés aux noces de Charles IX. Ces oiseaux sont les plus volumineux de tous les gallinacés ; ils occupent comme produit un rang considérable dans les basses-cours. Les femelles font chaque année, en avril et en août, deux pontes d'une quinzaine d'œufs chacune. L'incubation dure trente-deux jours. Les petits craignent le froid et subissent une crise dangereuse au moment où leurs caroncules charnues se développent. Cette période passée, ils deviennent, comme on dit, *rustiques*, et supportent sans inconvénient les intempéries. L'éducation des dindons se fait principalement dans les provinces qui formaient autrefois la Guienne, l'Angoumois, le Périgord.

Les *Faisans*, originaires des bords du Phase, se trouvent aujourd'hui dans toutes les régions tempérées de l'Europe, principalement dans les bois plats et humides. Ils se nourrissent de graines et d'insectes, volent mal et seraient bientôt détruits par les chasseurs si l'on n'établissait pas pour eux des *réserves*. On les élève en domesticité, mais leur éducation exige beaucoup de soins ; on les nourrit alors de froment et de larves de fourmis. Les mâles, dans l'espèce commune, ont le corps marron, la queue grisâtre, la tête et le cou d'un vert doré. Les femelles, plus petites, sont d'un brun terne mêlé de gris et de roux. Elles pondent une quinzaine d'œufs d'un gris verdâtre semé de taches brunes, et établissent leurs nids dans les buissons. La durée de l'incubation est d'environ vingt-quatre jours. Les faisans vivent de six à sept ans. Outre l'espèce commune, nous en possédons trois autres, originaires de la Chine : le *Faisan à collier*, le *Faisan argenté* et le *Faisan doré*.

Fig. 18.— Caille.

Les *Cailles*, malgré la lourdeur apparente de leur vol, traversent chaque année, en septembre, la Méditerranée pour trouver un climat plus chaud. Le voyage est extrêmement pénible, et quantité périssent pendant la traversée. Chez nous, ces oiseaux vivent solitaires ; les mères seules prennent soin des couvées, et les petits se séparent aussitôt qu'ils sont en état de pourvoir à leurs besoins.

Les *Perdrix*, pendant toute la belle saison, vivent dans les plaines et les champs cultivés. Elles sont d'abord réunies par troupes ; mais, au mois d'avril, elles se séparent, et chaque couple va nicher isolément dans quelque sillon. La couvée est de quinze à vingt œufs d'un gris blanchâtre, qui éclosent au bout de vingt et un jours. Les parents élèvent leurs petits avec une grande sollicitude, et le mâle, à l'approche du chasseur, n'hésite pas à porter sur lui-même l'attention et le danger, afin de sauver sa jeune famille. Quand la mauvaise saison arrive, les perdrix échappées aux carnages de l'automne se retirent dans les localités montagneuses et boisées. On distingue plusieurs espèces de perdrix. La *grise* a le bec et les pieds gris cendré; c'est l'espèce la plus commune en France. La *rouge*, un peu plus grosse, a le bec et les pattes d'un beau rouge, et se rencontre principalement dans le midi de la France. La *Bartavelle*, très-voisine de la perdrix rouge, habite également les régions méridionales.

Ordre des Échassiers.

Les Echassiers ont des jambes très-longues et dépouillées de plumes, qui présentent quelque ressemblance avec des échasses. Cette longueur des jambes est compensée par la longueur du col et du bec, de sorte que les échassiers peuvent aisément saisir à terre ou dans l'eau, sans se baisser, les reptiles, les insectes, les poissons dont ils se nourrissent. Assez généralement, leurs doigts très-longs et presque toujours réunis partiellement par des membranes, forment des sortes de raquettes qui les soutiennent sur les vases molles. Chez la plupart, les ailes sont très-développées et le vol est puissant. Plusieurs, néanmoins, tels que les *Autruches*, ont les ailes très-courtes et se trouvent dans l'impossibilité de voler. Ces échassiers se distinguent encore du reste du groupe par leurs pieds terminés en une sorte de sabot qui rappelle celui des Ruminants, par leur régime qui est granivore ou herbivore, ainsi que

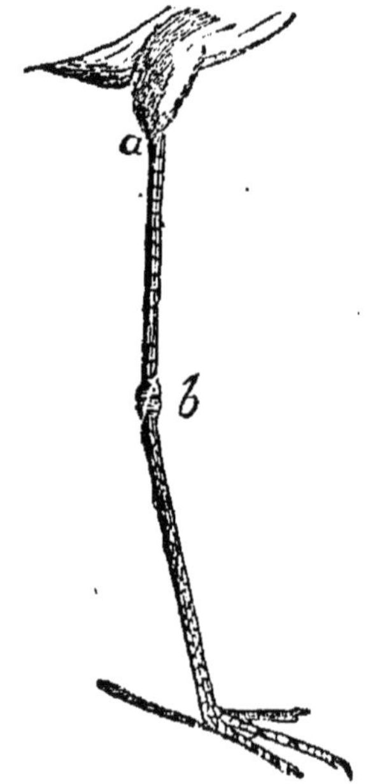

Fig. 19. — Patte d'Échassier. *ab*, la jambe.

par leurs habitudes, qui les tiennent dans les lieux secs et loin des marécages. Nous parlerons ici des *Autruches*, des *Casoars*, des *Cigognes*, des *Hérons* et des *Grues*. Si l'espace nous le permettait, nous pourrions y joindre les *Outardes*, les *Pluviers*, les *Bécasses*, les *Râles*, les *Poules d'eau*, espèces répandues en France et dont l'histoire est digne d'intérêt.

Fig. 20. — Casoar à casque.

Les *Autruches* tiennent, pour la grandeur, le premier rang parmi les oiseaux. Leur taille dépasse deux mètres. Le plumage des mâles est noir mêlé de blanc, avec de grandes plumes blanches aux ailes et à la queue; celui des femelles est d'un gris uniforme. Les autruches vivent par troupes dans les déserts sablonneux de l'Afrique. La rapidité extraordinaire de leur course leur permet de gagner facilement les rares oasis qui peuvent fournir l'herbe nécessaire à leur nourriture. Les autruches s'apprivoisent; on les a quelquefois employées comme montures; des essais d'éducation se poursuivent en Algérie. Ces oiseaux seraient susceptibles d'être élevés dans les basses-cours comme les dindons et les oies. Leurs plumes ont une grande valeur. Leurs œufs pèsent près de deux kilogrammes; un seul nourrirait une famille. Leur viande est très-mangeable, et certains individus atteignent un poids supérieur à 50 kilogrammes. — Le *Nandou*, espèce d'autruche beaucoup plus petite que l'autruche ordinaire, habite les grandes plaines de l'Amérique méridionale. Son plumage grisâtre est sans valeur commerciale. Sa chair est agréable. — Le *Casoar* représente l'autruche en Australie et dans l'archipel Indien. Il est encore moins susceptible de voler, car ses plumes ne sont plus guère que des crins. Ce serait un excellent oiseau de boucherie et l'acclimatation serait peu difficile ; il n'est point en effet d'espèce plus robuste et surtout plus insensible au froid. Le Casoar se nourrit de fruits, d'œufs, etc.

Les *Cigognes* ont un bec long, droit, conique, aigu, tranchant. Elles se nourrissent principalement de petits mammifères et de reptiles, et rendent par là service aux contrées qu'elles visitent successivement dans leurs migrations. Leur voracité leur fait d'ailleurs trouver bonne toute espèce de proie. Plusieurs villes, celle de Calcutta entre autres, doivent la propreté de leurs rues à des légions de cigognes qui viennent chaque matin dévorer les immondices. Ces oiseaux sont célèbres par l'attachement qu'ils portent à leurs petits. Plusieurs peuples anciens leur ont rendu des hommages divins ; aujourd'hui encore, dans bien des pays, on considère comme favorisée du ciel la maison sur le toit de laquelle une cigogne est venue construire son nid. Les Hollandais établissent souvent sur le sommet des édifices des abris destinés à attirer les cigognes ; celles-ci payent l'accueil qu'on leur fait en détruisant les rats et les autres animaux nuisibles. Indépendamment de la *Cigogne blanche,* qui passe l'hiver en Afrique et l'été dans l'Europe tempérée, on peut citer la *Cigogne noire*, qui fréquente nos marais, et la *Cigogne à sac*, dont le cou est muni d'une vaste poche, et qui habite l'Inde et le Sénégal. Les plumes que cette espèce porte des deux côtés du croupion sont employées sous le nom de *marabouts*. Au Sénégal, on élève en domesticité les cigognes à sac, et on leur enlève leurs plumes lorsqu'elles sont suffisamment longues. Les marabouts de l'Inde sont beaucoup moins estimés que ceux d'Afrique.

Les *Hérons* ont un long bec fendu jusqu'aux yeux et souvent garni de dentelures. Ils s'en servent pour saisir dans l'eau les poissons et les grenouilles qui composent leur ordinaire habituel. Lorsque la pêche est insuffisante, ils se rejettent sur les vers, les mollusques, les reptiles. Leur patience est devenue proverbiale ; on les voit rester des journées entières immobiles sur le rivage, attendant une proie qui souvent fait défaut. Ils sont tristes, solitaires et ne se réunissent que pour émigrer, lorsque toutefois ils émigrent. Le *Héron commun* se trouve partout. Il est de couleur cendrée, avec un mélange de blanc et de noir sur le devant du cou, et une huppe noire sur la tête. Il niche au sommet des grands arbres et se tient dans le voisinage des eaux. L'*Aigrette*, remarquable par son blanc plumage, porte, à certaines époques, au bas du dos, des plumes longues et effilées que l'on emploie comme parure. Le *Butor*, autre espèce du même groupe, à plumage jaune et noir, se trouve en France, comme l'aigrette ; son nom lui vient de son cri retentissant.

Fig. 21. — Héron commun.

Les *Grues* ont le cou très-allongé, la tête petite, le bec droit et peu fendu. L'espèce la plus connue est la *Grue commune* ou *Grue cendrée*, gros oiseau de plus d'un mètre de hauteur, que nous voyons chez nous au printemps et à l'automne. Dans leurs migrations, les grues voyagent par troupes immenses, et dessinent dans l'air un triangle au sommet duquel se trouve un chef qui conduit la marche. Lorsqu'elles font de bonne heure leur apparition dans les régions tempérées, on peut prévoir, en général, que l'hiver sera précoce et rigoureux.

Ordre des Palmipèdes.

Les PALMIPÈDES ont les pieds garnis de membranes interdigitales ou *palmures*, plus ou moins étendues. Tout porte, chez ces oiseaux, le caractère d'une existence aquatique. Leur plumage est enduit d'un vernis gras qui le rend imperméable à l'eau; sous leurs plumes, se trouve un duvet moelleux qui protége le corps contre le froid; leur cou est allongé; leurs pattes sont, au contraire, très-courtes et situées en arrière du corps. Chez les uns, les albatros, par exemple, le vol est extrêmement puissant et les ailes sont très-développées. Chez les autres, tels que les manchots, le vol est nul; les ailes, réduites à l'état rudimentaire, ne servent plus que comme des sortes de nageoires.

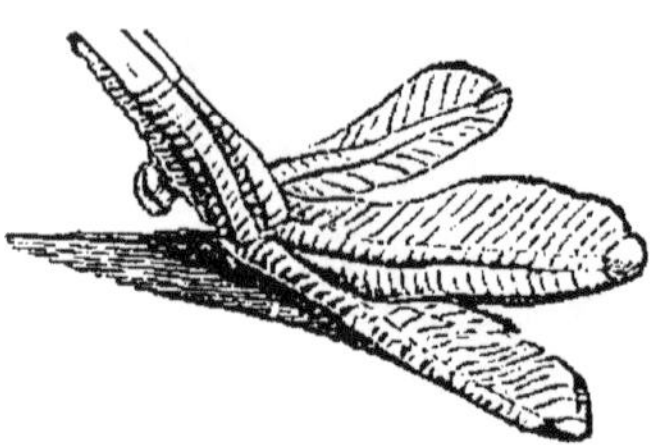

Fig. 22. — Palmure du Grèbe.

Les palmipèdes les plus favorisés sous le rapport du vol appartiennent presque tous à la tribu des *Longipennes*. Les oiseaux de ce groupe sont caractérisés par la longueur de leurs ailes, qui forment, lorsqu'elles sont étendues, une bande étroite et flexible. Certains présentent jusqu'à cinq mètres d'envergure. Tous vivent pour ainsi dire suspendus entre ciel et mer, au-dessus des flots. Les navires rencontrent souvent des oiseaux de cette famille à plusieurs centaines de kilomètres de tout rivage. Les principales espèces sont les *Albatros*, les *Pétrels*, les *Mouettes*, les *Goëlands*, les *Hirondelles de mer*.

Les *Albatros* sont les plus grands, les plus forts, peut-être les mieux armés, et cependant les plus lâches des oiseaux marins. Ils se nourrissent de poissons et de débris flottants ; on les voit réunis par milliers sur les carcasses de baleines. Ils se rencontrent surtout dans les mers australes.

Fig. 23. — Albatros.

Les *Pétrels* habitent les mêmes latitudes. Cependant quelques petites espèces viennent jusque sur nos côtes. On les appelle vulgairement *oiseaux des tempêtes*, parce qu'ils n'apparaissent guère sur les grèves que lorsque le mauvais temps les chasse de la haute mer : ils semblent ainsi annoncer les orages. — Les *Goëlands* et les *Mouettes* fourmillent sur toutes les côtes. Ces oiseaux vivent non-seulement des poissons qu'ils prennent en volant près de la surface, mais encore de tous les débris que la mer rejette. Leur avidité rappelle celle des hyènes. Ils nichent dans les interstices des rochers. — Les *Hirondelles de mer* quittent souvent les rivages pour remonter le long des cours d'eau. Leur agilité est extrême ; elles ne restent jamais en repos. L'espèce la plus commune est le *Pierre-garin*.

Les *Frégates*, séparées de la tribu des Longipennes par quelques détails de conformation, sont, de tous les oiseaux, ceux dont le vol est le plus puissant et le plus soutenu ; mais elles ont les pieds très-courts, et l'énorme étendue de leurs ailes les empêche de pouvoir se reposer à la surface des eaux. Elles habitent les régions tropicales et font une guerre acharnée aux poissons volants.

Les *Pélicans* portent sous leur énorme bec une poche membraneuse dans laquelle ils entassent, comme dans un réservoir, les produits de leur pêche. Ils habitent particulièrement les pays chauds ; cependant on en trouve en assez grande quantité dans certaines parties de l'Europe orientale. Ils fréquentent les eaux douces ou salées, et se réunissent pour pêcher en commun. Ce sont des pêcheurs très-habiles et dont la voracité est insatiable, de sorte que

Fig. 24. — Pélican à lunettes.

la présence d'une troupe de pélicans suffit pour dépeupler en très-peu de temps une rivière. Nous devons donc nous estimer heureux que cette espèce ne se soit pas propagée plus avant. Les pélicans s'apprivoisent facilement ; aux Antilles, on a tenté de mettre à profit leur industrie ; mais leurs instincts voleurs et gourmands sont tellement développés qu'il n'y aurait jamais grand bénéfice à les réduire en domesticité. Ces instincts n'empêchent pas les pélicans d'être bons parents ; la femelle nourrit très-assidûment ses petits.

Les *Cormorans* sont tout aussi voraces que les pélicans ; ils ne sont pas, d'un autre côté, moins habiles pêcheurs, et, comme ils habitent nos contrées, les ravages qu'ils commettent dans les étangs et les rivières ont pour nous des conséquences très-fâcheuses. Ces oiseaux plongent admirablement et savent poursuivre les poissons entre deux eaux. Le *Cormoran commun* est de la grosseur d'une oie ; son plumage est noir. Il fréquente de préférence les rivages de la mer.

Le *Cygne commun*, ou *Cygne à bec rouge*, vit depuis longtemps à l'état domestique sur nos pièces d'eau. D'un caractère doux et paisible, il est doué d'une très-grande force musculaire ; on assure que, d'un coup d'aile, il peut casser la cuisse à un homme. Perpétuellement errant sur les eaux, il vit de graines et de racines aquatiques, de grenouilles, de sangsues et de vers. La ponte a lieu au mois de février et consiste en sept ou huit œufs d'un gris verdâtre, qui éclosent au bout de six semaines. La vie des cygnes est très-longue, et l'on en cite qui ont dépassé un siècle. — Le *Cygne à bec noir* habite les régions les plus septentrionales des deux continents ; pendant les froids rigoureux, il en arrive de grandes troupes jusqu'en France. Son cri, très-fort, très-désagréable, ressemble au son d'une trompette. Les anciens prêtaient aux cygnes mourants une voix mélodieuse que nous ne trouvons chez aucun de nos palmipèdes.

Les *Oies* n'ont rien de l'élégance ni de la beauté extérieure des cygnes ; ce sont simplement des oiseaux de basse-cour, utiles pendant leur vie par les plumes, le duvet et l'engrais qu'ils fournissent, encore utiles après leur mort par leur chair et leur graisse. Les oies savent pourvoir à leur nourriture ; elles paissent dans les champs à la manière des moutons. Beaucoup plus intelligentes que ces ruminants, elles ont à peine besoin d'être surveillées, se tiennent elles-mêmes en troupes et peuvent, dans les fermes, remplacer les chiens comme garde nocturne. Elles nichent à terre et pondent huit à douze œufs d'un vert sale, dont l'incubation dure de vingt à trente jours. Leur existence est très-peu aquatique ; elles recherchent plutôt le voisinage des eaux que les eaux mêmes. Leur nourriture consiste en herbes et graines. Les oies sauvages passent l'hiver dans les régions tempérées et l'été dans celles du Nord.

Les *Canards* forment une nombreuse tribu, dans laquelle on range quantité d'espèces, telles que les *Macreuses,* les *Garrots,* les *Millouins*, les *Eiders,* les *Souchets*, les *Canards communs,* les *Sarcelles*. Toutes ces espèces ont le bec élargi à l'extrémité, les jambes courtes et placées fort en arrière ; leur cou est moins long que celui des oies et des cygnes. On trouve sur nos côtes la *Macreuse* et la *double Macreuse*, l'une et l'autre noires ; le *Tadorne commun*, blanc, avec la tête d'un beau vert foncé, une ceinture rousse autour de la poitrine, l'aile variée de noir, de vert, de blanc et de roux. Sur nos rivières et nos étangs, habitent le *Garrot commun,* le *Millouin commun,* le *Souchet commun*, le *Canard pelet,* la *petite* et la *grande Sarcelle*, gibiers dont la chair est excellente. Le *Canard sauvage* quitte, à l'entrée de l'hiver, les régions boréales et descend vers le midi de l'Europe. Il apparaît en France par petites bandes qui se dispersent dans les marais et sur le bord des rivières. Cette espèce est la souche des *Canards domestiques*. Ceux-ci occupent dans la basse-cour une place importante. Ils prospèrent sans exiger presque aucun soin ni aucune dépense. Tous les débris sont utilisés par eux comme aliments. Leur chair est estimée, ainsi que leurs œufs, souvent préférés à ceux de la poule, et l'on tire parti des plumes et de la fiente même. On élève dans la Normandie une énorme quantité de canards. Les canetons de Rouen jouissent d'une grande réputation auprès des gourmets. L'*Eider* est une espèce tout à fait septentrionale, que la rigueur des grands hivers amène parfois accidentellement jusque sur nos côtes. Cet oiseau, un peu plus volumineux que le canard domestique, a le corps protégé par un duvet extrêmement épais. Il emploie ce duvet pour garnir son nid, et de là provient l'*édredon*.

Les *Grèbes* vivent sur les eaux douces et dans le voisinage de la mer; ils volent un peu, mais nagent et plongent de préférence. Nous en possédons quatre espèces, dont la plus grande, le *Grèbe huppé,* a la taille du canard, et la plus petite, le *Grèbe castagneux,* à peine celle de la caille. Le plumage du ventre, chez les Grèbes, est d'un beau blanc argenté. On l'emploie pour faire des manchons très à la mode dans les pays où les fourrures de mammifères sont communes. Le lac de Genève, en Suisse, et le lac Fezzara, en Algérie, fournissent annuellement plus de soixante mille de ces peaux.

Les *Pingoins* se subdivisent en *Pingoins communs* et *grands Pingoins.* Les premiers, de la grosseur d'un canard, quittent l'hiver les mers arctiques pour les mers tempérées. Les seconds, beaucoup plus grands et encore plus mal organisés pour le vol, se tiennent constamment parmi les glaces flottantes. — Les *Manchots* sont de véritables oiseaux-poissons, munis d'ailes-nagoires tout à fait impropres au vol, passant en pleine mer plus de six mois dans l'année, et n'abordant sur les rivages que le temps nécessaire à l'incubation des œufs et à l'éducation des petits. Pleins d'agilité, lorsqu'ils se trouvent sur leur élément favori, ils ont à terre l'allure la plus pénible et la plus disgracieuse; ils se traînent plutôt qu'ils ne marchent, et sont incapables d'opposer la moindre résistance à leurs ennemis. Les diverses espèces sont répandues autour des côtes de l'Australie, de l'Amérique et de l'Afrique méridionale. Le *grand Manchot* habite les parages du détroit de Magellan. On emploie sa fourrure, cendrée sur le dos avec le ventre blanc et un collier jaune au cou, pour fabriquer des tapis d'un dessin très-original.

Fig. 25. — Grand Manchot.

CHAPITRE IV.

REPTILES ET BATRACIENS. ORGANISATION; NOTIONS SUR LES ESPÈCES LES PLUS INTÉRESSANTES.

CLASSE DES REPTILES.

Les Reptiles forment la troisième classe de l'embranchement des Vertébrés. Ils se distinguent tout d'abord des Mammifères et des Oiseaux par leur peau couverte d'écailles. De plus, bien que leur respiration soit pulmonaire, ce sont des animaux à sang froid, c'est-à-dire privés d'une température intérieure indépendante des vicissitudes atmosphériques. Enfin, leur cœur est partagé en trois cavités seulement, par suite de la communication des ventricules, de sorte que le sang artériel et le sang veineux se mélangent dans la partie inférieure du cœur, et que la circulation est incomplète. L'appareil respiratoire est peu développé chez les Reptiles; quelquefois même il n'existe qu'un seul poumon. Le squelette est construit sur le même type général que dans les classes précédentes. Les membres font souvent complétement défaut, et, lorsqu'ils existent, ils s'articulent sur les côtés du corps d'une manière très-défavorable à la progression; le ventre traîne sur le sol, l'animal rampe. Reptile vient, d'ailleurs, d'un mot latin qui signifie ramper. Comme les oiseaux, les Reptiles sont ovipares; mais ils ne couvent pas leurs œufs, et, après la ponte, ils les abandonnent, en prenant toutefois certaines précautions pour assurer le succès de l'éclosion. Chez la vipère, les œufs restent dans le corps de la mère; les petits en sortent tout vivants, et, pendant les premiers temps de leur existence, ils y trouvent un refuge en cas de danger.

La classe des Reptiles se partage en trois ordres:

1° Les Chéloniens, dont le corps est pourvu de membres et généralement couvert d'écailles; dont les mâchoires sont garnies d'un bec corné.

Exemples: les diverses espèces de *Tortues*.

2° Les Sauriens, dont le corps est pourvu de membres et couvert d'écailles; dont les mâchoires sont garnies de dents.

Exemples: le *Crocodile*, le *Lézard*, le *Caméléon*.

3° Les Ophidiens, dont le corps est dépourvu de membres, mais couvert d'écailles; dont les mâchoires sont garnies de dents.

Exemples: l'*Orvet*, le *Boa*, la *Couleuvre*, la *Vipère*.

Ordre des Chéloniens.

Les *Tortues* ont un bec corné, analogue à celui des oiseaux. Leur corps est recouvert par une carapace, sorte de bouclier double, qui protége le tronc tout entier, et dans l'intérieur duquel peuvent rentrer au besoin la tête, la queue et les membres. Le bouclier supérieur est formé par la soudure des côtes et des vertèbres dorsales; le bouclier inférieur ou *plastron* est constitué par le sternum très-élargi. Un cercle de pièces osseuses borde le bouclier supérieur, plus particulièrement appelé *carapace*, et l'unit au plastron. La peau recouvre immédiatement le tout, et supporte les écailles chez les espèces qui en sont pourvues. Les muscles moteurs des membres, l'épaule, le bassin même sont complétement enfermés dans la carapace.

La soudure des côtes rend, chez les tortues, le mécanisme de la respiration tout différent de ce qu'il est chez les animaux à côtes mobiles. C'est une véritable déglutition. L'air nécessaire à la respiration est introduit dans la bouche par les narines, et la langue agit comme une soupape pour le pousser dans l'arrière-bouche et vers les poumons. Les tortues vivent très-longtemps; on en cite qui ont passé plus de deux siècles en captivité. Encore plus facilement que les serpents, elles supportent l'abstinence; elles resteraient au besoin plusieurs années sans prendre de nourriture.

D'après leur conformation et leurs habitudes, on peut partager les Chéloniens en trois petits groupes : les *Tortues de terre*, les *Tortues d'eau douce*, les *Tortues de mer*.

Les *Tortues de terre* ont les pattes grosses, terminées en moignon, la carapace très-bombée et protégeant complétement toutes les parties de l'animal. L'espèce la plus commune est la *Tortue grecque*, qui abonde sur tous les

Fig. 26. — Tortue grecque.

rivages de la Méditerranée. Elle est utile dans les jardins, parce qu'elle recherche les limaçons et les insectes. Elle est comestible, s'élève facilement et à peu de frais. L'hiver, elle s'engourdit dans un terrier qu'elle creuse sous le sol.

Les *Tortues d'eau douce* ont les pieds palmés, la carapace aplatie, souvent dépourvue d'écailles et revêtue d'une peau molle. L'espèce la plus commune est la *Cistude d'Europe*, ou *Tortue bourbeuse*, que l'on trouve en Grèce, en Italie et dans la France méridionale, principalement parmi les eaux bourbeuses; on mange sa chair.

Les *Tortues de mer* ont les membres terminés en nageoire et la carapace trop petite pour recevoir la tête et les membres. Elles habitent les mers des contrées chaudes, et atteignent toutes une grande taille. On en a trouvé du poids de 800 kilogrammes. Elles se nourrissent en général de plantes marines et pondent un grand nombre d'œufs, qu'elles abandonnent sur le sable du rivage. — La *Tortue franche* procure comme aliment des ressources précieuses aux navigateurs. Sa chair est très-estimée ; on en fait une grande consommation en Angleterre. — Le *Caret* fournit l'écaille;

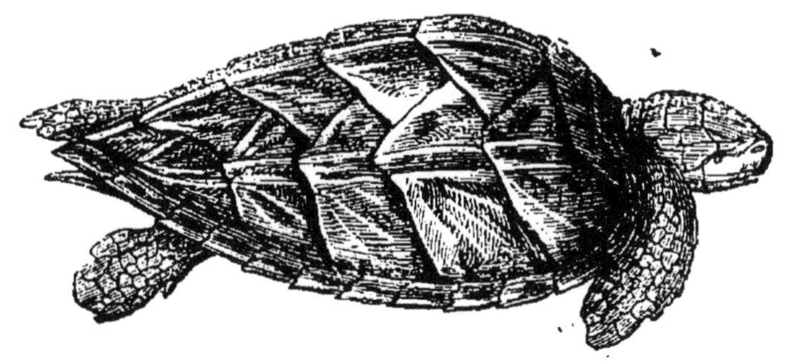

Fig. 27. — Caret.

on retire de chaque individu treize grandes feuilles qui occupent le centre de la carapace, et vingt-cinq petites qui forment bordure.

Ordre des Sauriens.

Les *Crocodiles* atteignent généralement une taille considérable. Ils sont protégés par des écailles très-dures, presque impénétrables aux balles. Leur régime est carnassier, leur existence aquatique ; ils marchent difficilement à terre, mais nagent dans l'eau avec une extrême rapidité. Les grandes espèces sont dangereuses pour l'homme; cependant elles ne l'attaquent guère que par surprise, et

Fig. 28. — Crocodile.

leur caractère est beaucoup moins hardi qu'on serait tenté de le croire, d'après les récits des voyageurs. Les crocodiles proprement dits habitent l'Afrique et l'Amérique. L'espèce la plus célèbre est le *Crocodile du Nil*, qui atteint jusqu'à dix mètres de longueur et dont les anciens Égyptiens avaient fait une divinité. — Deux espèces très-voisines par les mœurs et l'organisation méritent d'être citées à côté des crocodiles. Les *Caïmans* ou *Alligators* abondent dans les fleuves et les marécages du nouveau continent ; ils sont plus petits, plus faibles, moins féroces que les crocodiles et n'attaquent point l'homme sans provocation. Les *Gavials* se trouvent dans les grands fleuves de l'Asie méridionale. Ils égalent parfois, sous le rapport de la taille, les plus grands crocodiles ; mais, à cause de la faiblesse de leur museau, ils ne peuvent guère se nourrir que de poissons.

Les *Lézards* sont de petits reptiles terrestres, parfaitement inoffensifs, et qui pullulent dans toutes les parties chaudes ou même seulement tempérées des deux continents. Ils se nourrissent de vers et d'insectes et nous débarrassent ainsi d'ennemis très-incommodes. Nous possédons en France trois espèces de Lézards : le *Lézard gris des murailles ;* le *Lézard vert piqueté* et le *Lézard vert ocellé*. Le *Lézard gris* est le plus petit de tous : il dépasse rarement 15 à 20 centimètres. On le rencontre dans tous les jardins, le long des murs bien exposés. Sa queue est composée d'articulations qui se séparent au moindre effort, mais qui, en même temps, sont susceptibles de se reproduire. — Le *Lézard vert piqueté* fréquente les taillis et recherche le soleil ; sa taille est d'environ 25 centimètres. Il est commun dans toute l'Europe tempérée. — Le *Lézard vert ocellé* porte sur le dos des anneaux d'un beau vert sur un fond noir. Sa taille dépasse souvent 40 centimètres. On le trouve dans le midi de la France, parmi les buissons et les haies. Sa chair est saine et agréable, et l'on peut en dire autant de celle des deux autres espèces.

Les *Caméléons* possèdent la faculté de changer de couleur. Cette faculté paraît dépendre de ce que leur peau renferme deux couches colorantes bien distinctes, l'une d'un gris jaunâtre, l'autre d'un rouge foncé ; il en résulte une teinte mixte qui varie suivant que la couleur de l'une ou l'autre de ces couches prédomine, par suite des impressions de l'animal. Les yeux des caméléons sont très-saillants, très-mobiles, et peuvent se diriger chacun dans un sens opposé; leur langue, très-longue, se projette au loin pour saisir les insectes; leur queue, ronde et prenante, s'enroule autour des branches; leurs doigts, comme ceux des perroquets, sont divisés en deux paquets opposables. Leurs poumons, qui sont très-vastes, doublent presque le volume du corps lorsqu'ils viennent à se gonfler. Le *Caméléon vulgaire*, très-commun en Algérie, ne dépasse guère 35 centimètres de longueur.

Ordre des Ophidiens.

Les *Ophidiens* ou *Serpents* n'ont point de membres. Leur corps, extrêmement allongé, se meut par une série de flexions latérales. Les vertèbres et les côtes forment à elles seules presque tout le squelette. La couleuvre à collier possède plus de trois cents vertèbres ; la vipère, environ deux cents. Les yeux des serpents offrent une fixité qui provient de ce qu'il n'existe qu'une seule paupière. Cette paupière est immobile et transparente ; placée en avant de l'orbite, elle recouvre le globe oculaire comme un verre de montre. La langue est longue, grêle, ordinairement bifurquée. Les serpents la projetant souvent au dehors, on en a fait un dard, et l'on s'est imaginé, bien à tort, qu'elle pouvait produire des piqûres.

La bouche est toujours armée de dents; ces organes ne servent guère qu'à retenir la proie, qui est avalée tout d'une pièce, après un travail de ramollissement durant quelquefois plusieurs jours. L'extrême extensibilité des mâchoires permet aux serpents d'introduire dans leur bouche des animaux beaucoup plus gros qu'eux-mêmes. Un grand nombre de ces reptiles déposent dans la blessure qu'ils font un venin très-dangereux. Ce venin est secrété dans des glandes situées en arrière de l'œil et communiquant par un conduit avec des dents nommées *crochets*. Ces dents, implantées dans la mâchoire supérieure, présentent soit un canal, soit une simple rainure par laquelle descend le venin. On a constaté récemment que la morsure des serpents venimeux n'était dangereuse ni pour eux-mêmes, ni pour les individus de leur propre espèce, ni généralement pour les autres ophidiens.

Il faut placer en dehors des Serpents proprement dits les *Orvets*, très-communs dans toute l'Europe, et qui doivent leur nom de *serpents de verre* à la fragilité de leur corps, qui se rompt souvent lorsqu'on le saisit. Ils sont tout à fait inoffensifs, se nourrissent d'insectes et habitent des galeries souterraines où ils s'engourdissent l'hiver.

Les Serpents proprement dit se partagent en Serpents venimeux et Serpents non venimeux.

On range parmi les Serpents non venimeux les *Boas* et les *Couleuvres*. Les Boas ne se trouvent que dans les parties chaudes et humides de l'Amérique. Quelques espèces atteignent jusqu'à quinze mètres de longueur. C'est, du reste, leur taille seule qui les rend dangereux. Dépourvus de venin, ils s'enlacent autour de leur proie, l'étouffent, la

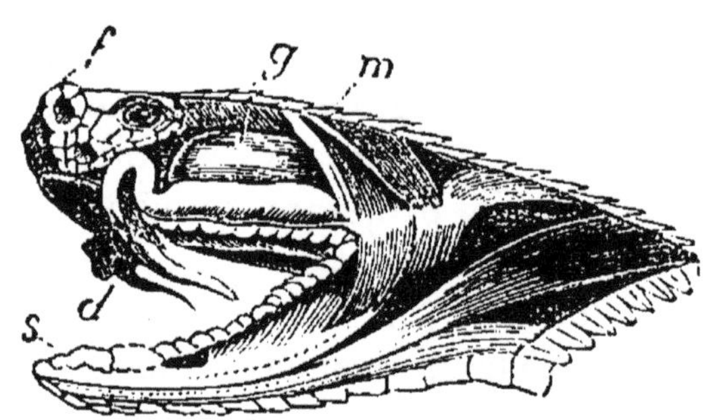

Fig. 29. — Appareil venimeux du serpent à sonnettes [1].

pétrissent et l'avalent, quelles que soient ses dimensions, après l'avoir convertie en une masse informe. On prétend

1. Fig. 29. — Appareil venimeux du serpent à sonnettes. — *g*, glande venimeuse, avec un conduit qui se rend au canal creusé dans le crochet venimeux. — *m*, *m*, muscles qui compriment la glande, en rapprochant la mâchoire inférieure de la supérieure. — *d*, crochets venimeux. — *s*, glandes salivaires. — *f*, orifice de la narine.

qu'ils engloutissent parfois ainsi des bœufs tout entiers.— Les *Couleuvres* sont communes en France; on distingue : la *Couleuvre à collier*, longue d'un mètre, et qui doit son nom à l'espèce de collier blanchâtre qui entoure son cou;

Fig. 38. — Couleuvre.

la *Couleuvre vipérine*, marquée de zigzags noirs sur le dos; la *Couleuvre verte et jaune*. Toutes ces espèces vivent d'insectes, d'escargots, de limaces, de crapauds, de grenouilles, de rats, de taupes, etc.; ce sont donc pour nous des auxiliaires utiles. Leur morsure n'offre aucun danger.

Parmi les serpents venimeux, nous citerons seulement les *Crotales* ou *serpents à sonnettes*, et les *Vipères*.

Les *Serpents à sonnettes* doivent leur nom à l'appareil bruyant qu'ils portent à l'extrémité de la queue et qui se compose d'une série d'anneaux emboîtés. Ces anneaux, en se heurtant, produisent un bruit comparable à celui d'un parchemin que l'on froisse. Les serpents à sonnettes habitent l'Amérique; leur venin est mortel pour tous les animaux, excepté pour le cochon et le pécari. Ils attaquent très-rarement l'homme, et seulement lorsqu'ils sont provoqués. Ils sont, par conséquent, peu à craindre, d'autant mieux qu'ils rampent lentement et que leur voisinage est annoncé par leur odeur fétide et par le bruit de leurs sonnettes.

La *Vipère* est le seul serpent venimeux que nous possédions en France. Elle a communément 60 à 70 centimètres de longueur, dont 7 à 8 pour la queue; elle est brune, avec une double rangée de taches transversales noires sur le dos; chacun des flancs porte en outre une autre série de taches également noires. La *Vipère commune* ne ressemble nulle-

Fig. 31. — Vipère.

ment à la couleuvre à collier, et ne pourrait être confondue avec elle; mais elle a beaucoup d'analogie avec la couleuvre vipérine, et il serait parfois assez difficile de les distinguer. L'*Aspic* des environs de Paris n'est qu'une variété de la vipère ordinaire; les taches du dos forment chez ce serpent un double zigzag de chaque côté de l'épine. Dans d'autres variétés, la robe est entièrement noire.

Le venin de la vipère n'est guère mortel que pour les petits animaux; cependant, on a vu parfois des hommes succomber aux suites d'une morsure de vipère. La succion de la plaie a pour résultat d'empêcher le poison de pénétrer dans l'organisme; cette succion peut presque toujours être pratiquée sans danger, car les venins ne sont point absorbés par la membrane qui tapisse la bouche et le canal digestif. Pour se mettre à l'abri des effets d'une morsure, il faut, le plus promptement possible, élargir la plaie par une double incision en croix, puis la cautériser soit avec le fer rouge, soit avec l'acide phénique, l'ammoniaque ou la potasse caustique; il est utile, en même temps, de boire quatre ou cinq gouttes d'ammoniaque diluées dans un verre d'eau.

CLASSE DES BATRACIENS.

Les BATRACIENS se distinguent des reptiles : 1° en ce qu'ils ont la peau nue; 2° en ce qu'ils subissent des métamorphoses. Chez ceux dont les métamorphoses sont complètes, les grenouilles, par exemple, les petits ou *têtards*, lorsqu'ils sortent de l'œuf, sont de véritables poissons et sont organisés pour une existence entièrement aquatique ; ils ont des branchies, un corps allongé, dépourvu de membres, terminé par une queue; leur bouche est garnie d'un bec corné qui ne peut servir que pour une alimentation végétale. Au bout d'un certain temps, les membres se montrent ; le bec corné, la queue disparaissent en même temps que les branchies ; les poumons se développent et fonctionnent ; l'animal quitte l'eau comme séjour habituel et forcé. Chez certains batraciens, tels que les salamandres, bien que les autres transformations s'effectuent, la queue persiste indéfiniment. Chez d'autres, enfin, tels que les protées, les branchies continuent à fonctionner jusqu'à la fin de l'existence.

Nous ne nous occuperons ici que des *Grenouilles*, des *Crapauds* et des *Salamandres*.

Les *Grenouilles* ont les membres postérieurs très-longs, la peau lisse et la bouche garnie de dents, ce qui les distingue des crapauds, dont la peau est verruqueuse, dont les membres postérieurs sont courts et dont les mâchoires ne portent point de dents. L'existence de ces batraciens est beaucoup plus aquatique que celle des crapauds. Ils habitent le bord des eaux, se nourrissent d'insectes et de vers, et, pendant les froids, s'enfoncent dans la vase. La *Grenouille verte* est commune dans les étangs ; on en fait, en diverses contrées, une grande consommation comme aliment. La *Grenouille rousse* recherche les potagers, et rend service en détruisant les limaçons et les limaces. Les *Rainettes*, ou *Grenouilles d'arbres*, portent à l'extrémité des doigts des ventouses au moyen desquelles elles peuvent

Fig. 32. — Grenouille verte.

grimper sur les arbres et poursuivre les insectes de branche en branche.

Les *Crapauds* sont les plus repoussants de tous les batraciens. Leur peau secrète un liquide âcre qu'ils projettent lorsqu'on veut les saisir, et qui, atteignant des tissus délicats, celui de l'œil, par exemple, détermine une sensible inflammation. Néanmoins, il convient de ranger les crapauds parmi les animaux utiles, car ils détruisent les limaçons, les limaces, et quantité d'insectes nuisibles à l'agriculture. Leur chair d'ailleurs n'est point mauvaise.

On a parlé souvent de crapauds découverts dans des pierres ou des troncs d'arbres, à l'intérieur desquels ils auraient séjourné pendant un très-grand nombre d'années. Des expériences précises montrent que les batraciens de cette espèce vivent un peu plus d'une année dans une enveloppe perméable à l'air, comme le plâtre et certains calcaires poreux, mais que, dans une enveloppe imperméable, comme le grès ou le métal, ils périssent au bout de très-peu de mois.

Les têtards se trouvent parfois réunis en nombre immense dans les eaux des mares et des étangs. Il est arrivé que des trombes, en enlevant ces eaux sur leur passage, ont transporté également des myriades de têtards, qu'elles laissaient ensuite retomber à de grandes distances de leur lieu d'origine. Les prétendues pluies de crapauds trouvent ainsi leur explication toute naturelle.

Fig. 33. — Salamandre terrestre.

Les *Salamandres* conservent pendant toute leur vie la longue queue qui existait chez le têtard. On les partage en *Salamandres aquatiques* ou *Tritons* et *Salamandres terrestres*. — Les *Tritons* sont très-communs dans les mares des environs de Paris, particulièrement le *Triton à crête*, reconnaissable à sa peau semée de taches et à la crête festonnée qu'il porte le long du dos. — Les *Salamandres terrestres*, assez rares dans la région de Paris, habitent les lieux humides. Leur peau laisse suinter une humeur laiteuse, funeste tout au plus à de très-petits animaux. On s'était imaginé, au moyen âge, que les salamandres pouvaient vivre au milieu du feu. De là, quantité de fables, dont plusieurs se sont conservées, à travers les siècles, dans l'imagination de certaines populations arriérées.

CHAPITRE V.

ORGANISATION DES POISSONS.

Les POISSONS forment la cinquième et dernière classe de l'embranchement des vertébrés. Comme les reptiles, ils ont la peau couverte d'écailles ; mais leur respiration est aquatique et s'effectue par des branchies. Leur circulation est, d'ailleurs, très-différente. Le cœur, partagé seulement en deux cavités, ne reçoit que le sang veineux, qui se rend ainsi aux organes respiratoires sans se mélanger avec le sang artériel. Les poissons ne possèdent point cependant une température propre; ce sont, comme les reptiles et les batraciens, des animaux à sang froid. Ils vivent exclusivement dans l'eau ; leurs membres sont transformés en nageoires; ils se reproduisent par des œufs.

Les organes respiratoires des poissons se trouvent logés au fond de la bouche, dans une cavité qui communique au dehors par deux ouvertures latérales que l'on nomme les *ouïes*. Ces organes, appelés *branchies*, se composent généralement de lamelles fixées comme les dents d'un peigne sur quatre paires d'arceaux osseux, les *arcs branchiaux*. D'autres parties osseuses, les *rayons branchiostéges*, forment autour de la cavité respiratoire une enveloppe protectrice. Les lamelles branchiales reçoivent une infinité de petits vaisseaux sanguins. L'eau introduite par la bouche, ou bien par les *évents* dans certaines espèces, se met en contact avec les organes respiratoires et cède au sang, à travers la pellicule membraneuse qui les sépare, une partie de l'oxygène qu'elle tient en dissolution ; en même temps, elle prend en échange de l'acide carbonique. Après avoir servi à la respiration, elle est expulsée par les ouïes.

Les poissons respirent donc, en réalité, de la même manière que les autres vertébrés, c'est-à-dire qu'ils absorbent de l'oxygène et exhalent de l'acide carbonique; mais leurs organes respiratoires sont disposés de telle sorte qu'ils ne peuvent agir efficacement que dans l'eau, bien que ce liquide renferme seulement une très-faible proportion d'air en dissolution. Les poissons périssent dans l'atmosphère, parce que leurs lamelles branchiales, ne flottant plus dans un liquide, se collent les unes sur les autres et cessent de présenter une surface suffisante. Néanmoins, certaines espèces possèdent la faculté de vivre assez longtemps hors de l'eau, parce que leur cavité branchiale est construite de manière à pouvoir retenir une petite provision de liquide. Placés dans une eau privée d'air par l'ébullition, ou bien dans laquelle l'acide carbonique a remplacé l'oxygène, les poissons périssent asphyxiés.

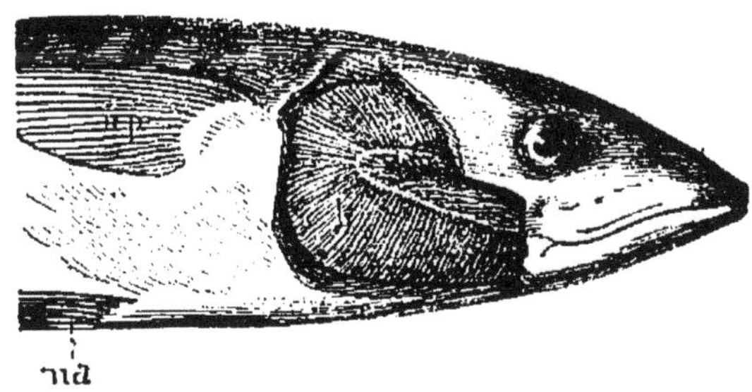

Fig. 34. — Tête et branchies du Maquereau [1].

L'appareil locomoteur des poissons comprend deux sortes d'organes, désignés sous le nom de *nageoires*, les uns disposés des deux côtés du corps et qui représentent les membres; les autres placés sur la ligne médiane et qui se rattachent plus ou moins directement à la colonne vertébrale. On retrouve dans les premières de ces nageoires les équivalents, très-modifiés, il est vrai, des os qui forment les membres des mammifères. Les nageoires médianes sont soutenues par des baguettes ou *rayons*, de nature osseuse ou cartilagi-

1. Fig. 34. — Tête du Maquereau, ouverte latéralement. — *b*, branchies. — *np*, nageoire pectorale. — *nv*, nageoire ventrale.

neuse; ces rayons constituent généralement plusieurs séries comme superposées (V. fig. 36), et ceux qui pénètrent le plus avant dans le corps de l'animal viennent rejoindre les apophyses très-allongées des vertèbres.

Les nageoires qui répondent aux membres thoraciques sont appelées *nageoires pectorales*. Elles ne manquent que dans un petit nombre d'espèces. Elles sont toujours paires, presque toujours indépendantes l'une de l'autre, et occupent les environs des ouïes. Leurs formes et leurs dimensions varient; elles sont longues et étroites dans l'espadon, très-courtes dans le syngnathe; chez les dactyloptères, elles sont étendues en forme d'ailes et propres à une espèce de vol. Les nageoires qui répondent aux membres abdominaux sont dites *nageoires ventrales*. Elles manquent dans les poissons

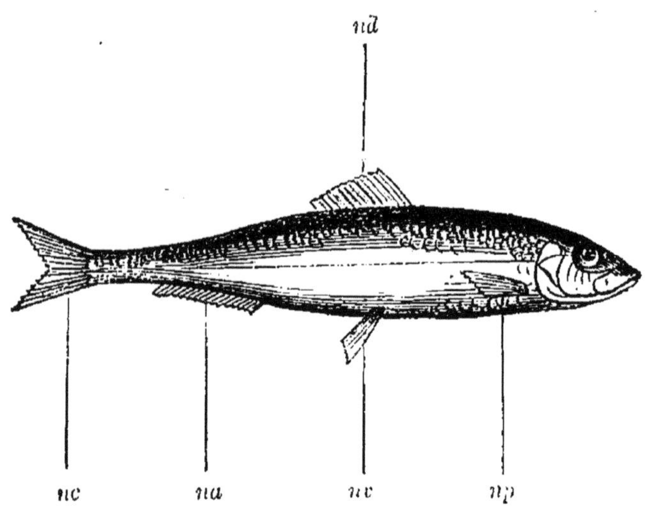

Fig. 35. — Appareil locomoteur du Hareng[1].

apodes, tels que les anguilles, les lamproies, les coffres; elles sont placées sous la gorge chez les morues, les merlans, les vives; au-dessous des pectorales, chez les perches, les mulets; sous l'abdomen, chez les carpes et les harengs.

1. Fig. 35. — Appareil locomoteur du Hareng. — *np*, nageoire pectorale (membre antérieur). — *nv*, nageoire ventrale (membre postérieur). — *na*, nageoire anale. — *nc*, nageoire caudale (queue). — *nd*, nageoire dorsale.

Parmi les nageoires médianes, on distingue d'abord les *dorsales*, lesquelles manquent chez les gymnotes, sont simples chez les anguilles, doubles chez les saumons, triples chez les morues, et qui, chez les turbots, règnent tout le long de la région dorsale. A l'extrémité de la colonne vertébrale, se trouve, dans presque toutes les espèces, une nageoire, tantôt simple, tantôt fourchue, la *nageoire caudale*. Enfin auprès de l'anus, et toujours sur la ligne médiane, existe généralement une *nageoire anale*, tantôt simple comme chez la perche, tantôt double, comme chez la morue.

Les poissons nagent dans l'eau comme les oiseaux nagent dans l'air, c'est-à-dire qu'ils exercent, au moyen de leurs organes locomoteurs, sur le liquide qui les entoure une pression assez énergique pour que ce liquide leur offre un point d'appui résistant. La partie postérieure du corps fonctionne comme une sorte de rame, dont les mouvements rapides jouent le principal rôle dans la progression. Les nageoires médianes combinent leur action avec celles de la queue pour déterminer le déplacement du corps. Quant aux nageoires latérales, elles paraissent avoir surtout pour fonction de maintenir l'équilibre.

Il existe, chez la plupart des poissons, un organe particulier nommé *vessie natatoire*, qui contribue d'une manière très-efficace à simplifier le mécanisme de la locomotion. Cette vessie, logée dans l'abdomen, se gonfle ou se vide d'air à la volonté de l'animal, en sorte que le corps, diminuant ou augmentant de densité, s'élève ou s'abaisse sans aucun effort des nageoires. L'air de la vessie natatoire ne vient pas de l'extérieur ; il est secrété par les parois mêmes de la membrane. On ne trouve point de vessie natatoire chez les espèces qui se tiennent habituellement au fond de l'eau, à proximité de la vase où elles cherchent leur nourriture.

Le squelette des poissons, construit sur le plan général qui préside à l'organisation des vertébrés, présente les mêmes parties que celui des mammifères; mais ces parties sont naturellement modifiées en raison des conditions spéciales au milieu desquelles les poissons vivent. Les os qui forment la tête sont très-nombreux; mais ceux des membres

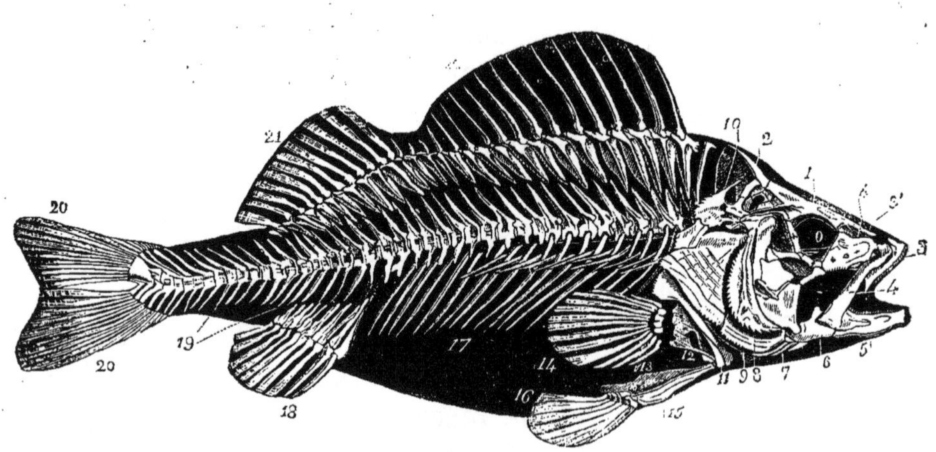

Fig. 35 *bis*. — Squelette de la Perche [1].

1. Fig. 35 *bis*. — Squelette de la Perche : 1 à 10, os de la tête. — 11, 12, 13, os de l'épaule et du bras. — 14, nageoire pectorale. — 15, os du bassin. — 16, nageoire ventrale. — 17, côtes. — 18, nageoire anale. — 19, vertèbres caudales. — 20, nageoire caudale. — 21, nageoire dorsale à rayons mous. — 22, nageoire dorsale à rayons épineux. — O, orbite.

ne sont qu'à l'état de rudiment, et ceux des membres postérieurs font même souvent défaut. Les côtes manquent également dans beaucoup d'espèces, tandis que, par compensation, l'existence des nageoires médianes entraîne nécessairement celle d'un grand nombre d'os ou de cartilages supplémentaires, destinés à les supporter. D'un autre côté, si l'on retrouve dans les os de la plupart des poissons une composition chimique analogue à celle des os des mammifères, des oiseaux et des reptiles, chez un grand nombre d'espèces, la matière minérale manque à peu près complétement, et le squelette devient purement cartilagineux. Cette différence de composition coïncide avec d'autres différences organiques très-considérables, et l'on a jugé nécessaire de partager tout d'abord les poissons en deux groupes bien distincts : les *Poissons osseux* et les *Poissons cartilagineux* ou *Chondroptérygiens*. On peut citer comme exemples des *Poissons osseux* les saumons, les carpes, les perches, les anguilles ; comme exemples des *Poissons cartilagineux*, les requins, les raies, les esturgeons, les lamproies.

La peau est réellement nue chez quelques poissons, les lamproies, par exemple. Chez d'autres, comme les anguilles, elle paraît nue, parce que les écailles sont, pour ainsi dire, noyées dans le tissu qui les porte. Habituellement, ces écailles sont bien distinctes ; souvent même, elles offrent les plus brillants reflets. Dans certaines espèces, les coffres, par exemple, elles sont groupées comme les pièces d'une mosaïque et forment une sorte de cuirasse ; quelquefois, enfin, comme chez les diodons, elles sont converties en épines.

Les poissons ne possèdent généralement que des dents très-petites, très-aiguës, et fixées par soudure aux os qui les portent. Dans quelques espèces, elles sont inégales et fortes, comparables, comme organes de préhension, à celles des mammifères ; jamais, néanmoins elles ne sont pourvues de racines. Il n'est point rare qu'il existe des dents non-seulement sur les mâchoires, mais encore sur tous les os de la bouche et sur la langue même. Le canal intestinal est court et ne dépasse guère la longueur de l'abdomen. L'estomac est un simple renflement du tube digestif. Le foie est très-développé.

La fécondité des poissons surpasse celle de tous les autres animaux. On ne compte pas moins de neuf à dix millions d'œufs chez les morues et chez les esturgeons. Néanmoins, par exception, chez les espèces *ovovivipares*, c'est-à-dire dont les œufs séjournent et se développent à l'intérieur du corps, les raies et les requins, par exemple, le nombre des œufs se trouve relativement très-limité. En général, après la ponte, les poissons abandonnent simplement leur *frai* à la surface de l'eau et cessent de s'en occuper en aucune manière. Mais il faut remarquer que ces animaux choisissent toujours pour pondre des endroits que l'instinct leur indique comme favorables au développement de leur postérité. Chaque espèce a ses conditions particulières, et, dans l'aménagement des étangs, il est essentiel de préparer et d'entretenir des *frayères* dont les dispositions soient en rapport avec ces exigences.

Plusieurs poissons entreprennent, au moment de la ponte, des voyages considérables, à la recherche de localités où ils puissent déposer leurs œufs en toute sécurité.

Fig. 37. — Épinoche et son nid.

Chaque année, les saumons quittent ainsi la mer et remontent les fleuves, sans se laisser arrêter par aucun obstacle. Ils vont instinctivement retrouver les places où ils ont l'habitude de frayer et où leurs parents les avaient abandonnés eux-mêmes. D'autres poissons construisent pour leurs œufs de véritables nids. Chez certains silures américains, le mâle et la femelle travaillent en commun à creuser leur nid et à le garnir de fragments d'herbes aquatiques. Chez les épinoches, le mâle seul construit, surveille le nid et le protége contre les attaques extérieures. On cite, enfin, des poissons qui transportent leur frai avec eux; le gobie a même une poche dans laquelle il le garde jusqu'à l'éclosion.

Nous ne saurions terminer ces notions générales sur la classe des poissons sans parler des grandes pêches. Il n'est point d'année que la France n'expédie pour cette destination 450 à 500 navires, montés par 14 à 15,000 matelots. La pêche de la morue a toujours la plus grande part dans les armements. Les navires sortent principalement des ports de Granville, Saint-Malo, Dunkerque et Boulogne. La pêche a lieu sur le banc de Terre-Neuve, depuis la fin de mai jusqu'au mois de septembre. On prend les morues avec des lignes, et, comme amorce, on emploie des œufs et des intestins de morue, ou bien un poisson appelé *Capelan*. Quelquefois même il devient inutile d'amorcer, tant les morues sont pressées de saisir l'hameçon. La préparation des morues se fait sur les navires mêmes, ou bien sur le littoral de l'île, dans les quelques établissements que nous avons conservés à grand'peine, après avoir été les possesseurs du territoire de pêche tout entier. On coupe d'abord la tête, qui sert à la nourriture des pêcheurs; on retire le foie pour en extraire l'huile, la vessie natatoire, utilisée comme celle de l'esturgeon, enfin les œufs et les viscères, réservés pour servir d'appât. La colonne vertébrale et les débris sont jetés à la mer. Les morues sont ensuite couvertes de sel et empilées dans des tonneaux; ce sont alors des *Morues vertes*. Lorsqu'elles ont été séchées au soleil, elles constituent le *stock-fisch*. La pêche de la morue par les navires français produit plus de 30 millions de kilogrammes, dont un tiers seulement est consommé en France, et dont les deux autres tiers sont exportés au dehors, particulièrement dans nos colonies.

Les *Harengs* semblent accomplir, chaque année, certaines migrations dont il a été possible de tracer la carte, tant leur itinéraire est régulier. Ils partent des mers du Nord et se divisent en deux colonnes, l'une qui se dirige à l'ouest, vers l'Amérique, l'autre qui descend vers les mers d'Europe, et se partage à son tour en trois ailes, l'une pour les îles Britanniques, l'autre pour la Norwége et la Baltique; une troisième, qui pénètre dans la mer du Nord, traverse la Manche et s'avance jusqu'à l'embouchure de la Loire. Il paraît cependant prouvé aujourd'hui qu'il n'y aurait rien de réel dans les migrations des harengs. Ces poissons, pendant la plus grande partie de l'année, habiteraient à des profondeurs considérables, où les filets ne peuvent atteindre. A l'époque de la ponte, ils remonteraient tout à coup et feraient leur apparition de proche en proche sur les côtes. De cette sorte, ce ne serait point un déplacement du Nord vers le Midi, mais un simple déplacement des régions profondes vers les régions superficielles.

La pêche du hareng est une pêche très-ancienne. Les Hollandais s'en occupèrent les premiers sur une grande échelle ; ils imaginèrent les divers procédés de pêche, ainsi que le mode de salage encore actuellement employé. L'usage de *saurer* prit naissance chez nous, à Dieppe. Les Anglais ont depuis longtemps remplacé les Hollandais, bien que ceux-ci s'efforcent actuellement de reconquérir leur ancienne supériorité, En France, ce sont les ports de Boulogne, Dieppe et Rouen qui envoient le plus de bâtiments à la pêche d'été, laquelle se fait sur la côte d'Écosse, avec de très-grands dangers. L'hiver, les harengs se montrent sur nos côtes, et leur apparition est une fête pour tous les pêcheurs du littoral.

Les *Sardines* se pêchent principalement dans la Méditerranée et sur les côtes de Bretagne. On en prend, chaque année, plus de six cents millions. On emploie pour cette pêche de petits navires qui marchent à la rame, en traînant un filet. D'un seul coup, on en a recueilli parfois jusqu'à deux cent cinquante mille. Aussitôt que les sardines sont prises, on les sale, parce qu'elles s'altèrent rapidement. Une partie est ainsi envoyée sur les marchés; le reste est préparé à l'huile pour être conservé.

Les *Anchois* se trouvent dans la Méditerranée et dans l'Océan. On les pêche comme les sardines. Les anchois de Provence sont fort estimés ; on les prépare à Beaucaire avec un sel mêlé d'ocre rouge, après leur avoir arraché la tête.

Les *Maquereaux* passent, comme les harengs, pour des poissons voyageurs. On suppose qu'ils partent des mers du Nord au printemps, et qu'ils se séparent, à la hauteur de l'Écosse, en deux ailes, dont l'une suit les côtes de l'Océan et pénètre dans la Méditerranée, et dont l'autre remonte la Manche, la mer du Nord, la mer Baltique et les côtes de la Norvége. Dans la Manche, on pêche particulièrement les maquereaux de mai en juillet; dans la Méditerranée, la pêche se prolonge depuis le printemps jusqu'à l'automne.

Les *Thons* ne se trouvent guère que dans la Méditerranée. On les pêche au moyen d'énormes filets, appelés *madragues* et *thonnaires*. Ces poissons se mangent rarement frais; on les sale, ou bien on les dépèce et on les conserve dans l'huile.

Il résulte des documents officiels que, pendant le cours de l'année 1867, les grandes pêches et la pêche côtière ont occupé 17,550 bateaux de divers tonnages montés par 70,000 marins. Le produit total est évalué à 67 millions. La morue figure dans ce chiffre pour 15 millions environ, la sardine pour 14 millions, le hareng pour 8 millions, le maquereau pour 2 millions, les anchois pour 360,000 francs.

CHAPITRE VI

POISSONS. — REVUE DES PRINCIPALES ESPÈCES.

Dans cette revue des principales espèces de la classe des poissons, nous suivrons l'ordre indiqué par la classification de Cuvier. Notre grand naturaliste a réparti les poissons en neuf ordres, dont six pour les poissons à squelette osseux, et trois pour les poissons à squelette cartilagineux. Les caractères des différents ordres se trouvent résumés dans le tableau ci-joint.

POISSONS	OSSEUX.	Mâchoire supérieure mobile.	Branchies disposées en peignes.	Dorsale à rayons épineux			ACANTHOPTÉRYGIENS.
				Dorsale à rayons mous...	Ventrales A l'abdomen	MALACOPTÉRYGIENS.	ABDOMINAUX.
					Ventrales Sous les pectorales.		SUBRACHIENS.
					Pas de ventrales...		APODES.
			Branchies en houppes				LOPHOBRANCHES.
		Mâchoire supérieure fixée					PLECTOGNATHES.
	CARTILAGINEUX.	Branchies libres					STURIONIENS.
		Branchies fixes.	Mâchoire inférieure mobile				SÉLACIENS.
			Bouche en suçoir circulaire				CYCLOSTOMES.

POISSONS OSSEUX.

ACANTHOPTÉRYGIENS. — Les *Perches* sont des poissons de moyenne taille, très-carnassiers et très-nuisibles aux cours d'eau qu'ils fréquentent. Leur chair blanche et ferme est très-saine et très-estimée. — Les *Bars* sont remarquables par les beaux reflets argentés que jettent leurs écailles;

ils abondent sur nos côtes, où les pêcheurs les désignent sous le nom de *Loups*. — Les *Vives* habitent également la mer. Elles sont redoutées à cause des blessures que produisent les épines de leur nageoire dorsale. — Les *Mulles*, communs dans la Méditerranée, possèdent une chair très-délicate ; leur couleur rouge leur a fait donner le nom de *Rougets*, nom qu'ils partagent avec une espèce de *Trigles* à grandes nageoires, à grosse tête et à chair coriace, très-abondante sur toutes nos côtes. — Les *Dactyloptères* ont des nageoires pectorales très-développées, par le mouvement desquelles ils peuvent s'élever et se soutenir quelques instants hors de l'eau. Ils vivent en grandes troupes dans toutes les mers chaudes ; on en rencontre dans la Méditerranée.

Fig. 38. — Dactyloptère.

Les *Épinoches* sont les plus petits de nos poissons d'eau douce. Leur dos et leurs nageoires ventrales portent des épines qui les garantissent de la voracité des brochets et des autres poissons carnassiers. Nous avons déjà parlé de l'art avec lequel ils savent se construire des nids.

Les *Thons* abondent, à certaines époques, dans les divers parages de la Méditerranée. Nous avons indiqué précédemment ce qui se rapporte à leur pêche, aussi bien qu'à celle des *Maquereaux*, poissons qui font partie du même

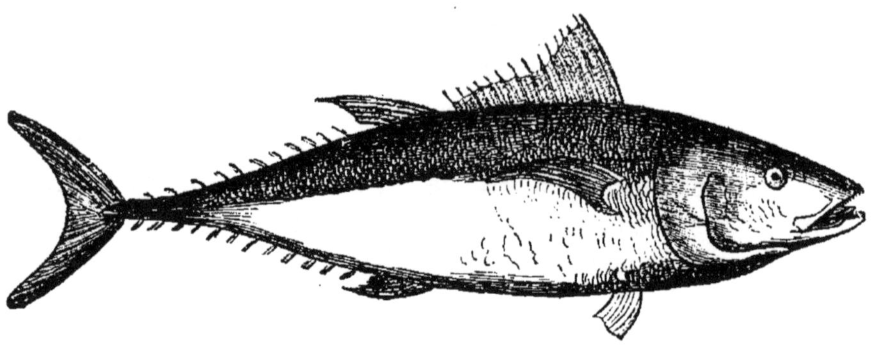

Fig. 39. — Thon.

groupe. — Les *Espadons* portent à l'extrémité du museau un long appendice, aplati et tranchant comme une lame

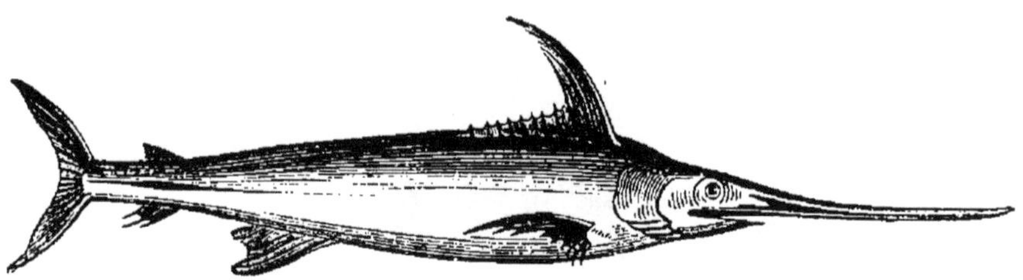

Fig. 40. — Espadon.

d'épée. Ils sont d'une très-grande taille et leur chair est excellente ; les pêcheurs de la Méditerranée les chassent avec des harpons.

Malacoptérygiens abdominaux. — Mentionnons d'abord en tête de ce groupe les *Harengs*, les *Sardines* et les *Anchois*, dont il a déjà été question à propos des grandes pêches, et sur l'histoire desquels nous ne saurions revenir actuellement. — Les *Carpes* se trouvent dans les étangs, ainsi que dans les rivières dont les eaux coulent lentement. Elles se nourrissent de larves, de vers, de graines, d'herbes aquatiques, de jeunes pousses végétales ; souvent même elles viennent saisir les insectes à la surface de l'eau. Leur croissance est rapide; vers l'âge de six ans elles pèsent près de 2 kilogrammes. On en pêche fréquemment du poids de 5 à 6 kilogrammes, et il s'en est rencontré du poids de 35. Malgré les nombreux ennemis qui concourent à leur destruction, ces poissons se multiplient d'une manière étonnante. Les femelles pondent plus de 300,000 œufs, qu'elles

Fig. 41. — Carpe.

déposent en avril et mai dans les endroits couverts d'herbes et à l'abri des courants. — Les *Cyprins dorés*, vulgairement *Poissons rouges*, ont été apportés de la Chine par les Hollandais. Ils s'élèvent et s'acclimatent partout avec la plus grande facilité; on les conserve dans des bocaux à l'intérieur des habitations, et ils n'exigent pour tout entretien qu'un renouvellement fréquent de leur eau. — Les *Barbeaux* se trouvent dans toutes les rivières. Ils se nourrissent de vers et d'insectes, et atteignent rarement plus d'un demi-mètre. Ils frayent en mai et en juin sur les fonds sablonneux. Leur chair est blanche et délicate. — Les *Tanches* recherchent les eaux bourbeuses, se nourrisseut comme les carpes, frayent dans les mêmes endroits et s'accroissent également avec une grande rapidité. On en pêche du poids de 4 kilogrammes. Leur chair est flasque et peu estimée. — Les *Goujons*, au contraire, sont recherchés malgré leur petite taille. Ils vivent par troupes dans toutes nos eaux douces. Leur régime est le même que celui des espèces précédentes. — Les *Brèmes* se tiennent surtout dans les eaux profondes mais dormantes, avec des fonds de vase. Leur chair est blanche et assez agréable, lorsqu'elles proviennent d'endroits qui ne sont pas trop bourbeux. Les *Henriots* des pêcheurs sont de jeunes brèmes.

On réunit sous le nom d'*Ables*, ou *Poissons blancs :* les *Ablettes*, communes dans toutes les rivières, et qui portent à la base de leurs écailles une matière nacrée, que l'on isole par le lavage et que l'on conserve dans l'ammoniaque (cette matière, dite *essence d'Orient*, est utilisée pour colorer intérieurement les fausses perles); le *Véron*, l'un des plus petits de nos poissons d'eau douce ; le *Gardon*, quelquefois si abondant en certaines localités qu'on l'emploie pour fumer les terres et nourrir les cochons ; la *Vandoise*, à qui la rapidité de ses mouvements a fait donner le surnom de *Dard*. Tous ces poissons possèdent une chair d'assez bon goût, mais remplie d'arêtes.

Les *Brochets* sont les tyrans des eaux douces ; il suffit de quelques-uns pour dépeupler un étang. Quand ils ont tout consommé, ils se rejettent sur les grenouilles, les rats,

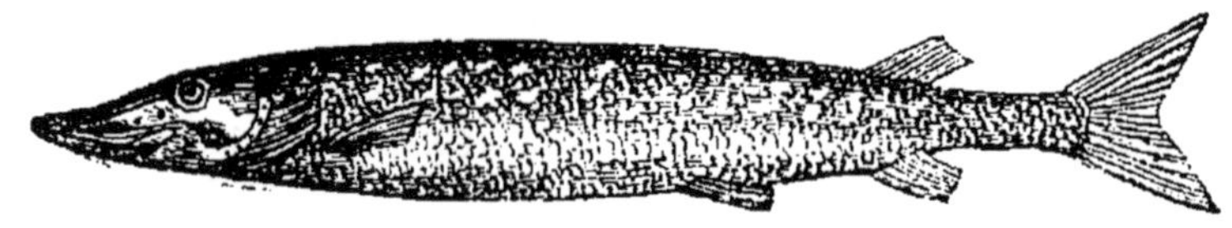

Fig. 42. — Brochet.

les couleuvres, les jeunes canards, les cadavres de chats et de chiens noyés. La croissance des brochets est très-rapide, et, comme ils vivent très-longtemps, on en voit d'une taille et d'un poids considérables. Leur chair est estimée. On les trouve dans presque toutes les eaux, bien qu'ils semblent préférer les eaux dormantes. — Les *Exocets* possèdent, comme les dactyloptères, d'énormes nageoires pectorales. Il en résulte une espèce de vol qui les met à la portée des oiseaux de mer, sans les garantir efficacement des dorades et des bonites. Ces poissons, dont la chair est excellente, se tiennent dans les mêmes parages que les dactyloptères.

Les *Saumons* passent l'hiver dans les profondeurs de l'Océan. Au printemps, ils remontent les fleuves, et, à l'automne, ils retournent vers la mer, parcourant pendant ce double voyage des distances souvent énormes, et franchissent, grâce à leur agilité, les obstacles les plus insurmontables. Ces poissons n'abondent jamais sur nos marchés, et leur prix est toujours très-élevé. En Norwége et en Écosse, au contraire, on les pêche en telle quantité que les gens riches les dédaignent, et qu'ils sont abandonnés à la consommation des classes pauvres. — Les *Truites saumonnées* constituent une espèce voisine des saumons et dont la chair rougeâtre est très-savoureuse. Elles quittent la mer au printemps et remontent les fleuves presque jusqu'à leurs sources. — Les *Truites communes*, beaucoup plus petites, recherchent, comme tous les poissons de cette tribu, les eaux claires et limpides. Il est impossible de les maintenir dans les eaux stagnantes ou bourbeuses; elles y perdraient d'ailleurs toutes les qualités qui les font rechercher des gourmets. — Les *Ombres chevaliers* appartiennent au même genre que les truites. Ceux que l'on pêche dans le lac de Genève sont célèbres pour l'exquise délicatesse de leur chair. — Les *Éperlans*, petits poissons de mer assez estimés, se prennent à l'embouchure des cours d'eau. — Les *Aloses* remontent par troupes les fleuves au printemps; à cette époque seulement leur chair est bonne. C'est dans la Loire que l'on en pêche en plus grande quantité. Il s'en trouve également dans le Rhône, le Rhin, la Seine, où elles viennent à la suite des bateaux chargés de sel.

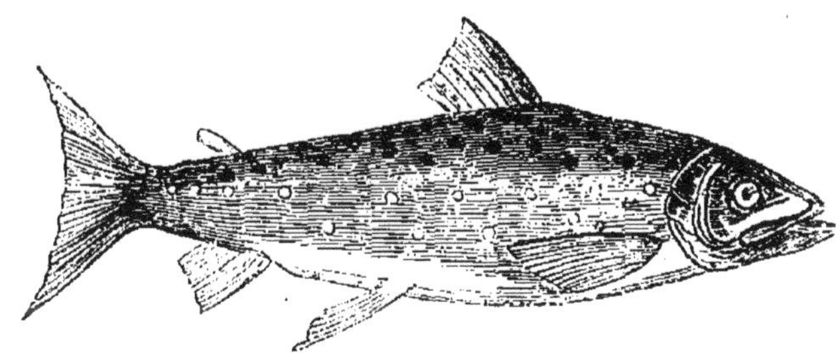

Fig. 43. — Truite.

MALACOPTÉRYGIENS SUBRACHIENS. — On a déjà vu quelle était l'importance des *Morues* comme poissons de grande pêche. Les *Merlans*, très-voisins des morues, mènent une existence beaucoup plus sédentaire. Ils quittent peu nos

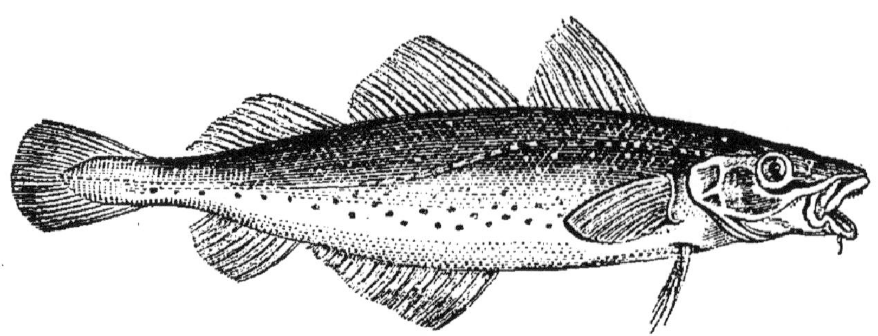

Fig. 44. — Morue.

côtes, et leur pêche a lieu pendant toute l'année, principalement sur le littoral de l'Océan. En certains endroits, on les sale et on les sèche comme la morue. — Les *Lottes* sont les subrachiens qui remontent le plus avant dans les

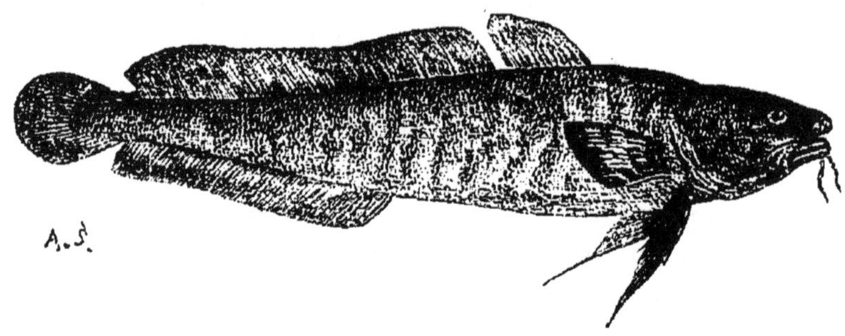

Fig. 45. — Lotte.

eaux douces. Elles y demeurent cachées dans les trous ou sous les pierres, et se nourrissent des petits poissons qui viennent frétiller imprudemment autour de leurs barbillons. La chair de la *Lotte de rivière* est très-estimée.

Avec les *Plies* commence une famille très-curieuse, celle des *Pleuronectes*. Ces poissons présentent seuls, parmi tous les vertébrés, une disposition non symétrique. Leur corps est plat; les deux yeux sont situés sur une des faces, laquelle est colorée, tandis que l'autre reste toujours blanchâtre. De même, les deux côtés de la bouche sont inégaux. La natation a lieu sur l'un des flancs, et c'est toujours la

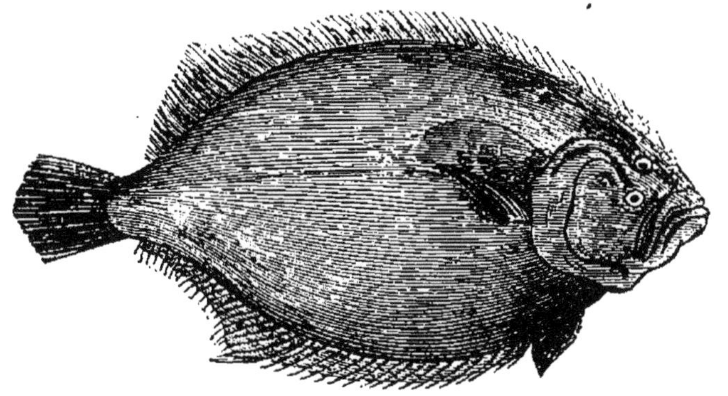

Fig. 46. — Turbot.

face colorée qui est dirigée en haut. Les Pleuronectes se tiennent constamment au fond de la mer, où la vase leur fournit les aliments qu'ils préfèrent. On emploie pour les pêcher des filets traînants ou des lignes. Ils n'ont point de vessie natatoire. — Les *Plies* abondent sur nos côtes; leur poids dépasse souvent six à sept kilogrammes. Les jeunes prennent sur les marchés le nom de *Carrelets*. — Les *Limandes*, espèce voisine des plies, possèdent une chair assez estimée, surtout au printemps, avant l'époque du frai. — Les *Turbots* et les *Barbues* sont les plus recherchés de tous les poissons plats. On les pêche sur tout le littoral, particulièrement aux environs des embouchures de rivières ; il s'en trouve de dix à douze kilogrammes. Le turbot a le corps rhomboïdal et couvert de petits tubercules sur le côté coloré ; la barbue présente une forme plus ovalaire et n'a point de tubercules. — Les *Soles* vivent dans les mêmes localités que les deux espèces précédentes; elles y sont beaucoup plus communes, ce qui diminue de leur prix. Quelquefois elles remontent assez avant dans les fleuves.

Malacoptérygiens apodes. — Les *Anguilles* sont au nombre des espèces qui vivent alternativement dans les eaux douces et dans les eaux salées. Elles semblent néanmoins s'habituer facilement au séjour permanent des étangs et des rivières. Elles sortent fréquemment de l'eau, soit pour faire la chasse aux vers et aux insectes, soit pour aller à la recherche d'un autre domicile, et, dans ces dernières occasions, elles accomplissent d'assez longs voyages. Lorsque les étangs qu'elles habitent se dessèchent, elles s'enfoncent dans la vase et restent enfouies jusqu'à ce que l'eau revienne. En les voyant reparaître, on a pu s'imaginer que ces animaux étaient le produit d'une génération spontanée. Les anguilles se nourrissent de toutes sortes de matières animales et végétales, particulièrement de frai et de jeunes poissons. Elles sont très-fortes, très-agiles, très-voraces, et causent de très-grands dégâts dans les étangs lorsqu'elles se multiplient à l'excès. Leur chair est délicate mais un peu huileuse ; leur peau est susceptible d'être façonnée en une espèce de parchemin.— Les *Congres*, vulgairement désignés sous le nom d'*Anguilles de mer*, dépassent souvent trois mètres de longueur ; ils sont assez communs sur les marchés, et leur chair blanche et savoureuse constitue un excellent aliment. — Les *Gymnotes* présentent beaucoup d'analogie avec les anguilles pour la forme générale du corps. Longs de deux mètres environ, ils possèdent un appareil électrique extrêmement puissant et dont les commotions peuvent renverser et tuer les plus grands animaux. Ils habitent les rivières et les marécages de l'Amérique méridionale.

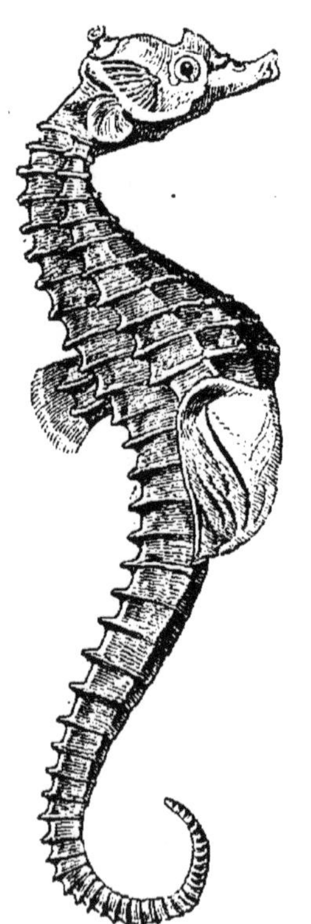
Fig. 47.—Hippocampe.

LOPHOBRANCHES et PLECTOGNATHES. — Ces deux ordres n'offrent d'intérêt que par la forme bizarre de presque toutes les espèces qui s'y trouvent comprises. Nous citerons, parmi les Lophobranches, les *Hippocampes* ou *Che-*

vaux marins (fig. 47), et, parmi les Plectognathes, les *Coffres*, les *Lunes* et les *Diodons épineux*. Ces derniers ont un corps sphérique, hérissé de piquants, et ressemblent à d'énormes marrons d'Inde.

POISSONS CARTILAGINEUX.

STURIONIENS. — L'*Esturgeon* habite presque toutes les mers et remonte, à certaines époques, les grands fleuves. On en a pêché dans la Seine, aux portes de Paris. Cet animal n'a point de dents; il se nourrit de petits poissons, et même de vers qu'il cherche avec son museau dans la vase. Son corps est protégé par de larges plaques osseuses, formant plusieurs rangées longitudinales à la surface de la peau. La chair de l'esturgeon est délicate; on la mange fraîche, salée, fumée ou marinée. Ses œufs servent à faire le *caviar*, mets favori des Russes; sa vessie natatoire fournit la colle de poisson. On distingue plusieurs espèces d'esturgeons. Notre esturgeon ordinaire atteint jusqu'à six mètres de longueur; le *Sterlet*, au contraire, espèce très-estimée en Russie et que l'on ne trouve pas dans nos eaux, ne mesure guère plus d'un mètre.

SÉLACIENS. — Les *Requins* sont répandus dans toutes les mers. On en rencontre de plus de dix mètres de lon-

Fig. 48. — Requin.

gueur, et cette taille énorme est peu de chose relativement à celle des anciennes espèces, qui dépassait vingt-cinq mètres. La bouche, dans un requin de forte dimension, a parfois jusqu'à deux mètres de circonférence; son orifice est garni de quatre à six rangées de dents, aussi aiguës et tranchantes que les dents d'une scie. La voracité des requins est proverbiale; ils engloutissent tout ce qui se trouve à leur portée. Les navires en marche sont toujours suivis par des bandes de ces poissons. — Les *Marteaux*, beaucoup plus petits que les requins, ont les même mœurs, et se trouvent également dans presque toutes les mers. Leur nom vient de la forme bizarre de leur tête, qui figure très-exactement un marteau de menuisier. — Les *Roussettes* appartiennent à la même tribu que les requins. La *Grande Roussette* ou *Chien de mer* abonde sur toutes les côtes; les pêcheurs la mangent. Sa peau, jaunâtre et marbrée, sert aux tourneurs, sous le nom de *chagrin*, pour polir le bois et l'ivoire. Le chagrin, après avoir été usé superficiellement par les tourneurs, s'emploie dans la gainerie pour couvrir les boîtes et les écrins. On recherche pour le même usage la peau d'une espèce de raie, la *raie séphen.* Cette peau est désignée sous le nom de *galuchat.*

Les *Scies* ont le museau terminé par une forte lame osseuse, garnie latéralement d'une double rangée de dents

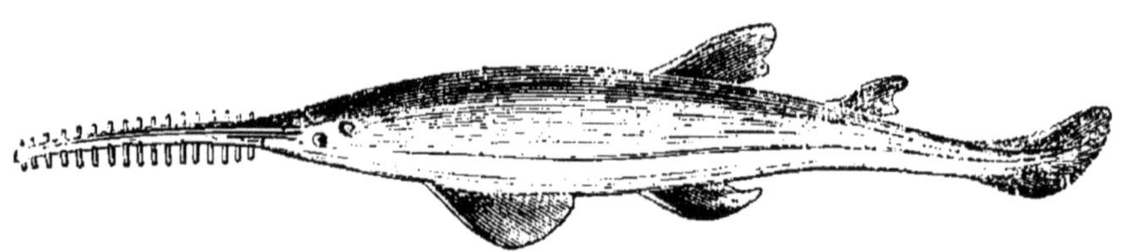

Fig. 49. — Scie.

pointues et tranchantes. Cette arme, analogue à celle de l'espadon, leur permet de lutter avec avantage contre les plus grandes espèces marines. Les Scies mesurent rarement plus de cinq à six mètres; on en trouve dans toutes les mers.

Les *Anges* se rapprochent des raies par leur forme élargie; ils ont des nageoires très-développées, que l'on a comparées à des ailes, et c'est de là que vient leur nom. Une espèce assez grande fréquente notre littoral.

Les *Raies* ont le corps rhomboïdal, la queue grêle et cylindrique, les yeux et les évents percés dans la portion supérieure de la tête, la bouche située en dessous et garnie de dents minces et serrées en quinconce. On en pêche deux espèces: la *Raie bouclée,* dont le dos est parsemé d'aiguillons recourbés, et qui atteint jusqu'à trois mètres de longueur; la *Raie blanche* ou *cendrée*, dépourvue d'aiguillons, et dont les dimensions sont encore plus considérables que celles de la précédente. Ces poissons, très-communs sur les marchés, ont une chair naturellement coriace, qui n'acquiert quelque sapidité que lorsqu'elle commence à s'altérer. — On nomme *Aigle de mer* une espèce voisine des raies, et dont la tête saillante et les nageoires pectorales très-déve-

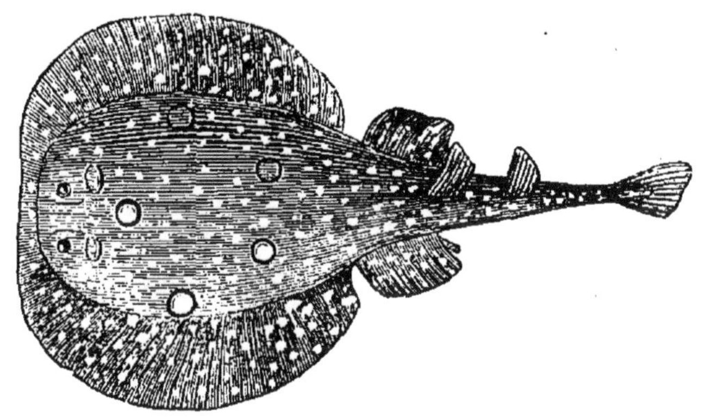

Fig. 50. — Torpille à cinq points.

loppées rappellent jusqu'à un certain point la forme d'un oiseau de proie qui aurait les ailes étendues. Cette espèce, commune sur nos côtes, porte, vers l'origine de la queue, un aiguillon en forme de dard, dont les piqûres sont très-dangereuses. — Les *Torpilles* ont le corps lisse et à peu près circulaire, la queue grosse et charnue; elles sont munies d'un appareil électrique. Ces poissons, très-rapprochés des raies par l'organisation, se rencontrent dans l'Océan et dans la Méditerranée.

Cyclostomes. — Nous n'avons à mentionner que les *Lamproies*. La grande espèce habite la mer et remonte les rivières pour frayer, vers les mois de mars, avril et mai.

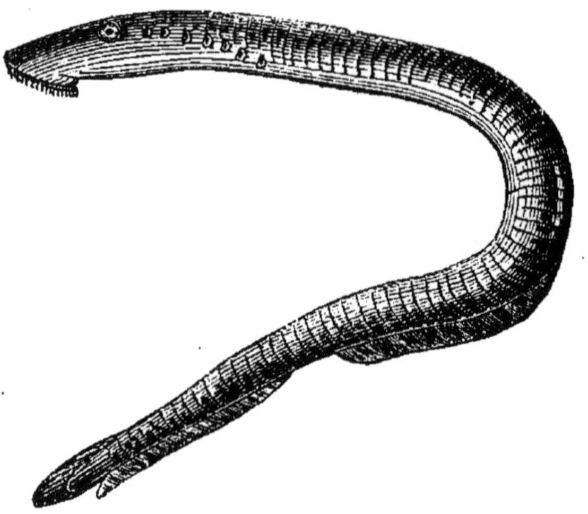

Fig. 51. Grande Lamproie.

Elle atteint un mètre de longueur, et l'on estime sa chair, grasse, molle et savoureuse. Elle se nourrit principalement de cadavres d'animaux à l'état de décomposition. La *Lamproie de rivière*, très-commune dans la Seine à l'époque du frai, ne dépasse guère un demi-mètre.

CHAPITRE VII

RÉSUMÉ DE LA CLASSIFICATION NATURELLE DES ANIMAUX VERTÉBRÉS.

L'embranchement des Vertébrés se partage en cinq classes : les Mammifères, les Oiseaux, les Reptiles, les Batraciens et les Poissons.

Nous rappellerons brièvement les caractères de chacune de ces classes :

I. Les *Mammifères* sont, de tous les êtres, ceux dont l'organisation présente le plus d'analogie avec l'organisation de l'homme. Leur circulation, double et complète, a pour point de départ un cœur divisé en quatre compartiments, dont les deux situés à gauche sont parfaitement isolés des deux situés à droite ; le sang artériel, par conséquent, ne peut en aucune façon se mélanger avec le sang veineux. Leur respiration est aérienne et s'effectue dans des poumons. Ils possèdent une température intérieure constante et toujours assez élevée : ce sont des animaux à sang chaud. Ajoutons qu'ils sont vivipares, c'est-à-dire qu'ils donnent naissance à des petits vivants et qu'ils nourrissent de leur lait ; ce caractère leur a fait donner le nom de *mammifères* ou animaux porteurs de mamelles. Enfin, leur corps est habituellement couvert de poils.

Exemples de mammifères : l'homme, le singe, le chien, la chauve-souris, le rat, le mouton, le cheval, le phoque, la baleine.

II. Les *Oiseaux* possèdent, comme les mammifères, une circulation double et complète. Ce sont des animaux à sang chaud ; leur respiration est aérienne et pulmonaire, et cette fonction s'exerce chez eux avec une activité parfaitement en rapport avec le puissant déploiement de force que réclame leur mode habituel de locomotion. Ils sont ovipares; leur corps est couvert de plumes : leurs membres supérieurs ne sont jamais organisés pour la marche.

Exemples d'oiseaux : l'aigle, la poule, le perroquet, le moineau, la cigogne, le canard.

III. Les *Reptiles* sont des animaux à sang froid. Ils ont une circulation incomplète ; les deux ventricules du cœur communiquent généralement ensemble ; cet organe est, dès lors, réduit à trois cavités ; le sang artériel et le sang veineux se mélangent dans la cavité inférieure, de sorte qu'une partie seulement du sang veineux va se revivifier dans les poumons avant de passer dans les artères, et qu'une partie du sang artériel revient immédiatement aux poumons sans avoir passé par la circulation générale. La respiration est aérienne et pulmonaire ; c'est une fonction toujours très-peu active. Les reptiles sont ovipares ou, par exception, ovovipares ; leur corps est ordinairement couvert d'écailles.

Exemples de reptiles : le crocodile, le lézard, la tortue, la couleuvre.

IV. Les *Batraciens* se rapprochent des reptiles par l'ensemble des caractères ; mais ils ont ceci de particulier que, pendant la première partie, quelquefois même pendant toute la durée de leur existence, leur respiration est aquatique et s'exerce par des branchies. La peau des batraciens est nue et dépourvue de poils, aussi bien que de plumes ou d'écailles.

Exemples de batraciens : la grenouille, le crapaud, la salamandre.

V. Les *Poissons* appartiennent, comme les reptiles et les batraciens, à la catégorie des animaux à sang froid. Ils ont une circulation complète, c'est-à-dire que, chez eux, il ne s'opère aucun mélange entre le sang artériel et le sang veineux. Mais le cœur est simple, au lieu d'être double, et ne présente que deux cavités. Ces cavités correspondent aux deux cavités droites du cœur des mammifères ; elles sont traversées seulement par le sang veineux, qui se rend ensuite aux organes respiratoires. La respiration est aquatique et s'effectue au moyen de branchies. Les poissons se reproduisent par des œufs ; plusieurs sont ovovivipares. Leur corps est couvert d'écailles.

Exemples de poissons : le bar, la carpe, le brochet, l'anguille, l'esturgeon, la raie, la lamproie.

Le tableau suivant résume les caractères des cinq classes dont se compose l'embranchement des vertébrés.

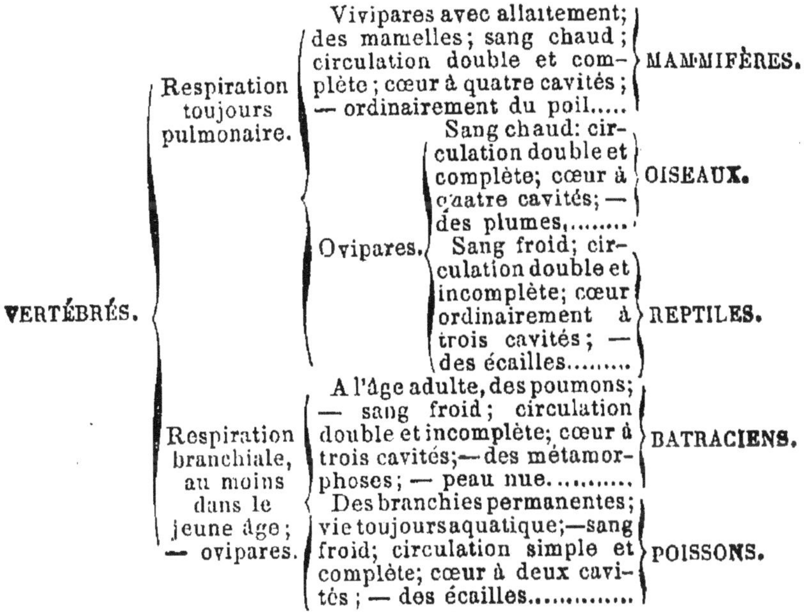

VERTÉBRÉS.	Respiration toujours pulmonaire.		Vivipares avec allaitement; des mamelles; sang chaud; circulation double et complète; cœur à quatre cavités; — ordinairement du poil.....	MAMMIFÈRES.
		Ovipares.	Sang chaud: circulation double et complète; cœur à quatre cavités; — des plumes,........	OISEAUX.
			Sang froid; circulation double et incomplète; cœur ordinairement à trois cavités; — des écailles.........	REPTILES.
	Respiration branchiale, au moins dans le jeune âge; — ovipares.		A l'âge adulte, des poumons; — sang froid; circulation double et incomplète; cœur à trois cavités;— des métamorphoses; — peau nue..........	BATRACIENS.
			Des branchies permanentes; vie toujours aquatique;—sang froid; circulation simple et complète; cœur à deux cavités; — des écailles.............	POISSONS.

Pour résumer les caractères des différents ordres dont se compose chacune des cinq classes de Vertébrés, nous reproduirons ici les tableaux que nous avons donnés déjà, soit dans le volume du cours de première année, soit dans les premiers chapitres du présent volume.

I. Classification des Mammifères.

La classe des *Mammifères* se partage en treize ordres :

1° Bimanes. — Point d'os marsupiaux ; quatre membres

onguiculés, les supérieurs seuls pourvus d'un pouce opposable; dentition complète.

Exemple : l' *Homme*.

2° Quadrumanes. — Point d'os marsupiaux; quatre membres onguiculés, souvent pourvus de *mains* aux quatre extrémités; dentition complète.

Exemple : le *Magot*.

3° Chéiroptères. — Point d'os marsupiaux; quatre membres onguiculés, les antérieurs organisés pour le vol; point de pouce opposable; dentition complète.

Exemple : la *Chauve-Souris*.

4° Insectivores. — Point d'os marsupiaux; quatre membres onguiculés, dépourvus de mains; dentition complète; molaires hérissées de pointes coniques; régime insectivore.

Exemple : le *Hérisson*.

5° Carnivores. — Point d'os marsupiaux; quatre membres onguiculés, dépourvus de mains; dentition complète; molaires tranchantes; régime carnivore.

Exemple : le *Chien*.

6° Rongeurs. — Point d'os marsupiaux; quatre membres onguiculés; dentition incomplète; jamais de dents canines; des incisives taillées en biseau à chaque mâchoire.

Exemple : le *Lièvre*.

7° Edentés. — Point d'os marsupiaux; quatre membres onguiculés; dentition incomplète; jamais d'incisives, souvent même pas de canines; certaines espèces manquent complétement de dents.

Exemple : le *Paresseux*.

8° Ruminants. — Point d'os marsupiaux; quatre membres ongulés : estomac quadruple; rumination.

Exemple : le *Bœuf*.

9° Pachydermes. — Point d'os marsupiaux; quatre membres ongulés; point de rumination; estomac simple.

Exemple : le *Cheval*.

10° Amphibies. — Point d'os marsupiaux; quatre membres disposés pour la nage ; corps effilé en pointe et se terminant par une queue courte, le long de laquelle sont accolés les membres abdominaux convertis en nageoires; tous les doigts palmés.

Exemple : le *Phoque*.

11° Cétacés. — Point d'os marsupiaux; deux membres seulement, les membres antérieurs; ces membres convertis en nageoires; queue en forme de nageoire horizontale; aspect général du corps rappelant celui des poissons.

Exemple : la *Baleine*.

12° Marsupiaux. — Os marsupiaux, soutenant, en général, une poche mammaire; pas de cloaque.

Exemple : le *Kangourou*.

13° Monotrèmes. — Os marsupiaux, sans poche mammaire; intestin et conduits urinaires s'ouvrant dans un cloaque.

Exemple : l'*Échidné*.

II. — Classification des Oiseaux.

La Classe des *Oiseaux* se partage en six Ordres :

1° Oiseaux de proie ou Rapaces. — Oiseaux terrestres, à pieds non palmés ; jambes couvertes de plumes ; tarses courts ; narines dépourvues d'écaille ; ongles forts et arqués ; bec crochu à son extrémité.

Exemples : l'*Aigle*, le *Faucon*, le *Vautour*, le *Hibou*, la *Chouette*.

2° Passereaux. — Oiseaux terrestres, à pieds non palmés ; jambes emplumées ; tarses courts ; narines dépourvues d'écaille ; ongles faibles et peu courbés ; bec non crochu.

Exemples : le *Merle*, l'*Hirondelle*, la *Pie*, le *Corbeau*, le *Colibri*.

3° Grimpeurs. — Oiseaux terrestres, à pieds non palmés ; jambes emplumées ; tarses courts ; narines sans écaille ; ongles faibles ; deux doigts dirigés en avant et deux en arrière.

Exemples : le *Perroquet*, le *Coucou*.

4° Gallinacés. — Oiseaux terrestres, à pieds non palmés ; jambes emplumées ; tarses courts ; une écaille molle recouvrant la narine.

Exemples : le *Pigeon*, la *Poule*, la *Perdrix*, la *Caille*.

5° Échassiers. — Oiseaux de rivage, pour la plupart, sans vraie palmature aux pieds ; jambes nues et tarses allongés en échasses.

Exemples : l'*Autruche*, la *Cigogne*, la *Bécasse*.

6° Palmipèdes. — Oiseaux aquatiques, à pieds palmés ; jambes toujours emplumées.

Exemples : le *Canard*, la *Mouette*, le *Pélican*, le *Manchot*.

III. — Classification des Reptiles.

La Classe des *Reptiles* se partage en trois Ordres :

1° Chéloniens. — Corps couvert d'écailles et pourvu de membres ; mâchoires garnies d'un bec corné.
Exemples : les diverses espèces de *Tortues*.

2° Sauriens. — Corps couvert d'écailles et pourvu de membres ; mâchoires garnies de dents.
Exemples : le *Crocodile*, le *Lézard*, le *Caméléon*.

3° Ophidiens. — Corps couvert d'écailles, mais dépourvu de membres ; mâchoires garnies de dents.
Exemples : l'*Orvet*, le *Boa*, la *Couleuvre*, la *Vipère*.

IV. — Classification des Batraciens.

La Classe des *Batraciens* forme un ordre unique, dont on peut citer comme exemples : la *Grenouille*, le *Crapaud*, la *Salamandre*.

V. — Classification des Poissons.

La Classe des *Poissons* se partage en neuf Ordres :

1° Acanthoptérygiens. — Poissons osseux à mâchoire supérieure mobile ; branchies disposées en forme de peignes ; nageoire dorsale à rayons épineux.
Exemples : la *Perche*, le *Thon*, le *Maquereau*, l'*Espadon*.

2° Malacoptérygiens abdominaux. — Poissons osseux à mâchoire supérieure mobile ; branchies en forme de peignes; dorsale à rayons mous; ventrales sous l'abdomen.

Exemples: la *Carpe*, le *Saumon*, le *Brochet*, le *Hareng*.

3° MALACOPTÉRYGIENS SUBRACHIENS. — Poissons osseux à mâchoire supérieure mobile; branchies en forme de peignes; dorsale à rayons mous; ventrales sous les pectorales.

Exemples: la *Morue*, la *Plie*, le *Turbot*.

4° MALACOPTÉRYGIENS APODES. — Poissons osseux à mâchoire supérieure mobile; branchies en forme de peignes; dorsale à rayons mous; pas de ventrales.

Exemples: l'*Anguille*, le *Congre*.

5° LOPHOBRANCHES. — Poissons osseux à mâchoire supérieure mobile; branchies disposées en forme de houppe.

Exemple: l'*Hippocampe*.

6° PLECTOGNATHES. — Poissons osseux à mâchoire supérieure fixe.

Exemples: le *Coffre*, le *Diodon*.

7° STURIONIENS. — Poissons cartilagineux à branchies libres.

Exemple: l'*Esturgeon*.

8° SÉLACIENS. — Poissons cartilagineux à branchies fixes; mâchoire inférieure mobile.

Exemples: le *Requin*, la *Scie*, la *Raie*.

9° CYCLOSTOMES. — Poissons cartilagineux à branchies fixes; bouche en suçoir circulaire.

Exemple: la *Lamproie*.

CHAPITRE VIII

NOTIONS SUR L'ORGANISATION DES INSECTES.

Les INSECTES font partie de l'embranchement des Annelés ; ils possèdent tous les caractères communs aux animaux de ce groupe ; leur corps est partagé en anneaux ; ils manquent de squelette intérieur ; leur système nerveux est partagé en un certain nombre de petites masses désignées sous le nom de *ganglions*, et qui forment une série longitudinale.

Parmi les Annelés, on a établi deux sections, dont l'une

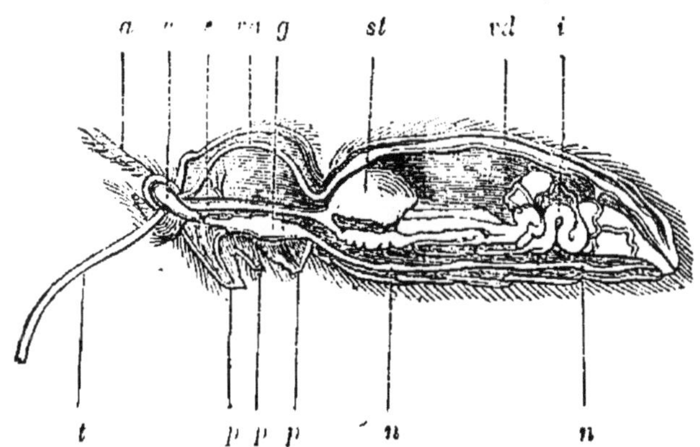

Fig. 52. — Organisation générale d'un insecte[1]

comprend les Annelés pourvus d'un squelette extérieur et de membres articulés, l'autre, les Annelés qui n'ont ni

1. Fig. 52. — *a*, origine de l'antenne. — *t*, portion de trompe. — *p*, *p*, *p*, origine des pattes. — *vd*, vaisseau dorsal remplissant les fonctions de cœur. — *va*, portion antérieure du vaisseau dorsal. — *e*, œsophage. — *st*, estomac. — *i*, intestin. — *c*, ganglions nerveux susœsophagiens. — *g*, ganglions nerveux thoraciques réunis en une seule masse. — *n*, *n*, ganglions nerveux abdominaux.

squelette extérieur, ni membres articulés. Les insectes appartiennent au premier de ces deux groupes, c'est-à-dire à celui des Articulés. Ils sont en effet pourvus d'une enveloppe épidermique faisant fonction de squelette, et leurs membres sont rattachés au corps par un mode de jonction analogue à l'emboîtement des différentes parties d'un tuyau. Les insectes n'étant point les seuls annelés qui présentent ce double caractère, il devient indispensable de mentionner les détails d'organisation qui les séparent des autres articulés, tels que les arachnides et les crustacés.

Les insectes ont le corps partagé en trois parties distinctes : tête, thorax et abdomen. Leur tête porte une paire d'organes particuliers nommés *antennes*, des yeux simples

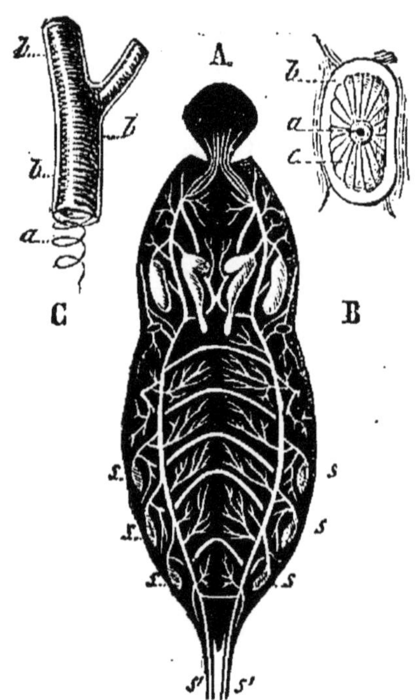

Fig. 53. — Appareil trachéen d'un insecte[1].

et des yeux composés. Au thorax sont attachés trois paires de pattes et généralement une paire ou deux paires d'ailes.

1. Fig. 53. — A, ensemble de l'appareil trachéen. — B, stigmate. — C, fragment de trachée.

Les organes respiratoires sont des canaux appelés *trachées*, qui reçoivent l'air du dehors par une double série d'ouvertures latérales ou *stigmates*, et le distribuent dans les dif-

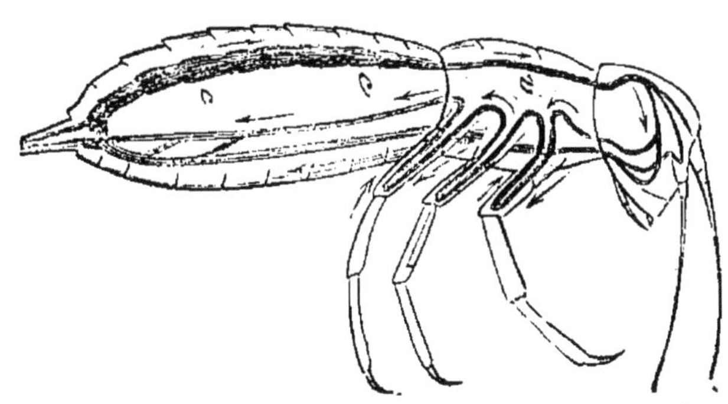

Fig. 54. — Circulation d'un insecte [1].

férentes parties de l'organisation. L'air circule chez les insectes; il est presque inutile que le sang se déplace; aussi

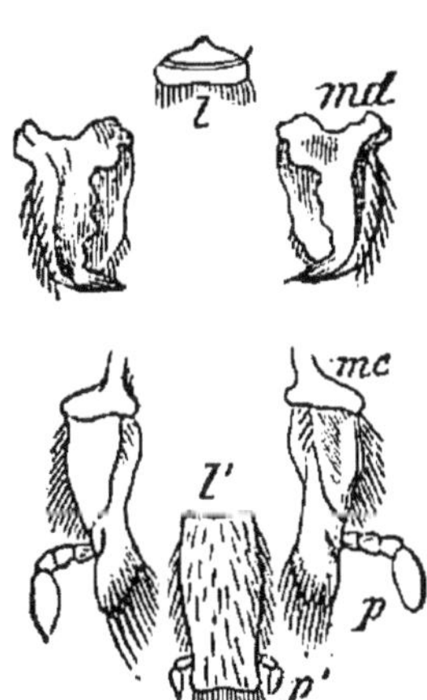

Fig. 55. — Organes buccaux de l'Oplie farineuse [2].

la circulation n'existe-t-elle que sous une forme tout à fait rudimentaire. Le tube digestif présente, en général,

1. Fig. 54. — Circulation chez la larve de l'*Éphémère vulgaire*. — *cc*, vaisseau dorsal. — *a*, sorte se ramifiant dans la tête; le sang est ramené par de simples courants indiqués dans la figure.

2. Fig. 55. — Organes buccaux de l'*Oplie farineuse*.—*l*, lèvre supérieure ou labre. — *md*, mandibule. — *mc*, mâchoire. — *pm*, palpe maxillaire. — *l'*, lèvre inférieure. — *p'*, palpe labial.

après l'œsophage, trois renflements successifs, le *jabot*, le *gésier*, le *ventricule chylifique*, et, de plus, un *intes-*

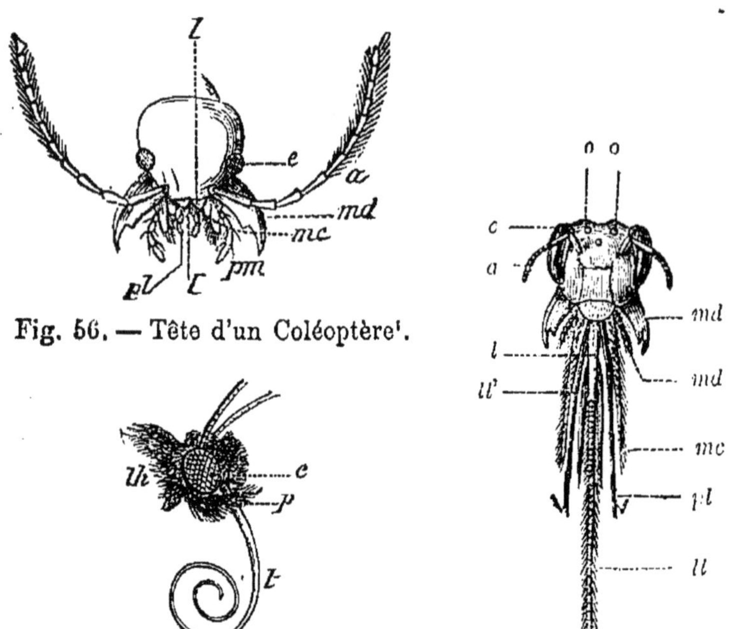

Fig. 56. — Tête d'un Coléoptère[1].

Fig. 57. — Tête d'un Lépidoptère[2]. Fig. 58. — Tête d'un Hyménoptère[1].

tin grêle, un *cœcum* et un *rectum*. Le foie manque, et l'on trouve pour le remplacer des canaux appelés *canaux biliaires*. L'appareil buccal varie dans sa structure, suivant qu'il est destiné à la mastication ou bien à la succion. Chez les insectes masticateurs, il se compose d'une lèvre supérieure mobile, d'une paire de mandibules et d'une paire de mâchoires latérales, enfin d'une lèvre inférieure. Cette lèvre et les mâchoires portent des appendices très-délicats nommés *palpes*, lesquels semblent agir comme organes de

1. Fig. 56. — Tête du *Staphylin*, et Fig. 58. — Tête de l'*Anthophore*. — *oo*, yeux simples. — *e*, œil composé. — *a*, antenne. — *md*, mandibule. — *mc*, mâchoire. — *pm*, palpe maxillaire. — *l*, lèvre inférieure ou languette. — *ll'*, lobe de la languette. — *pl*, palpe labial. — *ll*, trompe formée par la languette.

2. Fig. 57. — Tête de la *Zygène de la scabieuse*. — *e*, œil composé. — — *p*, palpe. — *t*, trompe. — *th*, thorax.

tact. Chez les insectes suceurs, la bouche se convertit ordinairement en un tube plus ou moins allongé, servant à la succion, et dans l'intérieur duquel sont abritées des aiguilles très-fines, destinées à perforer les enveloppes des végétaux et des animaux. Quelquefois ces lancettes n'existent pas, et l'appareil buccal est réduit à une simple trompe.

Le système nerveux présente la disposition que nous avons indiquée en parlant des Annelés. On sait très-peu de chose sur les organes des sens. Les antennes et les palpes paraissent servir au toucher, et peut-être, en même temps, à l'audition et à l'odorat. Les yeux sont de deux sortes : les uns *simples*, généralement au nombre de trois, et disposés en triangle sur le sommet de la tête ; les autres *composés* et résultant de la juxtaposition de plusieurs milliers de petits yeux qui sont pourvus chacun d'une cornée, d'un iris, d'une humeur vitrée, d'une rétine convexe, d'un rameau nerveux. On a compté, chez certains insectes, jusqu'à vingt-cinq mille de ces yeux microscopiques.

Tous les insectes se reproduisent par des œufs. Quelques espèces sont constamment ovovivipares ; d'autres le deviennent dans certaines circonstances, lorsque, par exemple, plusieurs générations doivent se succéder pendant le cours d'une même saison. Les femelles ont toujours soin de déposer leurs œufs dans des endroits où les petits, au sortir de la coque, soient certains de rencontrer le genre de nourriture qui leur convient. Tantôt les œufs sont fixés par une matière visqueuse à la surface des feuilles, tantôt ils sont déposés à l'intérieur des bourgeons ou de l'écorce ; d'autres fois, ils sont enfouis dans la terre, ou bien introduits dans la substance même des animaux.

Quelques insectes sortent de l'œuf avec leur forme définitive et ne subissent aucune métamorphose. Mais la plupart naissent à l'état de vers pourvus ou dépourvus de pattes, auxquels on donne le nom de *larves ;* lorsque ces vers ont des pattes, on les appelle vulgairement *chenilles*. Les larves de plusieurs espèces ailées ressemblent déjà beaucoup aux insectes parfaits ; il ne leur manque que des ailes, et ces appendices se développent après la dernière mue : les métamorphoses sont alors incomplètes. Chez un bien plus grand nombre d'espèces, les changements sont, au contraire, considérables, et il serait parfois difficile d'établir le moindre rapport de ressemblance entre la larve et l'insecte parfait. Alors les métamorphoses sont complètes.

Fig. 59. — Larve du Hanneton. Fig. 60. — Larve du Grand Paon de jour.

L'état de *nymphe* ou *chrysalide* succède à celui de *larve*.

Fig. 61. — Chrysalide du Grand Paon de jour.

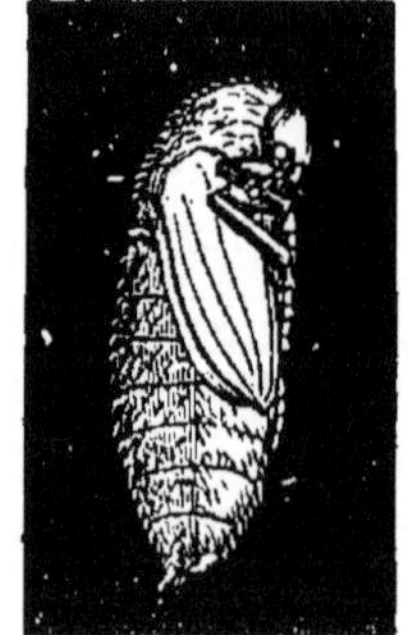

Fig. 62. — Nymphe du Dermeste du lard.

Durant cette période, la plupart des insectes s'abstiennent

de nourriture et restent plongés dans une sorte de mort apparente. En vue de se préserver des injures du temps et des attaques de leurs ennemis, certains se fabriquent par avance une demeure soyeuse; d'autres s'enveloppent d'un étui argileux; d'autres se cachent au milieu des feuilles sous l'écorce des plantes ou bien dans le sol. Si l'on examine la nymphe à travers la pellicule mince qui la recouvre, on voit peu à peu se montrer les organes de la vie définitive. Enfin, après un intervalle qui varie suivant les espèces et les circonstances, *l'insecte parfait* brise les parois de sa prison et fait son apparition au dehors. Cette dernière pé-

Fig. 63. — Grand Paon de jour (insecte parfait).

riode de l'existence des insectes est ordinairement la plus courte. La plupart ne vivent pas sous cette forme au delà de quelques semaines; beaucoup ne dépassent pas quelques jours; il en est que le même soleil voit se transformer et mourir. Du reste, une fois parvenus à l'état parfait, l'occupation presque exclusive des insectes est de pondre des œufs, et d'assurer la perpétuation de leur race en plaçant ces œufs dans les conditions les plus favorables pour l'éclosion. Ce but réalisé, ils s'éteignent doucement, sans manifester de souffrance.

La fécondité des insectes est prodigieuse. L'Abeille domestique ne pond pas moins de douze mille œufs, le Termite en produit soixante à quatre-vingt mille, et ces chiffres deviennent véritablement effrayants, si l'on considère que, dans beaucoup d'espèces, plusieurs générations se succèdent durant la même saison. La descendance d'une seule mouche s'élève, en trois mois, à près de sept cent cinquante mille individus.

Le règne végétal est surtout mis à contribution pour l'alimentation de ces êtres si faibles par leur taille, mais que leur nombre rend si puissants. Il n'est pas une espèce de plante qui ne nourrisse au moins une espèce particulière d'insectes, et cela, depuis le chêne gigantesque jusqu'au plus humble, au plus imperceptible champignon, sans excepter les plantes dont le suc est mortel à tous les autres animaux. Très-fréquemment, sur un même végétal vivent plusieurs espèces, dont les unes s'attaquent à la racine ou à la tige, les autres aux feuilles, aux fleurs ou aux fruits. Prenons même une partie quelconque, la feuille, si l'on veut : nous constatons que tel insecte dévore tout, que tel autre se nourrit des sucs, tel autre de la substance intérieure, tel autre de l'épiderme seulement. Ces impitoyables consommateurs ne se bornent pas aux plantes vivantes ; un grand nombre vivent du bois pourri ; d'autres, des matières végétales transformées par nous en objets d'utilité.

Parmi les insectes qui s'attaquent au règne animal, on remarque une semblable diversité d'appétits. Les uns s'établissent à demeure sur la peau des autres espèces, quelquefois même sur celle des insectes. L'abeille porte un parasite, tout au plus de la grosseur du plus fin grain de sable ; ce parasite, à son tour, en nourrit un autre à peine visible au microscope, et sur lequel de plus puissantes lentilles feront peut-être découvrir encore un parasite. Certaines espèces vagabondes harcèlent de leurs piqûres et nous-mêmes et nos animaux domestiques. La nature les a faites pour vivre de sang, et leur a fourni les lancettes et les ventouses. Elles remplissent leur destinée sans animosité, sans colère. Elles ne sont point méchantes ; elles sont tout simplement affamées. Diverses espèces se nourrissent d'insectes, et à cela nous ne trouvons rien à redire, excepté lorsque la victime est du nombre de nos serviteurs, lorsque c'est l'abeille, par exemple, ou le ver à soie. D'autres insectes, habitants des eaux, font un carnage affreux d'infusoires. Il en est, d'un autre côté, qui recherchent les charognes, les excréments, les matières en décomposition, et qui, en détruisant ainsi les causes de miasmes, contribuent efficacement à maintenir la salubrité de l'atmosphère. Mentionnons enfin les espèces qui s'attaquent aux substances animales préparées pour nos divers usages, à la viande, au lard, au fromage, à la laine, au cuir, aux plumes, etc.

Le régime des insectes se modifie souvent avec leurs transformations. La larve peut être carnassière, tandis que l'insecte parfait ne se nourrit que du suc des fleurs. C'est à l'état de larve que les insectes témoignent le plus de voracité. Ils s'accroissent alors chaque jour d'une quantité énorme, et la nature leur fait, comme aux enfants, une nécessité de manger continuellement. La mouche à viande, d'après Rédi, devient, en vingt-quatre heures, huit cents fois plus pesante, et le ver à soie, lorsqu'il s'endort au bout de trente jours, pèse sept mille fois de plus qu'il ne pesait au moment de l'éclosion. A l'état de nymphe, au contraire, ainsi qu'il a été dit plus haut, la plupart des insectes s'engourdissent et cessent de prendre aucune nourriture.

Parmi les insectes aquatiques, les uns ne quittent jamais leur élément, et se contentent de venir par intervalles respirer à la surface; d'autres vivent indifféremment et tour à tour sur la terre et dans l'eau. Certains insectes, qui ont d'abord une existence aquatique, deviennent, après leurs métamorphoses, des insectes aériens. Parmi les insectes terrestres, il en est qui ne quittent jamais le sol ou la surface des plantes, la nature leur ayant refusé des ailes, ou bien les ayant faits trop lourds pour qu'ils puissent voler. D'autres, qui sont restés longtemps enfouis dans des galeries souterraines, jettent tout d'un coup leur grossière enveloppe, s'élancent dans l'air, et nous étonnent par l'agilité de leurs mouvements.

La plupart des insectes s'éloignent peu des plantes ou

des animaux dont ils tirent leur nourriture. En général, ils vivent isolés, sans abri, exposés à toutes les vicissitudes atmosphériques. Quelques-uns se réunissent en grand nombre, mais sans que l'on puisse saisir entre eux de véritables rapports sociaux. D'autres, enfin, s'assemblent en corps de nation et se construisent des demeures qui sont des merveilles d'architecture. L'esprit se refuse presque à voir dans ces travaux incomparables le produit d'un instinct pur et simple, surtout lorsque l'on est témoin de la sagacité avec laquelle les ingénieux constructeurs tirent parti de toutes les situations, utilisent tous les matériaux, réparent tous les accidents, quelque en dehors qu'ils soient du cours ordinaire des choses.

Il est peu d'insectes comestibles; et cependant la chair de ces animaux n'est pas en général malsaine; elle n'a d'ailleurs rien de plus repoussant que la chair gluante des mollusques ou la chair coriace des crustacés. Dans plusieurs contrées, on mange les sauterelles. Au Mexique, on fait avec les œufs d'une espèce aquatique un mets analogue au *caviar*. Quantité de mammifères, de reptiles, de batraciens et de poissons vivent presque exclusivement d'insectes. Comme espèces en quelque sorte industrielles, nous pouvons mentionner les Vers à soie, les Abeilles, les Cochenilles, les Cynips. Les Cantharides sont utilisées par la médecine. Divers insectes paraissent agir comme intermédiaires dans la fécondation de certains végétaux, le figuier, par exemple. D'autres, comme les Ichneumons, rendent à l'agriculture les services les plus incontestables, en déposant chacun de leurs œufs dans le corps d'une chenille qui, par cela même, est condamnée à mourir.

La nature a posé des limites au trop grand développement des espèces nuisibles. Pour arrêter leur multiplication, elle emploie souvent des moyens qui ne nous apparaissent que comme des catastrophes désastreuses. C'est ainsi que les pluies fortes et continues, lorsqu'elles surviennent au moment de la ponte, ou bien pendant les premiers temps de l'éclosion, détruisent des quantités d'insectes si considérables que nos domaines se trouvent garantis pour plusieurs années contre tous ravages. Les froids tardifs produisent le même résultat, et peut-être ne faut-il pas trop se hâter de maudire l'influence de la *lune rousse ;* car l'abaissement de température qui se manifeste d'ordinaire à cette époque, a souvent arrêté dans leur développement précoce certaines espèces extrêmement préjudiciables à l'agriculture. Les inondations contribuent également à nous débarrasser des insectes, surtout lorsqu'elles surprennent les larves au moment de la dernière métamorphose.

Parmi nos auxiliaires, nous pouvons compter tous ces animaux qui emploient leur vie à détruire les insectes, et que nous exterminons, au lieu d'en encourager la multiplication, les uns, comme le crapaud, l'araignée, la chauve-souris, parce qu'ils sont laids ; les autres, comme la musaraigne, le moineau, la mésange, parce qu'un préjugé aveugle nous montre en eux des ennemis.

La nature n'a point créé les innombrables espèces d'insectes pour les détruire ensuite. Ces petits êtres lui sont chers au même titre que ses autres productions. Indispensables au maintien de l'équilibre général, ils sont limités par elle, mais non supprimés. Comme les circonstances favorables et défavorables se balancent à peu près pendant le cours d'un certain nombre d'années, chaque espèce, d'après les lois qui régissent les créatures vivantes, passerait éternellement par les mêmes vicissitudes, aujourd'hui multipliée outre mesure, demain aux trois quarts exterminée. Que l'action de l'homme vienne se joindre aux causes naturelles de destruction, l'équilibre est rompu ; les espèces nuisibles tendent à disparaître ; elles se trouvent réduites à l'impuissance. Les résultats ainsi obtenus seront d'autant plus considérables, toutes choses égales d'ailleurs, que les efforts auront été appliqués sur une surface plus étendue, et qu'ils l'auront été partout avec une même énergie et une même activité. Il est donc essentiel que l'on maintienne aussi rigoureusement que possible les règlements relatifs à l'échenillage et à la destruction des insectes nuisibles. Seulement, que l'on ne confonde point avec ces espèces d'autres, telles que les carabes et les ichneumons, qui nous sont au contraire infiniment utiles par la guerre continuelle qu'elles font aux dévastateurs des récoltes.

En parlant de l'alimentation des insectes, nous avons dit tout à l'heure qu'il n'y avait peut-être pas une espèce de plantes qui ne nourrît au moins une espèce particulière d'insectes. Ce seul fait a pu donner une idée du nombre infini d'espèces que doit renfermer cette classe si importante de l'embranchement des Annelés. Il en existe certainement plus de 150,000, ayant toutes leurs caractères distinctifs et se rapprochant ou s'éloignant les unes des autres, de manière à constituer des groupes tout à fait analogues à ceux que l'on rencontre dans les autres classes. Si nous prenions au hasard quelques insectes, il serait peu probable que cet assemblage fortuit nous offrît les types bien caractérisés des grandes subdivisions de la classe des insectes. Mais admettons que l'on ait réuni et placé sous nos yeux quelques-uns de ces types, tels que le Scarabée, le Criquet, la Demoiselle, l'Abeille, la Punaise des bois, le Papillon, la Mouche, la Puce, il nous sera facile de saisir les différences d'organisation qui séparent ces différents insectes, et, par conséquent, de retrouver les caractères qui ont dû servir de base à la classification.

Ce qui nous frappera tout d'abord dans cet examen comparatif, ce sont les différences que présentent les organes du vol. La puce est dépourvue d'ailes ; la mouche a deux ailes ; tous les autres insectes dont nous venons de rappeler les noms possèdent quatre ailes. Voilà donc déjà les insectes partagés en trois groupes : 1° insectes sans ailes ou *aptères*, tels que la puce ; 2° insectes à deux ailes ou *diptères*, tels que la mouche ; 3° insectes à quatre ailes, ou *tétraptères*, tels que le scarabée, le criquet, la demoiselle, l'abeille, le papillon, la punaise des bois. Si nous examinons la structure des ailes chez les insectes tétraptères, nous constatons que cette structure est loin d'être partout identique. Ainsi, chez le scarabée et le criquet, la première paire d'ailes est dure, opaque et coriace, tandis que la seconde est mince et transparente. Cette seconde paire est repliée transversalement chez le scarabée, horizontalement chez le criquet. Chez la punaise des bois, la seconde paire d'ailes est mince et transparente, et la première l'est aussi dans la moitié de sa longueur, du côté de l'extrémité libre, tandis qu'elle est opaque à la base. Chez la demoiselle, les quatre ailes sont membraneuses et transparentes ; elles portent des nervures disposées en réseau. Chez l'abeille, les quatre ailes sont membraneuses et transparentes ; mais leurs nervures sont allongées et ne laissent entre elles qu'un petit nombre de mailles. Chez le papillon, les quatre ailes sont couvertes d'une fine poussière écailleuse qui les rend opaques.

Si nous considérons maintenant la structure de la bouche, nous trouvons, à ce point de vue, entre nos divers insectes des différences non moins considérables. Le papillon n'a qu'une trompe molle, enroulée en spirale et disposée uniquement pour la succion. La mouche possède une trompe charnue, protractile. La puce et la punaise des bois ont un bec articulé, renfermant des sortes de lancettes très-acérées, destinées à percer les tissus. La bouche de l'abeille est un instrument propre à diviser les corps solides et, en même temps, à opérer la succion ; la lèvre supérieure et les mandibules sont libres ; les mâchoires et la lèvre inférieure avec les palpes sont réunies pour former une trompe. Chez la demoiselle, la bouche devient un organe de mastication ; ses diverses parties prennent le développement qui distingue les insectes broyeurs. Nous retrouvons cette même structure chez le criquet et chez le scarabée.

Un point très-important à considérer chez les insectes, c'est la nature de leurs métamorphoses, puisque ces animaux passent en général la presque totalité de leur existence sous une forme très-différente de celle que nous leur voyons prendre dans la dernière période. Chez le scarabée, la demoiselle, l'abeille, le papillon, la mouche, la puce même, les métamorphoses sont complètes ; les larves n'ont presque aucun trait de ressemblance avec l'individu parfait. Il n'en est pas de même pour le criquet et la punaise des bois, qui ne subissent que des demi-métamorphoses ; leurs larves diffèrent peu de l'insecte parfait.

Les différents insectes dont nous venons d'examiner les caractères les plus saillants, représentent les types des principaux ordres admis aujourd'hui dans la classification des insectes. Ces ordres sont au nombre de douze, et cependant nous avons donné huit types seulement, les quatre ordres dont il n'a pas été question ici n'ayant été formés que pour isoler certains petits groupes qu'il était difficile de maintenir confondus avec d'autres espèces très-différentes par l'organisation. Cette réserve faite, disons que le Scarabée représente l'ordre des *Coléoptères*, — le Criquet, l'ordre des *Orthoptères*, — la Punaise des bois, l'ordre des *Hémiptères*, — la Demoiselle, l'ordre des *Névroptères*, — l'Abeille, l'ordre des *Hyménoptères*, — le Papillon, l'ordre des *Lépidoptères*, — la Mouche, l'ordre des *Diptères*, — la Puce, l'ordre des *Aphaniptères*.

Il ne faudrait pas supposer toutefois que tous les insectes appartenant à un même ordre reproduisent invariablement les caractères que nous avons indiqués pour l'espèce type. Il est très-loin d'en être ainsi. Plusieurs hémiptères, par exemple, ont les quatre ailes également membraneuses; plusieurs hyménoptères ont les ailes réticulées comme les névroptères; un grand nombre d'insectes appartenant aux ordres tétraptères n'ont que deux ailes. La même observation s'appliquerait aux métamorphoses. Cette irrégularité apparente résulte précisément de ce que la classification des insectes repose sur les bases de la méthode naturelle, en sorte que l'absence d'un caractère isolé n'a pu prévaloir sur les nombreuses analogies qui, rapprochant telles et telles espèces les unes des autres, les réunissaient forcément dans un même groupe.

On dispose généralement le tableau de la classification des insectes en prenant la structure des ailes pour point de départ. Nous le donnons sous cette forme; mais il serait facile de le modifier, en établissant, par exemple, les premières coupures d'après la structure de la bouche, et partageant les insectes en broyeurs, suceurs et mixtes. Les élèves s'exerceront utilement à varier la disposition des tableaux synoptiques qui résument les classifications.

CLASSE DES INSECTES

- *ailes*...
  - à *quatre* ailes.
    - *dissemblables* entre elles...
      - *élytres entières*. — Bouche propre à broyer. — Secondes ailes pliées...
        - transversalement ... COLÉOPTÈRES... Carabes. Hannetons. Cantharides. Charançons. Scolytes. Capricornes. Coccinelles.
        - transversalement et longitudinalement. DERMOPTÈRES... Forficules.
        - longitudinalement ... ORTHOPTÈRES... Blattes. Sauterelles. Criquets.
      - *demi-élytres*. — Bouche en suçoir solide ou bec ... HÉMIPTÈRES... Punaises. Cigales. Pucerons. Cochenilles.
    - *semblables* entre elles...
      - *nues*...
        - bouche propre à broyer ... NÉVROPTÈRES... Libellules. Termites.
        - des mandibules et un suçoir mou ... HYMÉNOPTÈRES... Ichneumons. Cynips. Fourmis. Guêpes. Bourdons. Abeilles.
      - *recouvertes d'écailles*. — Une trompe molle, enroulée ... LÉPIDOPTÈRES... Vulcains. Sphynx. Bombyx. Pyrales. Alucites. Teignes.
  - à *deux* ailes. — Bouche en suçoir ...
    - ailes étendues ... DIPTÈRES... Cousins. Taons. Œstres. Mouches. Oscines.
    - ailes pliées en éventail ... RHIPIPTÈRES... Stylops.
- *aptères*...
  - pas d'appendices caudiformes.
    - pattes propres à sauter ... APHANIPTÈRES... Puces.
    - pattes propres à marcher ... PARASITES... Poux.
  - des appendices caudiformes, propres au saut ... THYSANOURES... Lépismes.

CHAPITRE IX

HISTOIRE DE QUELQUES INSECTES PROPRES A SERVIR D'EXEMPLES DES DIFFÉRENTS ORDRES : HANNETONS, LAMPYRES, SAUTERELLES, CIGALES, TERMITES, ABEILLES, ETC.

Le HANNETON est un insecte de l'ordre des *Coléoptères*, pourvu de cinq articles à tous les tarses, et dont les antennes présentent une série de feuillets ou lamelles ; il appartient par conséquent à la section des *Pentamères* et à la famille des *Lamellicornes*. L'espèce commune (*Melolontha vulgaris*) est noire, avec les élytres et les pattes d'un brun rougeâtre, et des taches blanches sur chaque segment de l'abdomen.

Le hanneton, à l'état parfait, vit dans le feuillage des arbres et fait de ce feuillage sa nourriture. Ses habitudes sont nocturnes. C'est le soir, à la chute du jour, qu'on le voit voler en tourbillonnant aux environs de l'arbre qui lui a servi d'abri contre la lumière. Le vol de cet insecte est lourd, bruyant, mal dirigé ; il se heurte contre tous les corps solides qui se rencontrent dans sa direction. Tout le monde connaît l'expression proverbiale : *étourdi comme un hanneton.*

Le hanneton vit seulement quelques semaines sous la forme d'insecte ailé. Pendant ce temps, il dépouille parfois les arbres de toute leur verdure, sur des étendues considérables de terrain. Généralement, dans le courant du mois de juin, les mâles périssent, et il en est bientôt de même des femelles, après qu'elles ont enfoui leurs œufs dans des trous profonds de 20 à 25 centimètres. Chaque femelle pond 50 à 80 œufs qui ne tardent pas à éclore, et les jeunes larves ou *vers blancs* se creusent des sortes de galeries qui les conduisent à travers les racines des herbes et des arbres. L'existence souterraine des vers blancs se prolonge deux ou trois ans ; leurs ravages sont infiniment plus considérables que ceux des insectes parfaits. Ils s'endorment l'hiver et mangent pendant toute la durée de la belle saison. C'est vers le mois de février que s'opère la transformation en nymphe ; vers le mois d'avril, les hannetons commencent à gagner la surface du sol.

On a proposé divers moyens pour s'opposer aux ravages des vers blancs ; mais la plupart sont peu efficaces ou praticables seulement dans de très-petites cultures. Le meilleur serait certainement de faire recueillir la plus grande quantité possible de hannetons à l'état parfait, et de poursuivre cette destruction avec ensemble dans les localités infestées. Les frais seraient couverts par l'utilisation des hannetons comme engrais, comme matière huileuse, comme aliment des volailles. La taupe, ainsi qu'on l'a vu dans l'histoire des mammifères, nous rend de grands services en poursuivant les vers blancs dans leurs retraites souterraines.

Le Lampyre est un insecte *Coléoptère*, pourvu de cinq articles à tous les tarses et dont les élytres sont molles; il appartient par conséquent à la section des *Pentamères* et à la famille des *Mollipennes*. Le seul fait intéressant de son histoire est la phosphorescence que l'on observe chez la femelle, et qui a valu à ces animaux le nom vulgaire de *vers luisants*. On distingue plusieurs espèces de lampyres. Dans notre espèce indigène (*Lampyris splendidula*), la femelle n'a point d'ailes, de sorte que les points brillants qu'elle produit restent toujours immobiles au milieu des herbes; mais, dans l'espèce qui se trouve en Italie et même en Provence (*Lampyris italica*), les deux sexes sont ailés, et lorsqu'il s'élève des myriades de ces *lucioles* pendant les belles nuits d'été, l'air ainsi parcouru de traits de feu présente le spectacle le plus extraordinaire.

On ne sait pas encore grand'chose sur les causes qui produisent la phosphorescence des lampyres. La région lumineuse est située à l'extrémité de l'abdomen, vers les trois derniers anneaux, desquels émane, à la volonté de l'insecte et sans aucun dégagement de calorique, une lueur plus ou moins intense et variant du jaune verdâtre au rouge sombre et au violet. Différentes espèces, comme les élatères, voisins des lampyres, comme les fulgores, voisins des cigales, jouissent aussi de la propriété phosphorescente, et la possèdent même à un degré beaucoup plus remarquable, puisque, au dire des voyageurs, il suffit de réunir quelques-uns de ces insectes dans une fiole de verre pour obtenir une lumière plus vive que celle d'une bougie. Les

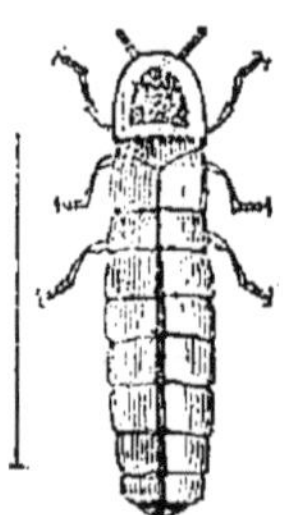

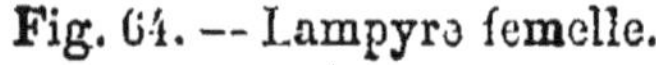

Fig. 64. — Lampyre femelle.

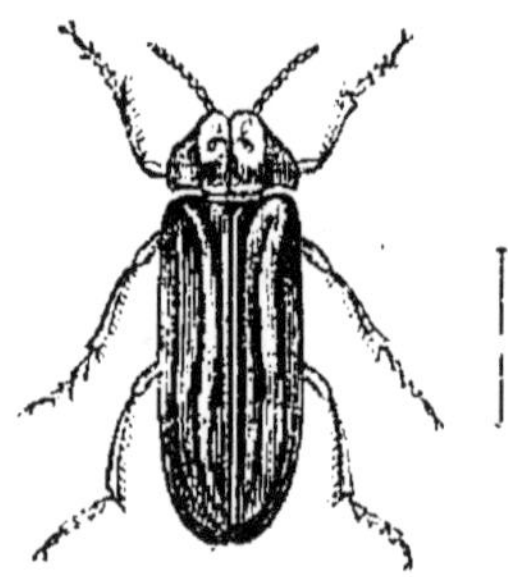

Fig. 65. — Lampyre mâle[1].

dames de l'Amérique du Sud placent comme parure des insectes phosphorescents dans leurs cheveux.

Les Sauterelles sont des insectes *Orthoptères*, dont les pattes postérieures sont extrêmement allongées, et qui appartiennent, par conséquent, à la section des *Orthoptères sauteurs*. On confond généralement, sous le nom collectif de sauterelles, deux genres très-voisins, les *Locustes* ou *vraies Sauterelles* et les *Criquets*. Ces deux genres sont communs en France; mais les criquets doivent une triste

1. Les traits verticaux donnent la longueur réelle des insectes. Lorsqu'ils manquent, la figure est de dimensions naturelles.

célébrité aux ravages qu'ils commettent dans leurs migrations. A certaines époques de l'année, ces insectes abandonnent par légions innombrables les déserts de l'Arabie et de la Tartarie, et s'élèvent à une grande hauteur dans l'atmosphère, jusqu'à ce qu'ils rencontrent des courants qui les transportent au loin à travers les continents. Les rayons du soleil sont interceptés dans les endroits où ils passent; l'air fait entendre un bruit sourd produit par le battement de leurs ailes; enfin, poussés par le vent, ils s'abattent comme une pluie d'orage. Les arbres sont dépouillés de leurs feuilles, et leurs branches cèdent au poids qui les surcharge. Tous les végétaux sont anéantis et dévorés; les moissons disparaissent. Pour comble de désolation, les corps des insectes brisés dans la chute, épuisés par la faim ou par les fatigues du voyage, forment sur la terre nue des couches épaisses qui se putréfient et engen-

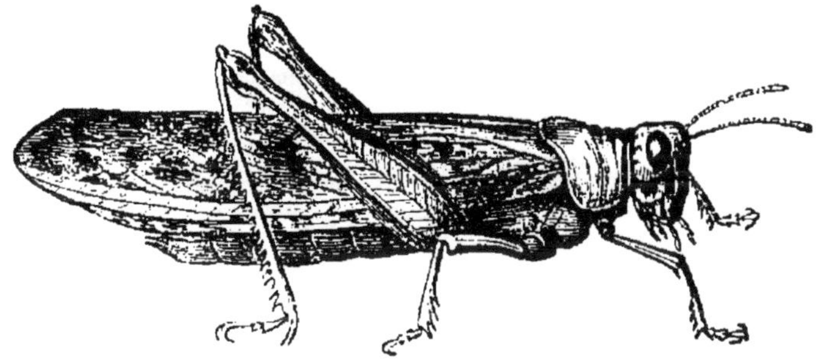

Fig. 66. — Criquet commun.

drent des maladies pestilentielles. La Russie, la Pologne, la Hongrie ont été plusieurs fois exposées à ces calamités. Le littoral africain les éprouve d'une manière presque périodique, et, l'an passé, notre colonie d'Algérie a subi des pertes énormes.

Les espèces indigènes ne se multiplient pas d'ordinaire dans des proportions assez considérables pour produire des dégâts analogues à ceux des espèces émigrantes. On doit, cependant, les considérer comme nuisibles : car, sous leurs trois états, ces insectes se nourrissent de feuilles des végétaux, et particulièrement de celles des graminées, ce qui les rend très-préjudiciables pour les prairies et les cultures de céréales.

Les mâles, dans les diverses espèces, font entendre une sorte de cri résultant de l'agitation de leur élytres, dont les aspérités frottent contre les saillies épineuses qui hérissent les jambes postérieures. On a, par suite, bien souvent confondu les sauterelles avec les cigales, qui possèdent un appareil musical analogue, mais qui ne vivent que dans les parties méridionales de la France.

La Cigale appartient, par l'ensemble des caractères, à l'ordre des *Hémiptères;* mais il lui manque précisément la particularité à laquelle cet ordre doit son nom : elle à les ailes supérieures fines et transparentes comme les inférieures. La femelle porte à l'extrémité de l'abdomen une tarière qui lui sert à percer l'écorce des arbres pour y loger ses œufs. Le mâle possède, à la base de l'abdomen, un ap-

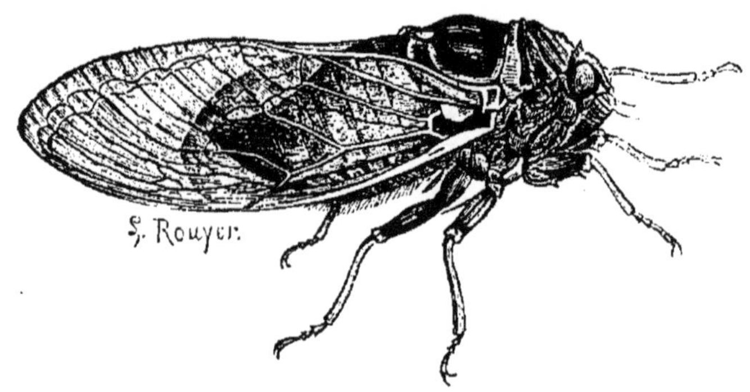

Fig. 67. — Cigale.

pareil destiné à produire un bruit monotone bien connu dans les pays chauds, et que certaines espèces continuent pour ainsi dire jour et nuit. Indépendamment de la *Cigale vulgaire*, à nervures rouillées aux ailes, nous pourrions citer encore l'espèce qui vit sur le frêne, et dont la piqûre passe pour déterminer l'écoulement de la manne; enfin, une espèce exotique, habituellement trouvée sur le sumac, et qui sécrète une cire aussi blanche que le blanc de baleine. On élève cette dernière espèce dans plusieurs provinces de la Chine. Toutes les cigales, à leurs trois états, se nourrissent de la séve des arbres et des arbrisseaux, qu'elles pompent à l'aide de leur bec pointu. Les larves vivent souterrainement parmi les racines. L'insecte parfait recherche surtout les jeunes pousses.

Les Termites, improprement appelés *Fourmis blanches*, sont des insectes *Névroptères* dont les ailes à nervures réticulées forment une sorte de toit sur le corps dans l'état de repos, et dont la bouche est munie de mâchoires bien distinctes ; ce double caractère les fait rentrer dans la famille des *Tectipennes*.

Les Termites vivent en société. Une espèce, le *Termite fatal*, construit, dans les régions désertes de l'Afrique, d'énormes cônes de trois à quatre mètres de hauteur. Ces termites servent de nourriture aux indigènes; les voyageurs s'accordent même à dire que c'est un mets exquis, ayant, suivant les uns, le goût du miel, suivant les autres, celui de la crème sucrée ou de l'émulsion d'amandes douces. Si nous en croyons les personnes qui ont surmonté une répugnance très-peu justifiable, ne semble-t-il pas que les peuples civilisés, en écartant systématiquement les insectes de leur alimentation, se privent d'une ressource non moins abondante qu'agréable? — Le *Termite lucifuge*, originaire de l'Espagne, s'est tellement multiplié à Rochefort, dans les magasins et les ateliers de la marine, qu'on a presque dû renoncer à le détruire. A la Rochelle, il a envahi l'hôtel de la préfecture, rongé les planchers, dévoré les archives. Les ravages des termites sont d'autant plus dangereux que jamais on ne les aperçoit à l'extérieur. En effet, ces insectes ont horreur de la lumière; aussi, ménagent-ils soigneusement la superficie du bois, et les poutres ne se rompent que lorsque l'intérieur est sillonné de galeries dans tous les sens.

Les Abeilles sont des insectes *Hyménoptères*, c'est-à-dire pourvus de quatre ailes membraneuses peu réticulées, et d'un appareil buccal où l'on distingue une lèvre supérieure, des mandibules et une trompe. L'abdomen des femelles est terminé par un aiguillon, ce qui classe les abeilles dans la section des *Porte-aiguillon;* d'un autre côté, la longueur de la trompe les fait rentrer dans la famille des *Mellites* ou insectes mellifiques. C'est particulièrement dans le groupe des Mellites que l'on peut étudier ces républiques fameuses, formées en vue de l'éducation des larves, républiques dont le fondement est le travail, et qui existèrent longtemps avant que les hommes eussent songé à s'associer. Parmi les Mellites, on distingue généralement trois catégories d'individus : des *mâles*, des *femelles* et des *neutres*. Ce sont les neutres, désignés sous le nom d'*ouvrières*, qui s'occupent de construire les habitations, et, en même temps, de nourrir la progéniture des femelles. Celles-ci ne font que manger et pondre; malgré leur titre de *reines*, il ne paraît pas qu'elles aient aucune autorité. Quant aux mâles, on les détruit aussitôt que la conservation de l'espèce est assurée.

Les Abeilles forment des essaims composés d'une femelle ou *reine*, de six à huit cents mâles ou *frelons*, et de vingt à

Fig. 68. — Abeille ouvrière.

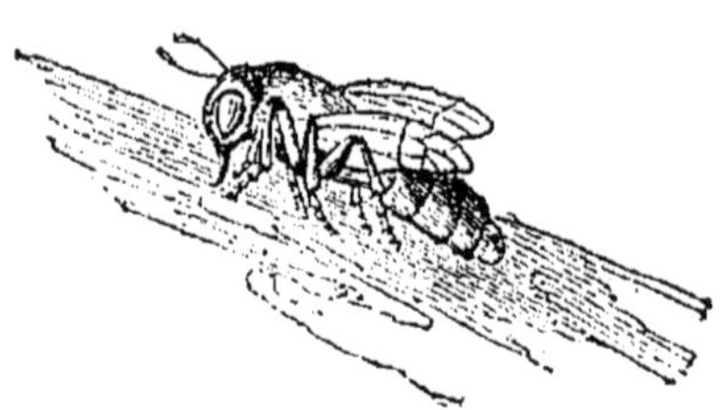

Fig. 69. — Abeille reine.

vingt-cinq mille neutres ou *ouvrières*. A l'état de nature, ces essaims habitent les creux des arbres et des rochers. Notre industrie leur a construit de petites habitations ou *ruches* dont les formes sont très-diverses. Les ruches de terre cuite, cylindriques, terminées en dôme à leur partie supérieure, recouvertes extérieurement d'une épaisse enveloppe de paille ou de foin tordu, sont les plus usitées en France. Dans les Landes, on leur donne la forme d'un pain de sucre; dans le Doubs, dans le Jura, de même qu'en Suisse et en Savoie, elles ont celle d'une demi-sphère; dans certaines provinces du Midi, on les fabrique avec l'écorce extérieure du chêne-liége.

Fig. 70. — Rucher d'Abeilles.

Le rapport des abeilles est exclusivement dû au travail des neutres, et la nature a donné à ces insectes industrieux tous les instruments qui leur étaient nécessaires. Leur dernière paire de pattes est garnie intérieurement de poils roides, formant une sorte de brosse, et très-propres à recueillir le pollen des fleurs ou les matières gommeuses qui recouvrent les bourgeons. Le côté externe est creusé d'un enfoncement, ou *corbeille*, qui sert au transport du butin. Enfin, la trompe est très-allongée et pénètre facilement jusqu'au fond des corolles pour y pomper le liquide sucré des glandes nectarifères. Avec ces divers matériaux, les ouvrières produisent le *miel*, la *propolis* et la *cire*. Le *miel* n'est autre chose que le nectar des fleurs, que les abeilles ont sucé, puis qu'elles dégorgent, après lui avoir fait subir un commencement de digestion dans leur premier estomac. La *propolis* est une substance résineuse et odorante, prise directement sur les végétaux, et qui est em-

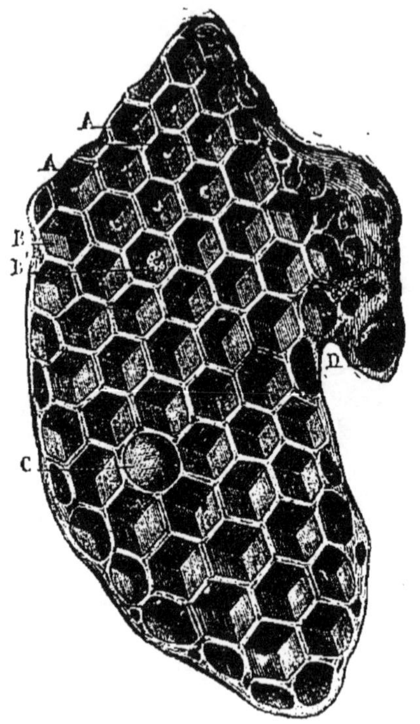

Fig. 71. — Fragment de rayon, montrant les cellules des trois catégories[1].

ployée pour l'enduit intérieur et la clôture de la ruche. La *cire*, sécrétée par les parois mêmes de l'abdomen, dans l'intervalle des anneaux, sert à la confection des cellules ou *alvéoles*. Chacun de ces alvéoles représente une sorte de petit godet hexagonal. Les *gâteaux* sont formés par l'adossement de deux couches d'alvéoles. Ils logent non-seulement les œufs et les larves, mais encore les provisions de pollen et de miel destinées aux besoins de la république. Les œufs produisent à l'éclosion de petites larves dépourvues de pattes, que les ouvrières élèvent dans les alvéoles

1. Fig. 71. Partie supérieure, cellules d'ouvrières ; partie inférieure, cellules de mâles. A, A, B, B', larves à différents âges. C, cellule de femelle supplémentaire ; D, cellule de femelle normale.

mêmes, et dont elles obtiennent à volonté, grâce à des soins et à une nourriture appropriés, soit des femelles, soit des mâles, soit des neutres. Ces larves se transforment en nymphes au bout d'un certain nombre de jours, puis, enfin, en insectes parfaits. Les œufs, les larves à différents degrés de développement et les alvéoles qui les renferment, constituent le *couvain*.

Il ne saurait exister à la fois plusieurs reines dans une même ruche. Dès qu'une jeune femelle se prépare à sortir de sa cellule après avoir achevé ses métamorphoses, l'ancienne reine s'efforce de la tuer. N'y pouvant réussir, à cause de la résistance des ouvrières, elle quitte la ruche à la tête d'une partie de la population et va fonder une nouvelle colonie. La reine qui l'a remplacée émigre bientôt de la même manière et cède la ruche à une femelle née après elle. On compte ainsi, chaque saison, jusqu'à quatre *essaims* successifs, qui s'établissent d'ordinaire sur quelque branche d'arbre, à peu de distance de leur ancienne ruche. Les éducateurs d'abeilles, pour se rendre maîtres de ces essaims, leur présentent des ruches neuves, enduites de miel intérieurement. Les abeilles s'en accommodent et organisent leurs nouvelles demeures avec une incroyable rapidité. On leur a vu construire en trois jours un gâteau de soixante centimètres de côté et renfermant douze mille cellules.

Le départ des essaims a lieu vers la fin du printemps. L'enlèvement du miel et de la cire ou *taille* des ruches se fait au commencement de l'été. Les abeilles ont ainsi le temps de renouveler leurs provisions avant l'hiver ; de plus, les ouvrières étant presque toujours absentes pendant les beaux jours, on peut dépouiller la ruche sans sacrifier les habitants, et, en même temps, sans courir le danger des piqûres. On endort souvent les abeilles, lorsqu'il est nécessaire de les manier, soit par l'enfumage, procédé barbare et nuisible, soit par les vapeurs d'éther, soit par celles que produit en brûlant la filasse imbibée d'une dissolution de salpêtre.

Les piqûres d'abeilles, pour peu qu'elles soient nombreuses, provoquent une très-vive inflammation Lorsqu'il s'agit d'une piqûre isolée, il convient d'extraire l'aiguillon de la plaie, en évitant de crever la vésicule qui renferme le venin. On pratique ensuite des lotions d'eau vinaigrée, d'eau salée, d'*eau blanche*, ou bien d'eau mélangée d'ammoniaque. Les mêmes soins s'appliquent aux piqûres des guêpes et autres insectes armés d'un aiguillon venimeux.

L'hiver, les abeilles vivent des provisions qu'elles ont amassées durant la saison des fleurs. Lorsqu'on a enlevé des ruches une trop grande quantité de miel, on est obligé de fournir à leurs habitants une nourriture supplémentaire, qui consiste le plus ordinairement en un mélange de cassonade et de miel commun. On a proposé d'enfouir les ruches pendant l'hiver, et l'emploi de cette méthode économique semble avoir donné de bons résultats.

Nous ne pouvons guère que mentionner ici plusieurs espèces assez voisines des abeilles par l'organisation, mais qui vivent solitaires, et à qui leurs mœurs ont fait donner les noms d'*Abeille menuisière*, d'*Abeille tapissière*, d'*Abeille maçonne*. Réaumur nous a laissé sur ces espèces des détails extrêmement curieux

Les *Abeilles tapissières* pratiquent dans une terre sèche des cavités qu'elles garnissent ensuite de morceaux de feuilles ou de pétales de plantes, et dans lesquelles elles déposent successivement et par lits de petites provisions d'une matière sucrée et onctueuse, en même temps que les larves qui doivent s'en nourrir jusqu'à leur complet développement.

Les *Abeilles maçonnes*, après avoir enveloppé isolément leurs œufs d'un mélange de pollen et de sucs végétaux, charrient tout autour une certaine quantité de terre argileuse et sablonneuse, qu'elles pétrissent et gâchent en la mêlant avec leur salive.

Enfin, les *Abeillès menuisières* ou *perce-bois* creusent dans l'écorce des arbres morts, et quelquefois dans l'épaisseur même du bois, des espèces de galeries couvertes. Elles partagent ces galeries en cellules, au moyen de cloisons faites avec de la sciure de bois qu'elles gâchent par le même procédé que les abeilles maçonnes. Chacune des cellules renferme une larve et la totalité des provisions nécessaires à son alimentation.

Les Bourdons forment un genre bien séparé, et ne sont pas, comme on le suppose souvent, les mâles des abeilles. On distingue : le *Bourdon souterrain*, le *Bourdon des pierres*, le *Bourdon des rochers*, le *Bourdon des mousses*. Toutes ces espèces constituent de petites sociétés, se construisent des nids, fabriquent de la cire et du miel, élèvent les larves en commun, et reproduisent, d'une manière bien imparfaite, il est vrai, les divers travaux des abeilles. Chaque société comprend des mâles, des femelles et des ouvrières; les uns et les autres travaillent; il n'y a point d'individus qui aient le privilége de ne rien faire et de passer leur vie dans l'oisiveté. Enfin, bien que les bourdons soient armés d'un dard très-acéré, bien qu'ils produisent un bruit qui semble assez menaçant, leurs mœurs sont très-pacifiques et ils ne montrent jamais les dangereuses colères des abeilles.

Les Guêpes vivent en sociétés parfois non moins nombreuses que celles des abeilles. Elles font preuve d'une industrie presque aussi grande dans la construction de leurs demeures. Certaines espèces, la *guêpe commune*, par exemple, s'établissent dans la terre; d'autres préfèrent les arbres creux ou le branchage des arbustes. Les nids sont faits d'une substance assez analogue au papier, et que les insectes fabriquent avec des parcelles de vieux bois délayées dans leur salive ; l'intérieur renferme une multitude de loges régulières, dans lesquelles sont déposés les œufs. Les guêpes s'occupent soigneusement de l'alimentation des jeunes larves. Elles les nourrissent de débris de fruits et d'une sorte de miel qui n'est pas inférieur à celui des abeilles. Elles-mêmes vivent en butinant dans les vergers, où elles ne laissent point de commettre parfois des dégâts importants. Leur aiguillon produit des piqûres d'une certaine gravité.

Les Fourmis vivent en société, comme les espèces précédentes; on les partage également en mâles, femelles et ouvrières, ces dernières privées d'ailes. Les femelles et les ouvrières possèdent en général un aiguillon; dans quelques espèces, elles ont simplement des glandes sécrétant un liquide âcre, d'une odeur très-caractéristique et qui n'est autre chose que l'acide formique. On distingue parmi les fourmis un grand nombre d'espèces. La plus grande, la *Fourmi Hercule,* habite les arbres creux et emploie pour construire son logement la vermoulure du bois. La *Fourmi fauve* et la *Fourmi brune* maçonnent habilement leurs demeures avec de la terre. La Fourmi fauve élève, dans les bois, dans les prairies et le long des haies, de petits monticules coniques formés de sable et de brins de bois ou de chaume. La *Fourmi des gazons* construit son nid tantôt dans l'herbe, tantôt sur la terre nue, quelquefois dans le sable. La *Fourmi rouge* est sculpteuse aussi bien que maçonne; elle creuse son domicile dans la terre ou dans le bois même des arbres. La *Fourmi noir cendré* et la *Fourmi mineuse* sont maçonnes. Ces deux espèces se trouvent souvent réduites en esclavage par deux autres espèces, la *Fourmi roussâtre* et la *Fourmi sanguine*, ordinairement désignées sous le nom d'*amazones*. Les amazones attaquent les nids des mineuses et des noir cendré, enlèvent les larves d'ouvrières et les emportent dans leurs propres habitations. Incapables de travaux paisibles, elles se procurent ainsi des serviteurs qui travaillent pour elles, qui élèvent leurs petits et qui leur fournissent des vivres. Il est vrai, d'un autre côté, que, par le droit même du travail, ce sont les noir cendré, dans les fourmilières mixtes, qui possèdent toute l'autorité. Elles tiennent les amazones sous leur dépendance et ne se gênent point pour les frapper. Les partisans de l'esclavage ont quelquefois cité l'exemple des fourmis. On voit que la situation des captifs, chez les fourmis amazones, a très-peu de points communs avec celle qu'avaient jadis les nègres dans les colonies. Un esclavage plus réel serait celui des pucerons, que les fourmis enferment dans les profondeurs de leurs habitations, afin de pouvoir sucer à loisir la matière sucrée qu'ils sécrètent. Certaines espèces plus généreuses laissent les pucerons sur les arbustes où ils vivent. Ces fourmis nous représentent les anciens peuples pasteurs.

Non moins admirables que ceux des abeilles, les travaux des fourmis sont loin d'avoir à nos yeux le même intérêt. Ces insectes travaillent pour eux et non pour nous; ils ne nous donnent ni cire ni miel; ils attaquent nos fruits et nos provisions et souillent par leur présence ce qu'ils ne peuvent emporter. Dans les régions tropicales, en particulier, on peut les ranger au nombre des espèces véritablement nuisibles. Leurs nids, à la Guyane, ont jusqu'à sept mètres d'élévation au-dessus du sol, et l'on est parfois obligé d'employer le canon pour les renverser. Dans ce même pays, et, peut-être, comme compensation, se trouve une espèce bien singulière, la *Fourmi de visite,* qui, chaque année, entreprend des migrations vers les endroits habités. Aussitôt que les colons aperçoivent l'avant-garde, ils s'empressent d'ouvrir les portes de leurs maisons. Les fourmis parcourent toutes les pièces, tous les meubles, toutes les armoires; elles exterminent les kakerlacs, les souris, les rats, en résumé, tous les animaux incommodes, et disparaissent ensuite pour continuer leur voyage d'exploration.

CHAPITRE X

INSECTES; SUITE DES PRINCIPALES ESPÈCES. LÉPIDOPTÈRES ET DIPTÈRES.

Les LÉPIDOPTÈRES possèdent, comme nous l'avons déjà vu, quatre ailes semblables entre elles, pareillement propres au vol, et recouvertes, sur leurs deux faces, de fines écailles colorées qui s'enlèvent au moindre contact. La bouche est en forme de trompe chez l'insecte parfait et conformée exclusivement pour la succion. Les métamorphoses sont complètes. Les larves ou *chenilles* sont toujours pourvues de cinq à huit paires de pattes. Armées de mâchoires et de mandibules puissantes, elles dévorent les feuilles, les bourgeons, les fruits des végétaux; quelques-unes même s'attaquent à nos vêtements et à nos fourrures. La plupart sécrètent une matière soyeuse, qu'elles étirent en la faisant passer par une filière pratiquée dans leur lèvre inférieure. Elles se servent de cette soie pour fabriquer un cocon hermétiquement fermé, ou bien pour lier les brins de bois et les feuilles dont se compose le fourreau destiné à la chrysalide. Celles qui restent nues pendant la période de transition emploient leurs fils pour se suspendre. Les chrysalides sont toujours emmaillottées comme des sortes de momies, au moyen d'une membrane assez dure, dans laquelle, cependant, on distingue encore les formes extérieures de l'insecte.

Les *Lépidoptères* se partagent en trois familles non moins distinctes par les mœurs que par la conformation : les *Diurnes*, les *Crépusculaires* et les *Nocturnes*.

Les Lépidoptères Diurnes sont reconnaissables à leurs

ailes élevées perpendiculairement pendant le repos. Ils ne volent que le jour. Leurs couleurs sont en général brillantes, et, le plus souvent, leurs chrysalides sont nues et fixées par l'extrémité postérieure du corps. Nous citerons, parmi les Diurnes indigènes : le *Vulcain*, le *Paon de jour*, la *grande Tortue*, la *petite Tortue*, le *Porte-queue*, l'*Apollon*, l'*Aurore*, le *Papillon du chou*.

Les Lépidoptères Crépusculaires ne volent pas tous le soir, comme leur nom semblerait l'indiquer; plusieurs espèces sont diurnes. Cependant, tous ces papillons portent les ailes étendues horizontalement pendant le repos, ce qui les distingue suffisamment des Diurnes. Ils produisent en volant un bourdonnement intense. Leurs chrysalides sont ordinairement enfermées dans une coque ou cachées dans le sol. Les espèces les plus répandues sont : le *Sphinx du tithymale*, le *Sphinx de la vigne*, le *Sphinx à tête de mort*. Ce dernier est très-friand de miel et commet de grands dégâts dans les ruches. Sa chenille vit sur la pomme de terre.

Les Lépidoptères Nocturnes ne volent que la nuit, ou bien le soir, après le coucher du soleil. Plusieurs sont dépourvus de trompe; plusieurs aussi n'ont point d'ailes. Lorsque les ailes existent, elles sont maintenues horizontalement pendant le repos, quelquefois même roulées autour du corps; leur couleur est habituellement terne. Les chrysalides sont d'ordinaire enfermées dans une coque.

Ce groupe est extrêmement nombreux, Parmi les espèces nuisibles, on peut citer les *Hépiales*, les *Cossus*, les *Bombyx*, les *Pyrales*, les *Phalènes*, les *Alucites*, les *Galleries*, les *Teignes*. Nous ne parlerons ici que des teignes, les détails relatifs aux autres espèces se trouvant compris dans le programme du cours de quatrième année. Comme espèces utiles, on ne mentionne guère que les différents *Bombyx* qui fournissent la soie, et particulièrement le *Bombyx du mûrier*.

Les *Teignes* ne sont nuisibles qu'à l'état de larves. Elles deviennent alors de véritables fléaux pour toutes les matières composées de laine, de poil, de crin, de corne, d'écaille, de peau, de plume, ainsi que pour les collections d'histoire naturelle.

Fig. 72. — Teigne tapissière très-grossie.

En général, elles aiment l'obscurité et le repos, de sorte que le meilleur procédé pour s'opposer à leurs ravages est de battre et de secouer souvent et d'exposer à une vive lumière, à des températures dont les degrés varient brusquement, toutes les substances que l'on veut préserver ou débarrasser. Il est souvent fort difficile de reconnaître la présence de ces animaux, quelque attentivement qu'on examine les étoffes qu'ils ont envahies; car tantôt l'insecte s'y creuse une galerie couverte, en laissant les poils du drap en dehors; tantôt le fourreau même dans lequel la larve se retire est recouvert en dehors des débris colorés de ces mêmes étoffes, dont il ne diffère aucunement à la première inspection.

On peut citer parmi les nombreuses espèces de teignes :

1° La *Teigne pelletière*, qui attaque et coupe les pelleteries et les plumes; 2° la *Teigne tapissière*, dont la larve ronge les étoffes de laine pour se creuser des galeries dans leur épaisseur; 3° la *Teigne du blé*, qui attaque les céréales. « C'est aux grains de nos greniers qu'en veut cette chenille, dit Réaumur, et surtout au froment et au seigle; elle lie plusieurs graines ensemble avec des filets de soie qu'elle attache contre les grains assujettis; dans l'espace qui est entre ces grains, elle se file un tuyau de soie blanche; logée dans ce tuyau, elle en sort en partie pour ronger les grains qui sont autour d'elle. La précaution qu'elle a eue d'en lier plusieurs ensemble fait qu'elle n'a pas à craindre que le grain que ses dents attaquent s'échappe, qu'il glisse, qu'il tombe, qu'il roule; s'il se fait quelques mouvements dans le tas de blé, si beaucoup de grains roulent, elle roule avec ceux dont elle a besoin: elle en trouve toujours également à portée ; c'est en mai et en juin que ces teignes sortent de leurs chrysalides. »

Le *Ver à soie* est la chenille du *Bombyx du mûrier*, papillon nocturne, dont les ailes sont blanches avec quelques

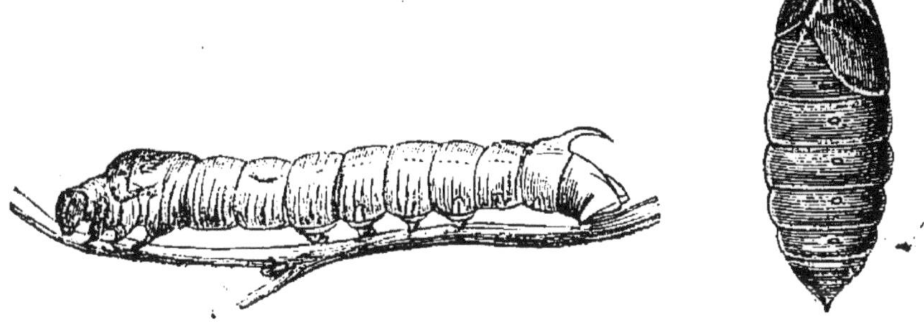

Fig. 73 et 74. — Chenille et chrysalide du Bombyx du mûrier.

raies noires, le corps velu et comme fourré de blanc, les antennes en forme de palmes lamelleuses. La chenille est d'abord un petit ver noir de 6 à 7 millimètres; mais, à la fin de son développement, elle atteint jusqu'à 90 millimètres

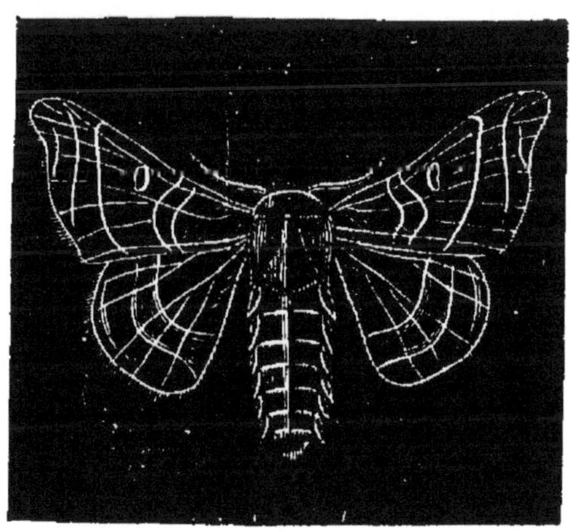

Fig. 75. — Bombyx du mûrier.

de longueur. Sa peau, à peu près dépourvue de poils, est d'un gris plombé assez clair, avec des marques noires sur la face dorsale. Les pattes sont au nombre de seize.

La tête est écailleuse et munie de mâchoires. Les glandes qui sécrètent la matière de la soie sont situées à l'intérieur du corps, des deux côtés de la ligne médiane. Elles communiquent avec un tubercule de la lèvre inférieure par deux conduits très-effilés. La matière soyeuse sort liquide des deux glandes, s'étire dans les conduits et se sèche à l'air, à mesure qu'elle s'échappe par les petits orifices dont est percé le tubercule. Les fils les plus fins qu'on emploie dans l'industrie sont formés par la réunion de trois ou quatre fils naturels. La chenille se sert du fil tantôt jaune, tantôt blanc qu'elle a produit, pour former un cocon ovale, parfaitement clos, dans lequel elle s'enferme durant sa dernière métamorphose, et d'où elle sort, sous forme de papillon, après avoir dissous, au moyen d'un liquide particulier, la gomme qui agglutinait les fils et les empêchait de s'écarter.

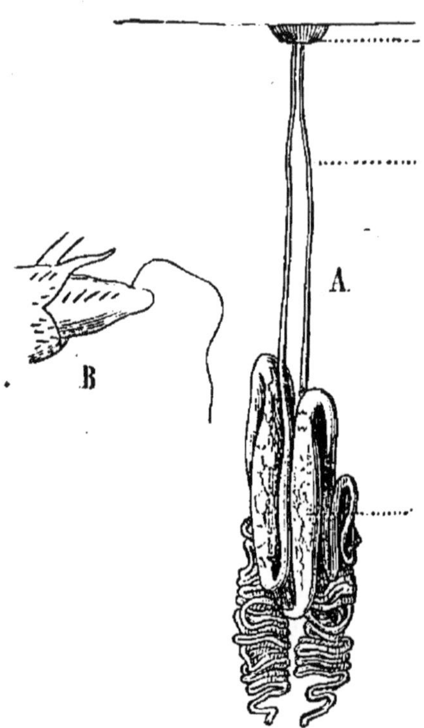

Fig. 76. — Appareil sécréteur de la soie [1].

L'éducation des vers à soie constitue pour nos départements méridionaux une des industries les plus importantes. Elle se fait en général dans des établissements spéciaux, nommés *magnaneries* [2], où toutes les opérations sont ré-

1. — Fig. 76. — A, organes sécréteurs de la matière soyeuse dans la chenille du *Bombyx du mûrier*. — *a*, partie postérieure de la tête. — *b*, conduit afférent de la matière soyeuse. — *c*, réservoir de la matière soyeuse et glande de la soie. — B, mamelon de la lèvre inférieure dont le sommet donne issue au fil de soie.

2. Magnanerie vient du mot *magnan*, qui sert à désigner le ver à soie dans le Midi.

glées d'après des méthodes vraiment scientifiques, et dont les produits ont toujours une incontestable supériorité. Il est vrai que l'accumulation d'énormes quantités de vers à soie dans un espace resserré a l'inconvénient de rendre les épidémies extrêmement désastreuses ; aussi commence-t-on aujourd'hui à ne plus entreprendre les éducations sur une trop grande échelle. On nomme *éducations sauvages* celles qui sont faites par les petits cultivateurs dans un certain nombre de départements, tels que le Gard, l'Ardèche, la Drôme, la Vaucluse. Ce sont des femmes qui couvent les œufs, préalablement enfermés dans des sachets. Lorsque les vers sont éclos, on les installe dans un coin de la maison ; en même temps, on pourvoit à leur alimentation aux dépens des mûriers plantés dans le voisinage. Cependant, à mesure que les élèves grossissent, ils occupent plus d'espace, et il n'est pas rare de voir les propriétaires obligés de quitter leur habitation et de s'établir au dehors.

Pour se faire une idée de la série d'opérations qui s'exécutent dans une éducation bien réglée, dans une éducation dite *rationnelle,* il est nécessaire de prendre le ver à l'état d'embryon. L'once décimale [1] représente le poids d'environ 44,000 œufs. Une magnanerie ordinaire emploie généralement dix onces de ces œufs, tandis que les éducations sauvages ne dépassent guère deux ou trois onces. On s'occupe de l'éclosion lorsque les bourgeons des mûriers commencent à laisser sortir de petites feuilles. Les œufs sont alors soumis à une température de 20 à 25 degrés centigrades, et les vers se montrent du cinquième au sixième jour. La durée de l'éducation est de trente jours ; on pourrait abréger ce terme en élevant la température et en multipliant les repas; mais l'expérience a montré que cette méthode ne serait pas avantageuse. Pendant leur courte existence, les vers *muent*, c'est-à-dire changent de peau plusieurs fois. On compte généralement quatre mues, et

1. L'once décimale est de 31 grammes 25 centigrammes. On emploie souvent dans le Midi une once de convention qui n'est que de 25 grammes.

l'on appelle *âge* la période de temps qui s'écoule d'une mue à l'autre. A chaque âge, on remarque un moment où l'appétit des vers semble insatiable ; c'est ce qu'on appelle la *frèze*. La consommation totale des vers issus d'une once de graine s'élève à peu près à 1,000 kilogrammes de feuilles. Lorsque les vers sont parvenus à leur maturité, ils quittent les filets garnis de feuilles sur lesquels on les tenait, passent sur des faisceaux de branchages mis d'avance à leur portée, et commencent à filer. Ce travail dure trois jours; on peut ensuite détacher les cocons. On obtient par once de graine depuis 50 jusqu'à 75 kilogrammes de cocons.

Lorsque la récolte est terminée, on met de côté les cocons les plus beaux. De ces cocons sortent, au bout de quinze à vingt jours, des papillons que l'on fait pondre et dont on conserve les œufs comme graine jusqu'à la saison suivante. Un kilogramme de cocons donne environ 50 grammes d'œufs. Quant aux cocons destinés à la filature, ils sont exposés à l'action de la vapeur, et les chrysalides se trouvent ainsi étouffées. Cette opération est indispensable; car le papillon ne peut sortir de sa prison qu'en la perçant, et les cocons percés ne peuvent plus être filés en soie grége. Il faut environ 12 kilogrammes de cocons pesés frais, ou 3 kilogrammes de cocons parfaitement secs pour confectionner un kilogramme de soie.

L'éducation des vers à soie ne peut être entreprise que dans les régions où le mûrier prospère. Or, la culture régulière de cet arbre ne dépasse point la zone de la vigne, et, par conséquent, un grand nombre de pays se trouvent privés d'une industrie extrêmement lucrative. On a tenté de nourrir les vers avec d'autres feuilles que celles du mûrier. Les essais n'ayant que médiocrement réussi, on a entreprs d'acclimater diverses autres espèces de *Bombyx*, en particulier celle de l'*aylanthe*, celle du *chêne* et celle du *ricin*.

Les Diptères n'ont qu'une seule paire d'ailes; la paire qui manque est remplacée généralement par deux appendices mobiles, nommés *balanciers*. La bouche est organisée pour la succion ; tantôt, comme chez les Mouches, elle consiste en une simple trompe charnue et rétractile, dont l'extrémité libre fonctionne à la manière d'une ventouse; tantôt, comme chez les Cousins, il existe une gaine cylindrique, renfermant cinq filets écailleux, dont chacun se termine par une pointe acérée, aplatie comme une lancette. La piqûre faite par des aiguilles aussi fines devrait être presque insensible. Cependant, il se produit presque toujours une inflammation assez vive dans l'endroit qui a été piqué. Cette inflammation résulte de l'introduction dans la plaie d'une liqueur corrosive que l'insecte dégorge par le bout de sa trompe. Il a été question plus haut de l'aiguillon des abeilles. On voit en quoi cette arme diffère de l'appareil perforant que la nature a donné aux cousins et à plusieurs autres diptères.

Les Diptères vivent ordinairement de matières liquides. Plusieurs espèces sucent notre sang ou celui de nos animaux domestiques ; mais un bien plus grand nombre recherchent les matières animales ou végétales à l'état de décomposition, et, sous ce rapport, elles nous rendent de réels services, en détruisant des foyers dangereux d'émanations. Les métamorphoses des Diptères sont, en général, complètes. Les larves sont le plus souvent privées de pattes; à cet état, on les nomme vulgairement *asticots*. Elles naissent et passent les premiers temps de leur vie dans les eaux stagnantes et croupissantes, ou bien au milieu des matières putrides. Beaucoup d'espèces sont ovovipares.

Les Diptères sont presque aussi nombreux que les Coléoptères. On compte, parmi les mouches seulement, plus de vingt mille espèces, la plupart, d'ailleurs, sans aucun intérêt. Nous mentionnerons ici les *Cousins*, les *Taons*, les *Œstres*, les *Mouches*.

Les *Cousins*, bien qu'ils ne dédaignent pas le suc des fleurs, sont particulièrement avides du sang humain. Ils percent la peau avec les soies aiguës de leur suçoir et laissent dans la piqûre une liqueur très-irritante. Ces insectes incommodes pullulent dans toutes les parties du monde, aussi bien dans la Laponie que sous l'équateur. Ils se plaisent parmi les localités marécageuses et en rendent le voisinage inhabitable. On les désigne, dans les pays chauds,

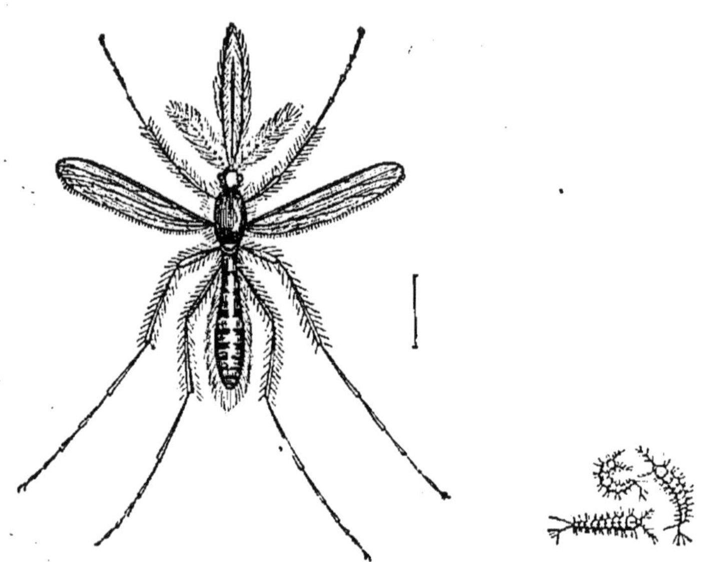

Fig. 77. — Cousin commun. Fig. 78. — Larves de Cousin.

sous le nom de *moustiques* et de *maringouins*. Ils déposent leurs œufs à la surface de l'eau, et leurs larves sont aquatiques.

Les *Taons*, très-communs durant l'été dans les bois et les pâturages, tourmentent les chevaux et les bœufs, et, par leurs piqûres, déterminent quelquefois chez ces animaux une sorte de folie furieuse. Ils attaquent également l'homme. — Les *Œstres*, dénués de tout moyen de perforation, déposent, néanmoins, leurs œufs sur la peau des gros mammifères, et ils choisissent si adroitement la place, que les larves, enlevées par la langue de l'animal, finissent toujours par être introduites dans le canal digestif. C'est là qu'elles se développent, et quand l'époque de la dernière transformation arrive, elles se laissent tomber à terre. L'insecte parfait vit très-peu de temps ; il ne prend aucun aliment, tout occupé qu'il est du soin de distribuer ses œufs.

Le bœuf, le mouton, le cheval, l'âne, le chameau, le renne, ont chacun deux ou trois espèces d'œstres qui leur sont particulières.

Fig. 79 et 80. — Œstre du cheval et sa larve.

Les *Mouches* les plus communes sont : la *Mouche à viande*, la *Mouche dorée*, la *Mouche vivipare*, la *Mouche domestique*. Cette dernière est surtout incommode; elle habite nos appartements, et dépose ses excréments à la surface des lambris et des dorures; souvent même, elle se fixe sur notre peau pour y pomper la transpiration. Elle peut ainsi mettre en contact avec nos tissus des principes délétères qu'elle a recueillis sur les matières en décomposition; il en résulte parfois les accidents les plus graves.

CHAPITRE XI

NOTIONS SUR LES ARACHNIDES, LES CRUSTACÉS, LES ANNÉLIDES ET LES VERS INTESTINAUX.

CLASSE DES ARACHNIDES.

Les ARACHNIDES ont le corps divisé en deux parties distinctes, un *abdomen* et un *céphalothorax;* quatre paires de pattes; point d'ailes ni d'antennes, ni d'yeux composés; quatre paires d'yeux simples; un appareil buccal conformé tantôt comme celui des insectes suceurs, tantôt comme celui des insectes broyeurs ; la respiration trachéenne ou pulmonaire.

Ces animaux, d'après la nature de leur appareil respiratoire, ont été partagés en *Arachnides pulmonaires* et *Arachnides trachéens*. Le premier groupe comprend les *Araignées* et les *Scorpions*; on a placé dans le second les *Faucheurs* et les *Mites*.

I. **Arachnides pulmonaires.** — Les *Araignées* vivent d'insectes. Pour tuer leur proie, elles la percent de leurs mandibules et introduisent dans la plaie un liquide corrosif dont l'action est très-énergique. Une araignée de l'Italie méridionale, la *Tarentule*, a longtemps passé pour produire par sa piqûre un engourdissement qui serait mortel si la danse ne parvenait à le dissiper. La plupart des araignées possèdent un appareil analogue à celui des vers à soie, et fabriquent des fils d'une ténuité bien plus grande encore, car il serait nécessaire d'en réunir plusieurs milliers pour égaler la grosseur d'un cheveu. Les filières sont situées à l'extrémité de l'abdomen ; il en sort une matière visqueuse, qui se solidifie à l'air et dont l'animal réunit un grand nombre de brins. Parmi les Araignées, nous citerons d'abord la *Mygale d'Amérique*, très-grosse espèce qui attaque les petits oiseaux ; la *Mygale maçonne*, commune dans le midi de la France, et qui creuse dans l'argile des puits revêtus intérieurement d'une tapisserie soyeuse ; l'*Argyronète aquatique*, qui habite les eaux dormantes et qui s'y fabrique avec ses fils une sorte de cloche remplie d'air et imperméable à l'eau. Viennent ensuite les *Araignées domestiques*, grandes destructrices d'insectes, par cela même plutôt utiles que nuisibles, mais incommodes à cause de leurs toiles, et d'un aspect hideux. On a essayé plus d'une fois de tirer parti des araignées comme animaux fileurs. La soie qu'elles sécrètent est, en effet, susceptible d'être tissée; mais leurs habitudes carnassières ne permettent pas de les élever en communauté. Les flocons blancs qui courent dans l'air pendant les belles journées du printemps et de l'automne, et que l'on appelle *fils de la Vierge*, proviennent, paraît-il, des toiles disséminées à la surface des champs par une espèce rustique, l'*Épéire*.

Les *Scorpions* ont les palpes des mâchoires très-développés et terminés par des pinces énormes. Leur queue porte un crochet aigu, communiquant avec une glande venimeuse ; les blessures qu'ils font peuvent avoir beaucoup de gravité, surtout dans les pays chauds et pour les animaux de petite taille. Ces arachnides vivent dans les lieux sombres, parmi les pierres, et pénètrent souvent dans les maisons. Ils se nourrissent d'araignées, de cloportes et de toutes sortes d'insectes. On en trouve dans l'Europe méridionale et jusqu'en Gascogne et en Provence. L'espèce la plus dangereuse habite les Indes. On a souvent répété que le scorpion, lorsqu'on le place dans un cercle de charbons ardents, se pique lui-même et se tue. L'expérience n'a jamais confirmé cette assertion ; il paraît même assez bien établi que le venin du scorpion, comme celui des serpents, n'est dangereux ni pour lui-même ni pour les individus de son espèce.

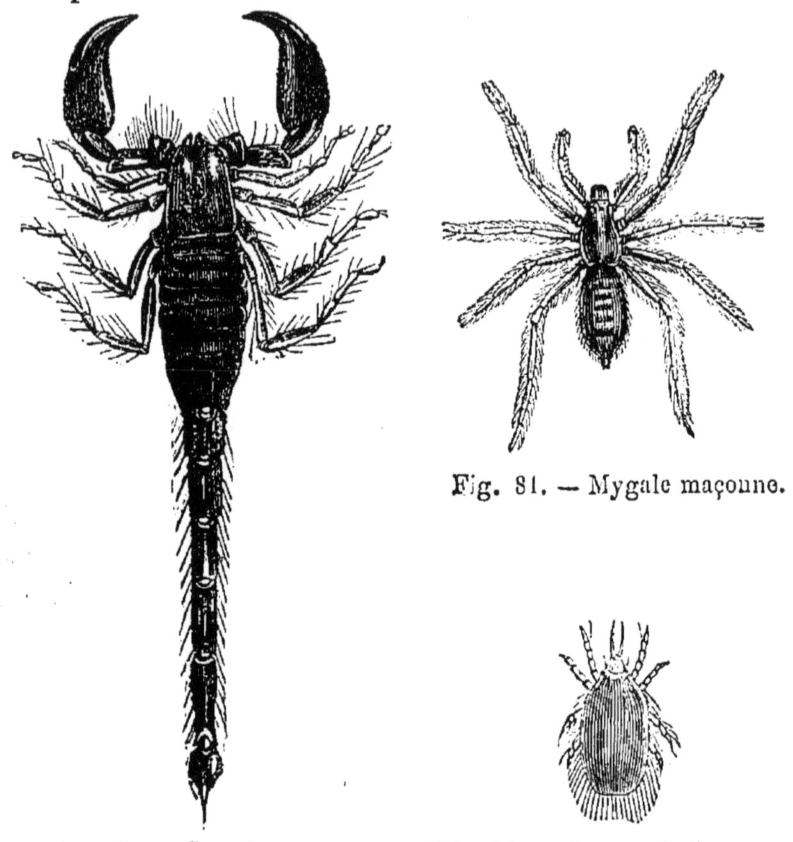

Fig. 81. — Mygale maçonne.

Fig. 82. — Scorpion.

Fig. 83. — Acarus du fromage.

II. **Arachnides trachéens.** — Les *Faucheurs*, remarquables par leur agilité et par la longueur démesurée de leurs pattes, sont communs dans les champs et les habitations; ils détruisent beaucoup d'insectes. — On réunit sous le nom de *Mites* un grand nombre de petites espèces, dont beaucoup sont microscopiques; plusieurs vivent sous les pierres, les feuilles, les écorces; d'autres se tiennent dans les provisions de bouche, telles que la farine, le fromage, ou bien sur des matières animales en décomposition; d'autres, enfin, s'établissent en parasites sur le corps de divers animaux. L'*Ixode ricin* ou *Tique* se fixe sur les chiens, les chevaux, les bœufs; il adhère avec une telle ténacité qu'on ne peut l'enlever qu'en arrachant la portion de peau sur laquelle il est comme incrusté. Le *Lepte automnal* ou *Rouget*, très-abondant, en automne, dans la campagne, se glisse sous les vêtements, se cramponne à la peau et provoque d'insupportables démangeaisons. Le *Sarcopte de la gale* appartient au même groupe. Certaines mites attaquent les végétaux en plein développement; nous citerons le *Gamase tisserand*, petite espèce rougeâtre, qui couvre de fils très-fins et croisés en tous sens les feuilles des arbres et surtout celles du tilleul.

CLASSE DES CRUSTACÉS.

Les CRUSTACÉS doivent leur nom à la nature calcaire de leur enveloppe épidermique. Ils ont une respiration aquatique, s'effectuant par des branchies. Leur sang, incolore ou légèrement bleuâtre, circule dans un appareil plus com-

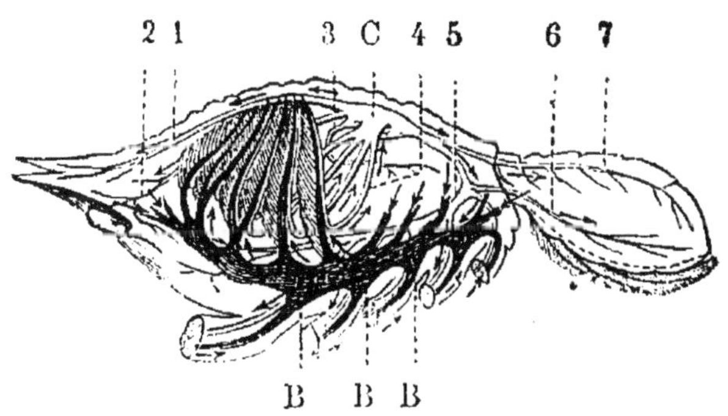

Fig. 84. — Circulation chez l'écrevisse [1].

plet que celui des insectes et des arachnides. La bouche est assez compliquée; on y distingue généralement plusieurs

1. Fig. 84. — Circulation chez l'écrevisse. — C, cœur. — 1, artère de l'œil. — 2, artère de l'antenne. — 3, artère du foie. — 4, vaisseaux ramenant le sang des branchies au cœur. — 5, 6, 7, artères conduisant le sang dans le thorax et dans l'abdomen. — BBB, canal commun qui distribue le sang veineux aux branchies.

paires de mâchoires, dont quelques-unes représentent des membres plus ou moins modifiés. Chez un certain nombre d'espèces, la bouche est organisée pour la succion. Le conduit intestinal est un tube droit, précédé d'un estomac garni de plaques dures, propres à broyer les aliments. Le foie est volumineux et de couleur jaunâtre. Les membres sont au nombre de dix ou douze, et l'abdomen porte souvent plusieurs paires de pattes supplémentaires. Les yeux sont tantôt simples, tantôt composés, tantôt immobiles, tantôt fixés à l'extrémité d'un pédicule. On compte quatre antennes, dont deux quelquefois très-allongées. Presque tous les crustacés sont aquatiques, et ceux qui habitent la terre ont toujours besoin d'une certaine humidité pour que leurs branchies puissent continuer à remplir leur office. Tous sont ovipares; les femelles, après avoir pondu leurs œufs, les gardent pendant quelque temps suspendus sous leur abdomen. Les petits subissent des métamorphoses. Chez les adultes, il se produit, de temps à autre, des mues pendant lesquelles la carapace est renouvelée.

On divise les Crustacés en plusieurs groupes ; le seul important pour nous est celui des *Crustacés broyeurs*, ainsi nommés parce que leur bouche est disposée pour broyer les aliments. Ce groupe renferme une foule d'espèces comestibles, telles que les *Crabes*, les *Homards*, les *Langoustes*, les *Écrevisses*, les *Crevettes*, etc. On y range également les *Cloportes*, si communs dans les parties humides des habitations.

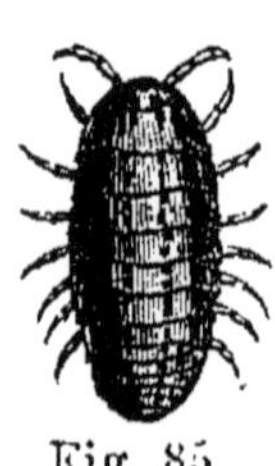

Fig. 85. Cloporte.

Les *Crabes* ont l'abdomen très-court et replié sous le corps; ils abondent sur nos côtes et se partagent en un grand nombre d'espèces, parmi lesquelles nous citerons: l'*Étrille commune*, brune, toute velue et marquée sur les pattes de raies bleues qui disparaissent à la cuisson; le *Crabe vulgaire* ou *Crabe enragé*, d'un gris verdâtre; le *Poupard* ou *Tourteau*, large, roussâtre, et qui atteint parfois une assez grande taille ; le *Lithode maia*, ou *Araignée de mer*, dont les pattes sont velues et dont la carapace est comme hérissée d'épines. — Le *Pagure* ou *Bernard-l'ermite* a l'abdomen dépourvu de carapace, et, pour protéger la partie postérieure de son corps, il la loge dans une coquille vide, qu'il traîne partout avec lui, mais de laquelle il peut sortir à

Fig. 86. — Lithode maia.

volonté. — Les *Pinnothères* sont de petits crustacés à corps mou que l'on trouve souvent dans les moules, et dont la présence causerait, d'après certains auteurs, les accidents qui résultent parfois de l'usage de ces mollusques comme aliment.

Les *Langoustes* sont dépourvues de pinces et portent des antennes très-développées. L'espèce commune se tient, pendant l'hiver, dans les profondeurs de l'Océan, et se rapproche du rivage pour pondre, au retour du printemps. Les *Homards* habitent la mer, comme les langoustes, et constituent un mets peut-être plus recherché. Ils se distinguent par la brièveté de leurs antennes et par l'existence de pinces très-puissantes et armées de dents aiguës. L'une des pinces est d'ordinaire beaucoup plus grosse que l'autre. inégalité qui se rencontre très-fréquemment chez les diverses espèces de crustacés.

Les *Écrevisses* habitent les eaux douces, particulièrement les ruisseaux rocailleux et peu profonds. Elles se cachent sous les pierres et dans les trous et n'en sortent guère que pour chercher leur nourriture, qui consiste en

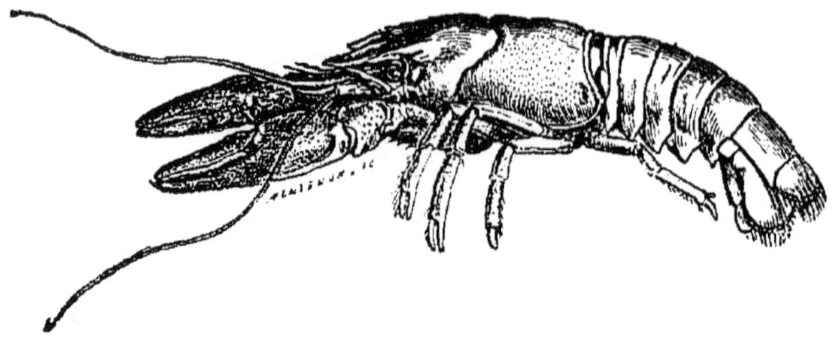

Fig. 87. — Écrevisse.

mollusques, poissons, vers, débris de chair corrompue. Elles sont extrêmement voraces et engloutissent toutes les matières animales qui se trouvent à leur portée. Les pharmaciens employaient autrefois, sous le nom d'*yeux d'écrevisses*, deux petites masses calcaires logées à côté de l'estomac et qui fournissent, au moment de la mue, les matériaux de la nouvelle carapace.

Les *Crevettes*, les *Salicoques*, les *Bouquets* se rencontrent abondamment sur nos côtes. On mange aussi sous le nom de Crevettes les *Crangons*, dont la chair est moins estimée et que l'on reconnaît facilement à ce que leur carapace ne rougit point par la cuisson, comme celle de la plupart des crustacés. — Les eaux des sources nous offrent un grand nombre de petits crustacés, entre autres une espèce longue d'un centimètre environ et qui ressemble beaucoup à la crevette; c'est la *Chevrette des ruisseaux*.

CLASSE DES ANNÉLIDES.

Les ANNÉLIDES ont pour la plupart le sang rouge, une circulation assez compliquée; leur respiration est généralement branchiale, quelquefois cutanée. Certaines espèces portent des *cirrhes*, c'est-à-dire des tubercules charnus, couverts de soies roides, diversement groupées; d'autres sont pourvues de ventouses; d'autres, enfin, sont totalement privées d'organes spéciaux de locomotion.

Les *Annélides tubicoles* habitent ces tubes de substance pierreuse dont se trouvent recouverts presque tous les corps sous-marins; on peut citer les *Serpules* parmi les espèces les plus répandues. Les *Arénicoles* vivent dans le sable du rivage; on les emploie comme appât pour la pêche.

Les *Vers de terre* sont les seuls annélides qui ne soient pas aquatiques. Ils se tiennent dans les sols humides et se nourrissent de détritus animaux et végétaux; dans certains cas, ils paraissent rendre d'importants services à l'agriculture, en criblant de trous et perméabilisant les terres trop argileuses. — Les *Sangsues*, comme les vers de terre, sont depourvues de cirrhes; mais elles portent à chaque extrémité du corps une ventouse qui sert à leurs déplacements. La bouche est située au fond de la ventouse antérieure; elle présente trois petites mâchoires triangulaires qui laissent, en incisant la peau, une plaie en forme d'Y. On distingue plusieurs espèces de sangsues; toutes sont carnassières, et plusieurs sont employées par la médecine, principalement la *sangsue médicinale* et la *sangsue officinale*, l'une et l'autre jadis très-communes dans nos marais, mais qui commencent à disparaître, par suite de l'énorme consommation qui en a été faite depuis un quart de siècle. Cet état de choses nous rendrait tributaires de l'étranger pour des sommes considérables, si l'on n'avait pas imaginé d'élever les sangsues dans des marais artificiels, où elles rencontrent toutes les conditions favorables à leur multiplication. Le département de la Gironde pratique aujourd'hui l'*hirudiculture* sur une très-vaste échelle.

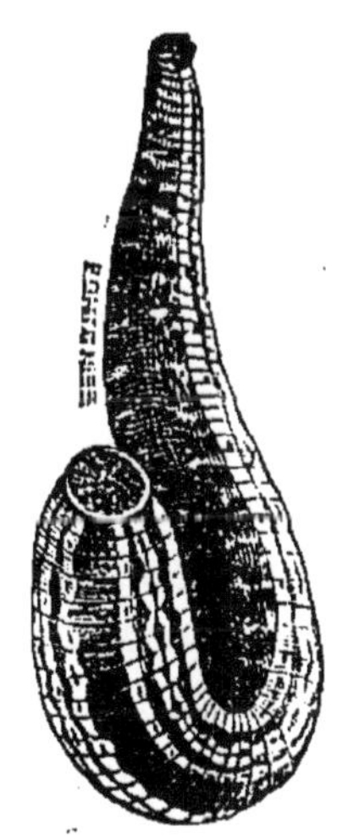

Fig. 88. — Sangsue médicinale.

CLASSE DES VERS INTESTINAUX.

Les Vers intestinaux étaient autrefois classés parmi les Zoophytes, avec lesquels ils ont cependant beaucoup moins de rapport qu'avec les Annelés. Quelques-uns possèdent une existence indépendante ; mais presque toutes les espèces naissent et se développent dans le canal digestif, dans le foie, dans l'encéphale, dans les muscles, soit de l'homme, soit des animaux, Il semble établi, d'ailleurs, que ces êtres jouissent de la faculté de se déplacer à travers les tissus, et qu'en changeant d'habitation, ils se modifient dans leurs formes et leurs caractères extérieurs, en raison du milieu nouveau dans lequel ils sont appelés à vivre. C'est ainsi que les douves du foie ne seraient que la seconde forme des tœnia de l'intestin. Les plus communs sont ceux qui habitent le canal digestif ; ils se nourrissent des sucs sécrétés par les parois de ce canal. Nous citerons les *Ascarides*, les *Trichoçéphales*, les *Oxyures*, les *Tænia* ou *Vers solitaires*. On attribue vulgairement le développement de ces parasites à l'usage de fruits et de légumes *véreux*, mâis les vers contenus dans les fruits et les légumes sont des larves d'insectes et ne sauraient produire autre chose que des insectes. Les *Douves* se montrent dans le foie ; les *Strongles*, dans les reins ; les *Dragonneaux*, sous la peau ; les *Trichines*, dans la substance musculaire ; les *Hydatides*, dans les différents tissus membraneux. Ces derniers parasites ont le corps terminé par une vessie remplie d'eau, et quelquefois la vessie est commune à plusieurs individus. Ce sont eux qui produisent chez le cochon la maladie appelée *ladrerie*. Une espèce appartenant au mêmegroupe, le *Cænure*, se loge dans l'encéphale du mouton et détermine le *tournis*.

CHAPITRE XII

ORGANISATION DES MOLLUSQUES ; EXEMPLES TIRÉS DES CLASSES LES PLUS IMPORTANTES.

Les MOLLUSQUES ne possèdent ni squelette intérieur, comme les Vertébrés, ni squelette extérieur formé par l'endurcissement de la peau, comme un très-grand nombre d'Annelés; c'est ce qu'indique leur nom de *Mollusques* ou animaux mous. La plupart, cependant, sont pourvus d'une coquille qui leur sert d'abri et représente une sorte de squelette. Le système nerveux des Mollusques n'est point centralisé; il se compose de petites masses ganglionaires assez irrégulièrement distribuées.

Il serait difficile de donner pour les différentes fonctions des caractères qui pussent s'appliquer à l'universalité des espèces. Les organes digestifs, circulatoires et respiratoires varient presque à l'infini dans leur position, dans leur forme, dans leur structure. En général, la respiration est aquatique et s'effectue par des branchies situées le plus souvent à l'extérieur ; cependant, chez quelques Mollusques, les limaçons, par exemple, elle est aérienne, et son siége est une cavité intérieure que l'on a comparée aux poumons. Chose singulière, parmi les Mollusques pulmonaires, on compte plusieurs espèces aquatiques. Celles-ci, comme les espèces correspondantes de la classe des Insectes, sont obligées de venir fréquemment à la surface de l'eau pour renouveler leur provision d'air. Les Mollusques sont tous ovipares.

La peau forme autour du corps des Mollusques une enveloppe généralement étendue et comme repliée sur elle-même, à laquelle cette disposition a fait donner le nom de *manteau*. Dans la plupart des espèces, le manteau secrète à sa surface extérieure une coquille calcaire. *Coquille* se dit en latin *testa;* de là vient le nom de *testacés* que l'on applique fréquemment aux Mollusques pourvus de coquille. La coquille est *univalve*, *bivalve*, *multivalve*, suivant qu'elle se compose d'une seule pièce, de deux pièces ou de plusieurs pièces.

En examinant une coquille *bivalve*, celle de l'huître, par exemple, on voit que chaque pièce est formée d'une série de feuillets d'autant plus larges qu'ils sont plus rapprochés de l'animal. C'est que les feuillets extérieurs sont les plus anciens, et, à mesure que l'individu s'accroît, il étend la surface intérieure de sa maison. Dans la coquille du limaçon, qui est *univalve*, l'effet de l'accroissement est d'augmenter le nombre des tours de la spirale. Lorsque la coquille est bivalve, les deux pièces sont maintenues écartées par le jeu même des ligaments qui forment la charnière; c'est par l'action de deux muscles qu'elles s'appliquent hermétiquement l'une contre l'autre. L'orifice unique des coquilles univalves est clos assez généralement par un petit disque mobile, l'*opercule*.

Dans certaines espèces, la coquille est tellement petite qu'elle ne peut être d'aucun usage. Dans d'autres, il n'existe pas de coquille extérieure, mais on trouve en dedans du corps une pièce calcaire analogue à celle qui constitue l'*os de sèche*.

La plupart des mollusques ont la faculté de se déplacer. Un assez grand nombre cependant vivent fixés aux corps submergés, et ils adhèrent à ces corps, tantôt au moyen d'un pied charnu, tantôt par des filaments qui se développent à la surface extérieure de la coquille.

Nous n'entrerons pas dans les détails de la classification des mollusques. Cet embranchement se partage en six classes, dont trois seulement, celle des *Céphalopodes*, celle des *Gastéropodes*, et celle des *Acéphales*, méritent d'arrêter notre attention.

CHAPITRE XII.

CLASSE DES CÉPHALOPODES.

Les **Céphalopodes** ont une tête bien distincte, généralement entourée d'un certain nombre de *tentacules* ou grands bras charnus servant à la locomotion et à la préhension. Ces animaux sont les plus parfaits des mollusques ; ils habitent tous la mer. Nous citerons comme exemples les *Poulpes* et les *Sèches*.

Les *Poulpes* se trouvent en certaine abondance sur nos côtes. A l'aide de leurs huit grands bras garnis de ventouses, ils nagent dans la mer ou rampent parmi les rochers. Ceux que nous voyons habituellement sont de petite taille ; mais, en plein Océan, les navigateurs en ont rencontré, tout dernièrement encore, dont le poids dépassait 2,000 kilogrammes. C'est sans doute quelque poulpe de cette dimension qui a servi de base aux récits merveilleux que débitaient les anciens voyageurs sur le *Kraken*, monstre, suivant eux, dix fois plus énorme que les plus énormes baleines. Les poulpes causent un préjudice réel aux pêcheurs, en détruisant les crustacés. De plus, au moyen de leurs tentacules, ils peuvent, dit-on, enlacer et faire périr les nageurs imprudemment fourvoyés parmi les rochers qu'ils fréquentent. En Grèce, en

Fig. 89. — Poulpe.

Italie, on mange la chair des poulpes, bien qu'elle soit extrêmement coriace.

Les *Sèches*, très-communes dans toutes les mers, sont très-voraces et vivent de poissons et de crustacés. Comme un grand nombre de céphalopodes, elles ont la faculté de projeter autour d'elles une liqueur d'un noir très-intense qui les dissimule aux regards de leurs ennemis. Peut-être les Chinois se servent-ils de cette liqueur pour la fabrication de certaines qualités d'encre. Quoi qu'il en soit, elle est susceptible d'être utilisée. Sur tous nos rivages, le flux rejette coutinuellement des plaques calcaires de forme ovale qui proviennent du corps des sèches. Ces plaques, vendues sous le nom d'*os de sèches* et de *biscuits de mer*, sont employées pour le polissage ; on en donne des fragments aux oiseaux pour qu'ils s'aiguisent le bec. Les pêcheurs amorcent leurs lignes avec la chair des sèches. Dans plusieurs pays, on la mange sans répugnance.

CLASSE DES GASTÉROPODES.

Les **Gastéropodes** rampent à l'aide d'un disque charnu qui garnit la face inférieure du corps et qui présente quelquefois la forme d'une nageoire. Leur tête, toujours apparente au dehors du manteau, porte au-dessus de la bouche des tentacules qui semblent être des organes de sensation. Des yeux se trouvent souvent placés sur ces tentacules.

Fig. 96. — Coquille univalve, ouverte pour montrer à l'intérieur la columelle et les tours de spire.

Un certain nombre de Gastéropodes sont nus; cependant la plupart possèdent une coquille univalve, dans laquelle ils peuvent se loger plus ou moins complétement. La forme de cette coquille varie à l'infini. Quelquefois elle figure un cône droit, mais, plus souvent, elle se recourbe et s'enroule, en décrivant sur elle-même un certain nombre de tours. Elle est *discoïde*, lorsque toute la spirale est contenue dans un plan;

elle est *turbinée,* lorsque les différents tours font une saillie les uns au-dessus des autres. Dans quelques espèces, les tours sont indépendants et non contigus; mais, dans la plupart, ils s'appliquent exactement, de telle sorte que l'axe central est occupé par une sorte de colonne tordue nommée *columelle*.

Les Gastéropodes sont extrêmement nombreux. Presque tous sont aquatiques et vivent soit dans les eaux douces, soit dans les eaux de la mer. Les organes respiratoires sont, chez les uns, des sortes de poumons, chez les autres, des branchies, tantôt intérieures, tantôt extérieures.

Parmi les Gastéropodes pulmonés, les principales espèces sont : les *Hélices*, les *Limaces*, les *Lymnées*, et les *Planorbes*. — Les *Lymnées* et les *Planorbes,* très-petits mollusques, les premiers à coquille conique, les seconds à coquille discoïde, abondent dans les eaux stagnantes, se nourrissent de végétaux aquatiques et servent de pâture aux gros insectes d'eau. — Les *Hélices* ou *Limaçons* se rencontrent dans toutes les régions du globe; on en connaît plus de seize cents espèces. Ils vivent de feuilles et de fruits, et, bien que leur bouche ne soit armée que d'une seule dent, ils causent parfois de grands ravages dans les jardins et les potagers. Les limaçons servent de base à la confection de divers sirops et bouillons que l'on croit utiles pour le traitement des affections de poitrine. Leur usage comme aliment était jadis restreint à certaines localités; mais, aujourd'hui, il s'en fait à Paris même une consommation énorme, et l'on en débite annuellement sur les marchés pour plus d'un million de francs. L'espèce la plus recherchée est l'*Hélice vigneronne,* d'une couleur roussâtre avec des bandes pâles, et qui est commune dans les vignes. — La *Limace,* mollusque nu à peau visqueuse et d'un aspect repoussant, est aussi nuisible que le limaçon, mais elle n'a point la même valeur alimentaire. Les espèces les plus communes sont : la *Limace rouge des bois,* la *Limace des caves,* la *Limace filante*.

Les Gastéropodes à branchies ne nous intéressent guère que par les formes variées et souvent très-bizarres de leurs coquilles. On peut citer les *Toupies*, les *Sabots*, les *Cônes*, les *Porcelaines*, les *Volutes*, les *Casques*, les *Tonnes*, les

Fig. 91. — Porcelaine vivante.

Harpes, les *Carinaires*. Sous le nom de *Cauris*, on emploie comme monnaie, en Afrique et dans l'Inde, une petite

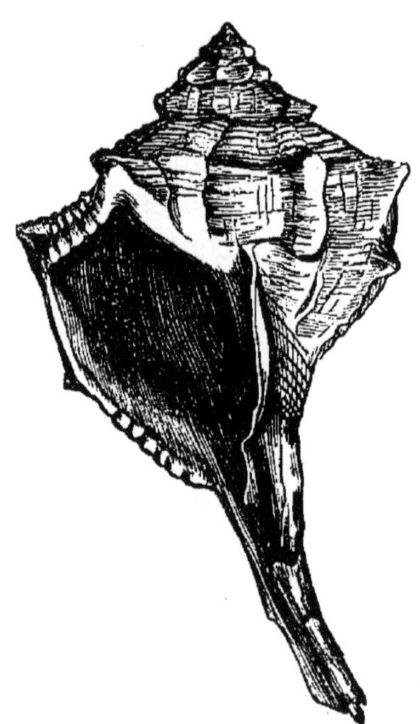

Fig. 92. — Coquille du Murex.

espèce de porcelaine, la *Cypræa moneta*. Certaines coquilles présentent dans leur épaisseur des couches de coloration différente, et sont, par suite, utilisées pour la fabrication de camées grossiers. D'autres, comme les *Haliotides*, revêtues intérieurement d'une couche nacrée à brillants reflets, fournissent une partie de la nacre employée dans l'industrie. D'autres enfin, comme les *Buccins*, les *Janthines*, les *Aplysies* et les *Murex*, produisaient, suivant toute probabilité, la fameuse pourpre tyrienne dont le secret est perdu complétement, bien qu'Aristote et Pline nous aient laissé d'assez grands détails sur l'origine de cette matière tinctoriale et sur les procédés de fabrication.

CLASSE DES ACÉPHALES.

Les Acéphales n'ont point de tête distincte ; leur bouche est toujours cachée au fond du manteau ou dans ses replis ; leurs branchies ont la forme de feuillets striés ; la partie inférieure de leur corps se prolonge ordinairement en une espèce de pied charnu. La coquille se compose

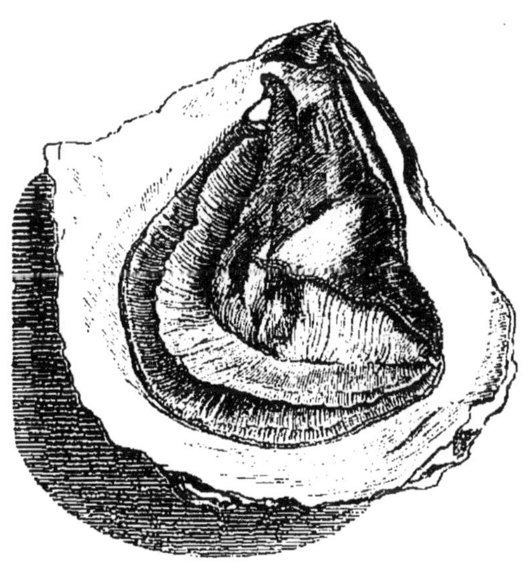

Fig. 93. — Huître comestible.

dedeux valves articulées au moyen d'une charnière. Ces mollusques sont tous aquatiques et la plupart habitent la mer. Beaucoup, comme les huîtres, demeurent immuablement fixés à des rochers ; d'autres se traînent dans la vase ; quelques-uns nagent avec une certaine rapidité. La classe des Acéphales renferme un nombre immense d'espèces. Nous mentionnerons seulement les *Huîtres*, les *Arondes*, les *Moules*, les *Tarets*.

Les *Huîtres* vivent dans la mer, non loin des rivages, et à une profondeur peu considérable. Elles se plaisent particulièrement dans les baies tranquilles ou à l'embouchure des fleuves. On nomme *bancs* les amas, souvent d'une grande étendue, qu'elles forment sur les rochers. Les pêcheurs les en arrachent au moyen d'une drague, et les transportent dans des *parcs*, où elles s'engraissent et acquièrent une saveur délicate. Par certains procédés, on peut leur faire prendre une couleur verdâtre qui est due à la présence d'une multitude d'animalcules microscopiques.

Les *Arondes* ou *Huîtres perlières* sont célèbres par la nacre dont l'intérieur de leur coquille est revêtu et par les perles qu'on y trouve. Ces perles résultent de l'excitation

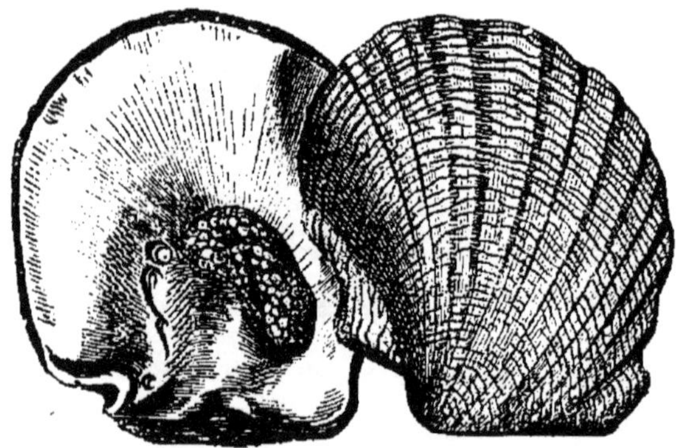

Fig. 94. — Coquille de l'Huître perlière.

que détermine dans l'appareil sécréteur de la nacre la présence de quelque corps étranger, ordinairement celle d'un grain de sable. On a pu obtenir artificiellement la production des perles chez les huîtres perlières, et même chez certaines moules. La pêche des perles se fait principalement sur les côtes de Ceylan; mais on trouve des bancs considérables d'arondes dans le golfe Persique, dans le golfe du Mexique, et dans plusieurs autres localités.

Les *Moules* couvrent les rochers de nos côtes. De leur emploi comme aliment résultent quelquefois des accidents

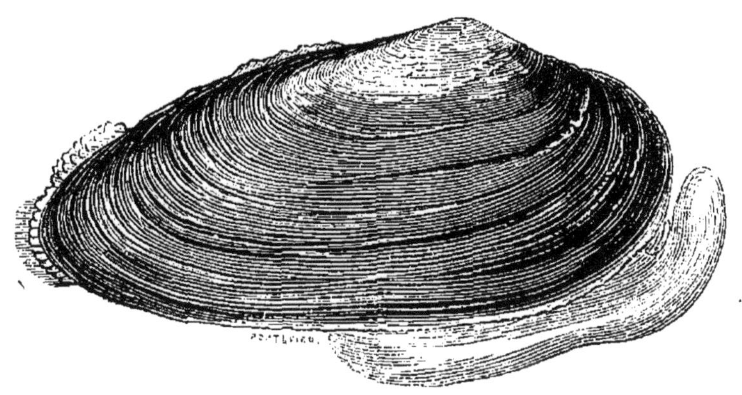

Fig. 95. — Moulette.

graves qui simulent l'empoisonnement, et dont la cause est encore mal expliquée. Certaines espèces habitent les eaux douces, soit celles des étangs, soit celles des fleuves. La *Moulette des peintres*, ainsi nommée parce que sa coquille sert pour délayer les couleurs, présente intérieurement une nacre fort belle, et souvent même des perles.

Les *Tarets* doivent une funeste célébrité aux ravages qu'ils causent dans les bois des navires et des construc-

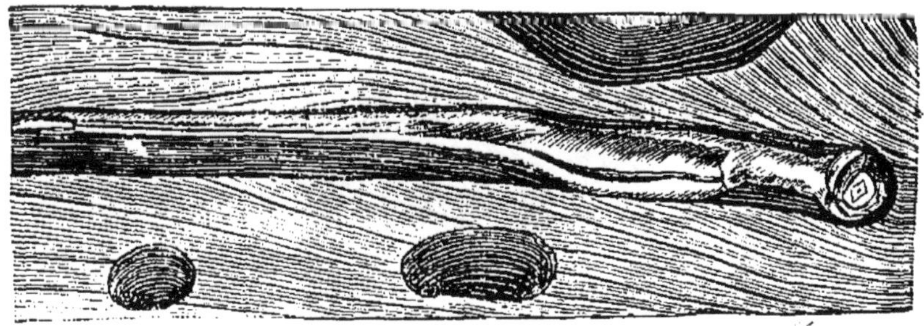

Fig. 96. — Taret dans sa galerie.

tions navales. Déjà plusieurs fois ils ont failli amener la submersion de la Hollande, en perforant les digues qui protégent cette contrée contre la mer. Leur coquille leur sert de tarière pour le percement de leurs galeries.

CHAPITRE XIII

EMBRANCHEMENT DES ZOOPHYTES; NOTIONS SUR QUELQUES ESPECES. — INFUSOIRES.

L'embranchement des Zoophytes comprend des êtres d'une structure généralement très-simple, et dont un grand nombre peuvent être considérés comme des intermédiaires entre le règne animal et le règne végétal. Il serait difficile d'établir, pour les grandes divisions dont se compose l'embranchement des Zoophytes, des caractères communs de la

Fig. 97. — Oursin.

nature de ceux que réunissent les Vertébrés, les Mollusques ou les Annelés. Il ne faut pas oublier que l'on a rejeté dans cet embranchement toutes les espèces dont l'organisation n'avait pas encore été bien étudiée, et toutes celles que l'on ne pouvait placer dans quelqu'un des groupes supérieurs. Il en est résulté une confusion qui disparaît à mesure que l'on connaît mieux les Zoophytes, et l'on a déjà détaché plusieurs groupes pour les faire entrer dans l'embranchement des Annelés.

Les *Oursins* (classe des *Échinodermes*) ont une forme sensiblement arrondie; leur corps est protégé par une enveloppe calcaire qui supporte des piquants. On trouve de ces zoophytes dans toutes les mers, et il en existe un très-grand nombre de variétés. L'*Oursin commun*, du volume d'une grosse pomme, avec des piquants violets, est très-abondant sur nos côtes, et l'on en vend sur les marchés dans plusieurs villes maritimes. Les ovaires sont comestibles; on les mange comme les œufs à la coque. — Les *Astéries* ou *Étoiles de mer* (classe des *Échinodermes*) doivent leur nom à

Fig. 98. — Astérie.

la forme de leur corps, divisé en cinq ou dix rayons. Dans plusieurs espèces, ces rayons se subdivisent à l'infini et figurent une sorte de chevelure embrouillée; de là le nom de *Gorgones*. Ces zoophytes se multiplient parfois à tel point qu'on les emploie pour fumer la terre; ils sont, comme les Oursins, extrêmement voraces, et détruisent d'énormes quantités de mollusques. — Les *Méduses* ou *Ombrelles de mer* (classe des *Acalèphes*) se montrent parées de couleurs brillantes tant qu'elles flottent dans la mer; mais, dès qu'on les a retirées de l'eau, elles ne forment bientôt plus qu'une gelée puante. La plupart, lorsqu'on les touche, produisent par leur contact sur la peau des démangeaisons comparables à celles d'une piqûre d'ortie. C'est pour cela qu'on les désigne parfois sous le nom d'*Orties* de mer.

Les *Polypes* (classe des *Polypes*) doivent leur nom aux nombreux appendices ou tentacules qui entourent leur orifice digestif. Presque tous vivent fixés à des corps étrangers. Ils se reproduisent généralement de deux manières différentes : d'abord par des œufs qui sont expulsés au dehors, puis par des sortes de bourgeons, qui deviennent chacun un animal complet, tout en conservant leur adhérence avec le polype originel. De là résultent les *polypiers*, masses formées d'individus distincts, mais vivant d'une existence collective, soit par la communauté du tube digestif, soit par de simples communications vasculaires. Quelques-uns présentent une structure molle et en quelque sorte gélatineuse; d'autres ont la consistance de membranes; chez la plupart, le tégument s'encroûte d'une matière calcaire. La forme des polypiers varie à l'infini suivant les espèces; mais, dans une même espèce, elle reste constamment la même pour chaque groupe d'individus. La plupart des polypes habitent la mer; on en trouve néanmoins quelques espèces dans les eaux douces. Les polypes calcaires croissent exclusivement dans les mers chaudes; ils s'y développent en telle abondance, qu'ils forment des îles d'une vaste étendue. L'origine bien établie de ces îles et la masse considérable de polypiers fossiles que l'on rencontre au sein des roches calcaires ont fait envisager les produits de ces zoophytes comme formant une partie constituante notable de nos continents, et comme pouvant modifier la configuration de notre globe d'une manière extrêmement rapide et puissante. Si l'on en juge par les résultats constatés depuis moins d'un siècle, on serait autorisé à prévoir dans un avenir peu éloigné la réunion en un seul continent de la plus grande partie des îles actuelles de l'Océanie.

Le *corail* n'est autre chose que l'axe pierreux d'un polype qui croît en abondance dans le golfe Persique, la mer Rouge et diverses parties de la mer Méditerranée, telles que le détroit de Messine, les côtes de la Sardaigne, celles de la Tunisie et de l'Algérie. Cet axe, adhérent aux rochers sous-marins et généralement d'un beau rouge, présente l'aspect d'un arbrisseau de 30 à 50 centimètres de hauteur, sans feuilles ni menues branches. Un unique individu, pareil à celui de la figure 99, est le point de départ et l'origine du polypier représenté dans la figure 100. On voit, sur les

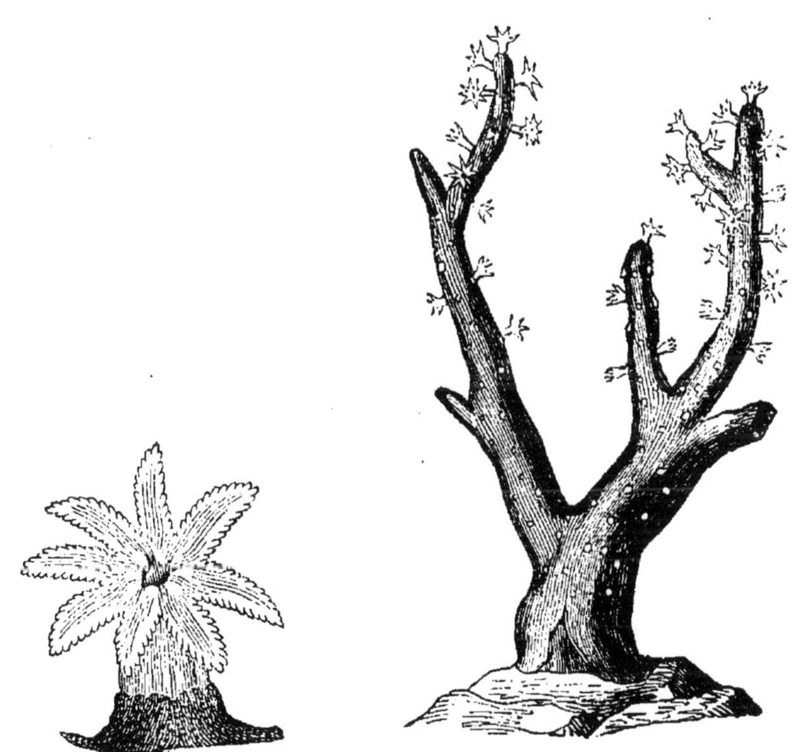

Fig. 99. — Polype isolé du corail. Fig. 100. — Polypier du corail.

branches les plus nouvelles du polypier, de jeunes individus qui donneront naissance en se développant à de nouvelles ramifications. C'est là un mode de développement tout à fait analogue à celui des végétaux. La pêche du corail est une industrie organisée sur les côtes d'Afrique depuis bien des siècles. Jusqu'en 1780, la France en conserva le monopole, et les produits, rapportés par les navires de Marseille, allaient alimenter le travail des nombreuses fabriques établies dans les principales villes de la Provence. A partir de 1780, les corailleurs corses ayant évincé les pêcheurs français, tout le commerce et toute la fabrication du corail se trouvèrent transportés en Italie. Cette précieuse matière, prise par des étrangers sur les côtes françaises, travaillée à Livourne, à Gênes, à Naples, à Palerme, passa à Constantinople, à Alexandrie, et de là en Perse, dans les Indes et jusqu'en Chine.

Les *Éponges* ont une origine analogue à celle du corail. Elles nous représentent le squelette fibreux d'un zoophyte très-inférieur comme organisation au polype corallin. La matière gélatineuse qui forme la substance propre de l'éponge et qui revêt le tissu fibreux que nous connaissons, ne constitue point d'organes distincts et ne jouit que des propriétés les plus obscures de la vie animale. Les éponges se fixent, comme les polypes, aux corps sous-marins. On en

Fig. — 101. — Éponge.

trouve dans toutes les mers; celles de la Méditerranée et particulièrement de l'Archipel sont les plus recherchées. On en apporte beaucoup des îles Bahama et des côtes de la Floride, depuis quelques années; mais elles sont très-inférieures à celles qui viennent de la Turquie ou de la Grèce. La préparation des éponges est très-simple; elle consiste à les laver un très-grand nombre de fois dans de l'eau douce fréquemment renouvelée. On les débarrasse ainsi de leur enveloppe gélatineuse et des corps étrangers intercalés dans leur tissu.

INFUSOIRES.

Lorsque l'on examine, sous l'objectif d'un microscope, une eau dans laquelle ont séjourné pendant un certain temps des matières animales ou végétales, on voit s'agiter dans cette eau des corpuscules de forme et de taille très-varia-

Fig. 102. — Grande Amibe ou Protée diffluent (*Amœba princeps*.

Fig. 103. — Groupe de Monades crépuscules (*Monas crepusculum*).

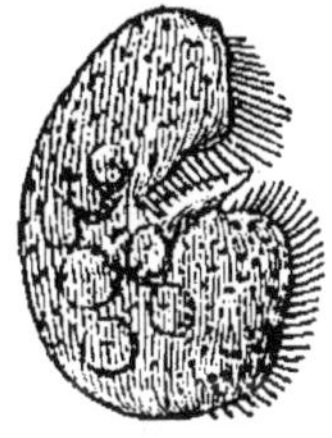

Fig. 104. — Kolpode casque, (*Colpoda cucullus*) 0,02 à 0,04 de mill.)

bles, auxquels on a donné le nom de *Microzoaires* à cause de leur extrême petitesse, et celui d'*Infusoires* à cause de de la nature des liquides où pour la première fois ils ont été observés. Parmi les Infusoires, il en est beaucoup dont la

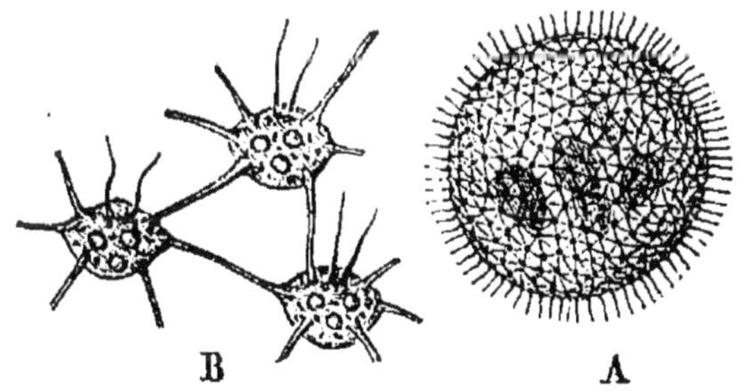

Fig. 105 et 106. — Volvoce tournoyant, *Volvox globator*, globe d'animaux accolés (diamètre 0,08 à 0,10 de millimètre). A, l'ensemble des animaux réunis. — B, trois animaux grossis davantage.

Fig. 107. — Chilodon armet, *Chilodon cucullulus* (0,023 à 0,180 de millimètre).

structure est infiniment simple, qui paraissent formés d'une substance homogène, et chez lesquels il n'existe point d'appareils déterminés pour les différentes fonctions. Ces êtres, dont la forme générale est à peine constante, sont

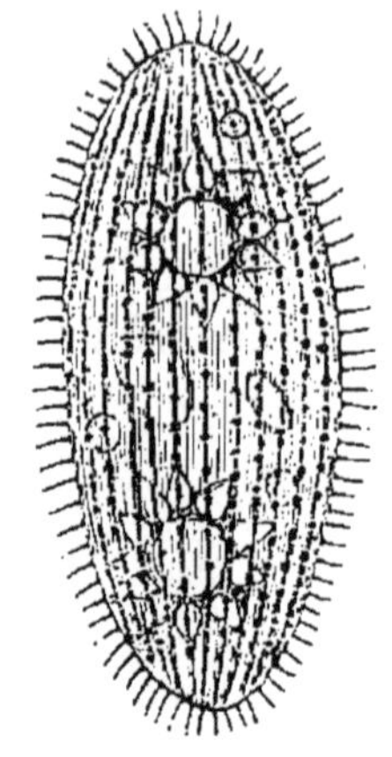

Fig. 108. — Paramécie aurélie, *Paramœcium aurelia* (0,21 à 0,27 de mil.)

Fig. 109. — Lacrymaire changeante, *Lacrymaria proteus* (0,28 de mil.)

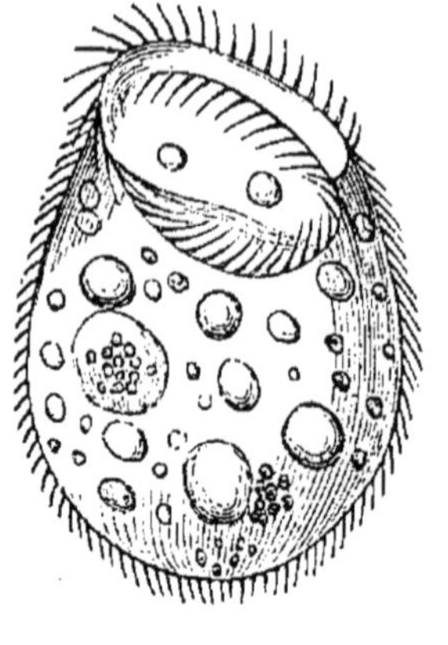

Fig. 110. — Bursaire cloche, *Bursaria vorticella* (0,24 de millimètre.)

assez ordinairement désignés sous le nom d'INFUSOIRES PO-

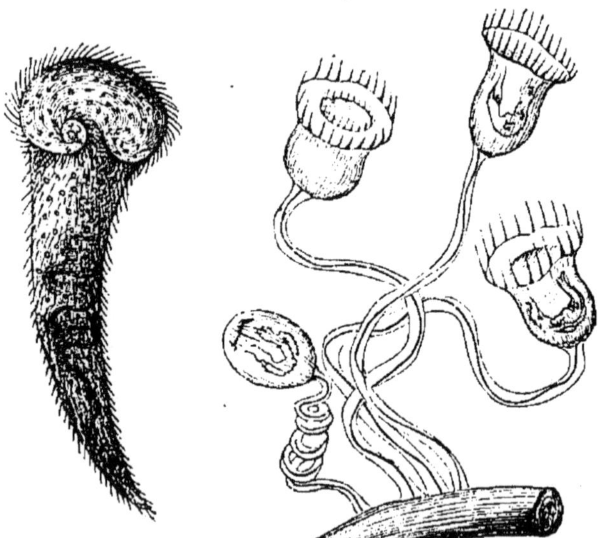

Fig. 111. — Stentor de Rœsel, *Stentor Rœselii* (0,9 à 0,8 de millimètre).

Fig. 112. — Vorticelle clochette, *Vorticella convallaria* (0,9 de millimètre).

Fig. 113. — Nassule élégante, *Nassula elegans* (0,20 de millim).

LYGASTRIQUES, parce que, chez eux, l'absorption digestive

semble s'opérer sur tout point de leur substance mis en contact avec une particule susceptible de servir d'aliment. Nous citerons dans ce groupe, parmi les espèces les plusré-

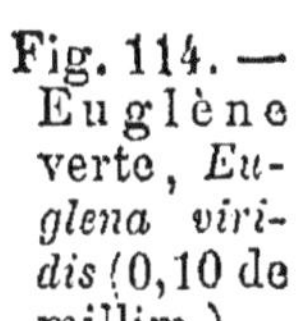

Fig. 114. — Euglène verte, *Euglena viridis* (0,10 de millim.)

Fig. 115. — Enchélyde maillot *Enchelys pupa* (0,06 de millim.)

Fig. 116. — Trichode transparente, *Trichodes pura* (0,03 de m.)

Fig. 117. — Oxytrique bossue, *Oxytricha gibba* (0,10 de millimètre).

pandues et les plus faciles à observer avec des instruments d'une puissance restreinte : les *Vorticelles*, les *Stentors*, les *Paramœcies*, les *Bursaires*, les *Nassules*, les *Kérones*, les *Trichodes*, les *Volvoces*, les *Kolpodes*, les *Euglènes*, les *Enchélydes*, les *Amibes*, les *Monades*. Les figures que nous donnons ici permettront de les reconnaître, soit dans les infusions un peu anciennes, soit dans les eaux croupies où ils abondent.

Un autre groupe d'Infusoires comprend des espèces d'une organisation beaucoup moins simple, bien que leur taille soit souvent aussi exiguë. Ces Infusoires possèdent une bouche, un canal digestif, des cils vibratiles, dont les mouvements très-singuliers ont pour effet d'attirer à portée de l'animal les corpuscules contenus dans l'eau. Ils ont dû à la disposition particulière de ces cils, assez communs du reste chez les Infusoires, le nom de ROTATEURS, et leur supériorité relative d'organisation les a fait placer parmi les Annelés, à la suite des vers intestinaux. Les *Vibrions* et les *Anguillules* de la colle et du vinaigre sont, pour le même motif, rangés aussi dans l'embranchement des Annelés et dans la

Fig. 118. — Rotifère.

classe même des Vers intestinaux, certains détails de structure les rapprochant des animaux de ce groupe. Parmi les Infusoires rotateurs, nous ne pourrions oublier de mentionner les *Rotifères*, célèbres par la faculté qu'ils possèdent de passer des années entières à l'état de dessiccation presque absolue, sans perdre pour cela leurs propriétés vitales. Ces créatures, en apparence si frêles, ont supporté sans périr, dans des expériences devenues célèbres, des températures de plus de 100 degrés.

BOTANIQUE

CHAPITRE XIV

GERMINATION.

Dans le cours de première année, nous avons étudié la structure et la forme des organes chez les végétaux. Relativement aux fonctions mêmes des organes, nous nous sommes contentés de quelques notions indispensables pour faire saisir le caractère spécial de chacune des parties qui devenaient successivement l'objet de nos investigations. Si nous voulons acquérir une idée un peu satisfaisante des conditions de l'existence chez les végétaux, il nous faudra prendre une plante à son origine, la suivre patiemment à travers les différentes phases de son développement, et noter avec soin les divers phénomènes qui se produiront, depuis la première apparition de la vie jusqu'à ce terme commun qui ferme, pour les végétaux comme pour les animaux, le cercle de l'existence individuelle.

Le point de départ le plus ordinaire du végétal est un ovule, c'est-à-dire un petit corps formé au sein de l'ovaire, longtemps avant la fécondation, et qui reçoit, par le contact du pollen, la faculté de produire un individu nouveau. L'ovule, tant qu'il reste enfermé dans la cavité ovarienne, conserve ses communications avec la plante mère ; les vaisseaux qui traversent le placenta et le funicule lui portent les sucs nécessaires à la constitution de ses tissus. Nous trouvons ici un fait analogue à celui qui caractérise le premier développement de l'œuf chez les animaux, et particulièrement chez les mammifères. Il existe, dès le principe, dans l'ovule une force d'appropriation, grâce à laquelle il modifie les éléments reçus du dehors, de manière à créer des produits quelquefois bien différents de ceux qu'on rencontre ailleurs dans les tissus de la plante mère. C'est ainsi que se forme peu à peu la matière grasse dans les graines oléagineuses.

Il arrive un moment où les rapports de l'ovule devenu graine avec la tige se trouvent rompus, soit que la graine se détache seule, l'ovaire demeurant fixé à son pédoncule, soit que l'ovaire lui-même se sépare et tombe. Désormais la graine vivra de sa vie propre ; elle renferme en elle-même la faculté germinative, la faculté de se développer ; elle se développera, lorsqu'elle rencontrera réuni un certain ensemble de conditions favorables ; en attendant, la vie se conserve chez elle à l'état latent. De nombreux faits semblent établir que, lorsque les graines sont placées bien complétement à l'abri des influences extérieures, elles peuvent garder leur faculté germinative presque indéfiniment. Du froment, extrait des pyramides d'Égypte, après six mille ans de séjour, a germé avec autant de vigueur que les semences les plus nouvelles. Mais, d'un autre côté, la faculté germinative ne tarde pas à disparaître, au bout d'un temps plus ou moins long, lorsque les graines restent soumises aux influences extérieures, si ces influences, bien qu'insuffisantes pour produire la germination, suffisent néanmoins pour déterminer certaines modifications intérieures, de nature à changer la constitution des tissus. La fermentation, l'apparition des moisissures, sont les signes ordinaires de cette manifestation intempestive de la vie chez des graines qui ne trouvent pas, d'ailleurs, dans les milieux qui les entourent, l'ensemble des conditions nécessaires à un développement régulier.

La faculté germinative, *dans les circonstances ordinaires,* se conserve plus ou moins longtemps, suivant les espèces ; un mois seulement chez le groseillier, l'olivier, le cerisier et la plupart des arbres fruitiers à noyau; — six mois chez le pommier, le poirier, le mûrier, le noyer, le chêne, le hêtre et la plupart des arbres forestiers; un an chez la plupart des conifères; deux ans chez quelques arbres d'ornement de la famille des Papilionacées, comme le faux-acacia, l'arbre de Judée, etc. On assigne, dans les ouvrages d'horticulture, la durée suivante aux graines des plantes potagères : salsifis, cerfeuil, deux ans; — tomate, oignon, panais, navet, carotte, trois ans; — céleri, haricots, lentilles, betterave, oseille, poireau, quatre ans; — persil, épinard, artichaut, pois, laitue, choux-fleur, cinq ans; — fève, six ans; — radis, sept ans; — chou, melon, asperge, dix ans. Ces chiffres dépassent ce que l'on observe généralement dans la pratique; ils résultent, sans doute, d'expériences faites dans des conditions exceptionnelles.

Il semble, au premier abord, que la plupart des graines doivent peu s'éloigner du lieu de leur naissance; mais, en faisant attention aux formes diverses qui les caractérisent, nous reconnaîtrons, dans le plus grand nombre, que la nature les a souvent destinées pour des voyages de très-long cours. Qui pourrait dire, par exemple, où s'arrêteront ces aigrettes légères qui couronnent les semences de la plupart des fleurs composées? Celles du chardon, du pissenlit, etc., s'élèvent dans les airs avec une telle rapidité qu'elles échappent en peu d'instants à la vue la plus perçante. Qui pourrait suivre de l'œil les semences membraneuses de l'orme voyageant, à l'aide des vents, au milieu d'une atmosphère agitée? Avec quelle facilité les fruits ailés des pins, des érables et des frênes ne sont-ils pas emportés par des tourbillons impétueux! D'autres semences, d'une finesse presque imperceptible, sont continuellement suspendues dans l'atmosphère : celles des mousses, des champignons, des lichens, etc., échappent à nos regards et flottent invisibles dans les airs; elles ne se fixent que dans les lieux favorables à leur germination. Que de fruits, enfermés dans des boîtes ligneuses, voguent longtemps et sans danger, emportés par les torrents, les fleuves, les courants, à des distances très-considérables? C'est ainsi qu'on a vu aborder sur les côtes de la Norwége divers fruits de l'Amérique : les drupes du cocotier, la noix d'acajou, les longues gousses du *mimosa scandens*, et beaucoup d'autres, dans un grand nombre desquels le faculté germinative résiste à toutes les causes habituelles de destruction. N'est-ce pas également pour faciliter la dispersion des semences que la nature a doué certains péricarpes, tels que ceux de la balsamine, de la momordique, de la fraxinelle, etc., d'une détente élastique qui lance au loin les graines qu'ils renferment?

Les animaux contribuent encore très-efficacement à la dispersion des semences. Les uns emportent, accrochés à leur toison, les fruits de la bardane, du gratteron, de la sanicle, de la benoîte, etc., armées de pointes courbées en forme d'hameçons; d'autres, tels que les loirs, les rats, les marmottes, transportent dans leurs demeures souterraines les graines dont ils se nourrissent, et en forment des magasins. Une partie de ces graines, oubliées ou abandonnées, germent, au retour du printemps, dans les lieux où elles n'auraient pu parvenir. Les écureuils, très-friands de la semence des pins, en dérobent les cônes, les déposent sur les hauteurs, en désunissent les écailles et en dispersent les graines. Un grand nombre d'oiseaux se nourrissent de baies; ils en digèrent la pulpe, mais la graine reste intacte. On attribue aux grives et à plusieurs autres oiseaux le transport des semences du gui sur les arbres, seul endroit où elles puissent germer. Beaucoup de semences échappent également à la digestion des quadrupèdes granivores : elles passent, sans altération, de leur estomac dans leurs excréments, et se propagent dans tous les lieux fréquentés par ces animaux. On a vu plusieurs îles se repeupler de muscadiers par l'intermédiaire des oiseaux, après la destruction complète que les Hollandais y avaient faite de ces arbres, pour rendre exclusif leur commerce de la muscade.

D'un autre côté, la fécondité des plantes est telle qu'elle semble se refuser à tout calcul. Selon Dodart, un orme peut fournir, en une seule année, 529 000 graines; Rai en a compté 32 000 sur un pied de pavot, et 36 000 sur un pied de tabac. Si toutes ces semences réussissaient, il ne faudrait que quelques générations et un très-petit nombre d'années pour couvrir de végétaux toute la surface du globe habitable; mais le plus grand nombre se perd faute d'être placé dans les lieux convenables. Les animaux, d'une autre part, en font une très-grande consommation. Tel aussi a été le but de la nature dans cette immense profusion (Poiret).

Pour qu'une graine germe, il est nécessaire qu'elle trouve réunies les trois conditions suivantes : air, chaleur, humidité. L'air doit fournir l'oxygène que les tissus consomment pour leurs modifications intérieures. Un milieu humide donne l'eau; une certaine température est nécessaire pour que les combinaisons chimiques puissent s'effectuer. Supposons ces trois conditions réunies, le travail intérieur commence, les tissus se gonflent, se pénètrent d'eau; un ferment particulier, la *diastase*, réagit sur la matière féculente contenue dans le périsperme ou les cotylédons, transforme cette matière en glucose; le glucose, dissous dans l'eau, circule dans les différentes parties de l'embryon et leur fournit les éléments de leur accroissement. Enfin, les téguments se rompent; la radicule, apparaissant la première, s'enfonce dans le sol suivant la direction de la pesanteur, développe quelques fibrilles et puise, par leur intermédiaire, des sucs nourriciers. La tigelle, de son côté, cherche la lumière avec non moins d'activité. Assez généralement, elle montre d'abord hors de terre sa partie moyenne courbée en arc, la partie supérieure restant engagée dans les débris de la graine avec les cotylédons. Bientôt, elle s'allonge et se redresse. Dans certaines espèces, les cotylédons continuent à rester cachés sous la terre; dans la plupart, au contraire, ils se montrent à la surface et s'amincissent de manière à figurer de véritables feuilles. Ils persistent jusqu'à ce que les progrès de la végétation aient rendu leurs fonctions inutiles par le développement simultané de la gemmule et de la radicule.

La durée de la germination varie suivant les espèces.

Dans de bonnes conditions de température, le cresson alénois, le millet germent en un jour ou deux; il faut trois ou quatre jours pour le froment; quatre ou cinq pour les épinards, les navets, les haricots; cinq ou six pour les laitues: un peu plus pour le melon; neuf jours pour le pourpier; dix pour le chou; quarante ou cinquante pour le persil; un ou deux ans pour le châtaigner, le pêcher, le rosier; deux ans pour le noisetier, l'aubépine.

La graine renferme en elle-même les éléments indispensables à son premier développement. On peut donc faire germer des graines dans l'eau, dans l'air saturé d'humidité, dans le sable mouillé, sur des éponges humides; mais, dans cette situation, le développement de l'embryon s'arrête aussitôt que les matières nutritives contenues dans la graine se trouvent épuisées. Si l'on considère l'énorme différence qui existe, sous le rapport des matériaux accumulés, entre un chêne de belle venue et le gland qui l'a produit, il est facile de comprendre que les plantes tirent du dehors tous les éléments nécessaires à leur développement. Un petit nombre d'espèces, à la vérité, vivent suspendues en l'air, sans contact avec le sol et dans des conditions telles que l'atmosphère seule peut subvenir à leur alimentation; c'est le cas de la majeure partie des plantes dites *parasites*, lesquelles tirent leur nourriture bien plutôt de l'air ambiant que des végétaux sur lesquels elles sont appliquées. Mais, pour la plupart des espèces, le sol est le véritable réservoir d'où sont extraits, par la succion des fibrilles radiculaires, les matériaux destinés à l'entretien et à l'accroissement du végétal. Nous examinerons, au chapitre des racines, quelle est la nature de ces matériaux, dans quelles conditions et par quelles voies ils peuvent être absorbés.

Nous ne saurions trop insister sur l'utilité d'étudier par l'expérimentation directe la série des phénomènes qui se produisent dans le cours de la germination. Il faut pour cela choisir des graines d'une certaine dimension, celles du blé, de l'orge, du haricot, par exemple; enterrer ces graines a une faible profondeur, — huit à dix centimètres pour les haricots, cinq centimètres pour le blé, l'orge, l'avoine, un peu moins pour le chou et les autres Crucifères, — dans un vase plein d'une bonne terre végétale et percé d'un trou au fond pour l'écoulement de l'eau. Les graines seront saines, bien mûres, récentes, non éventées; la terre ne sera point trop tassée, et l'air pourra y pénétrer facilement; on arrosera assez fréquemment pour maintenir dans le vase un degré convenable d'humidité; mais on emploiera un arrosoir à pomme percée de trous très-fins, afin de ne point délayer la terre. Si l'on expérimente pendant la mauvaise saison, le vase sera placé dans un appartement de manière à éviter l'action du froid extérieur.

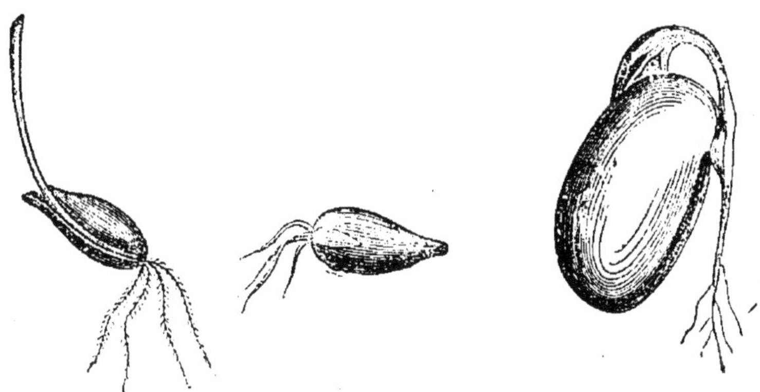

Fig. 119. — Blé germé. Fig. 120. — Haricot germé.

Ayant semé un certain nombre de graines de chaque espèce, on pourra, chaque jour, en déterrer quelques-unes et observer les progrès successifs de la germination. Les faits constatés chaque fois seront consignés soigneusement par écrit, et, à la fin de l'expérimentation, si les observations ont été bien faites, on aura une sorte de procès-verbal des plus intéressants. Nous regrettons que le défaut d'espace ne nous permette point de reproduire ici quelques-uns des résumés qui nous ont été remis par les élèves chargés de suivre ces expériences. Nous rappellerons toutefois qu'il importe, dans cette occasion, de ne négliger aucun détail et de décrire avec le plus grand soin toutes les modifications qui se manifestent successivement dans l'état des graines. Un des principaux avantages qui recommandent l'étude des sciences naturelles est précisément le développement de l'esprit d'observation.

Les procédés que nous venons d'indiquer pour l'ensemencement des graines destinées à l'expérimentation ne sauraient être évidemment ceux qu'emploie la grande culture. Cependant, quelle que soit l'étendue de l'exploitation, les graines ne sont jamais confiées à la terre sans qu'on ait assuré, dans les limites du possible, leur développement à venir. On a eu soin, au préalable, de donner au sol un ou plusieurs labours, dont l'effet est de le diviser, de l'ameublir, de le rendre perméable à l'air et à l'eau; au moyen du hersage, on a complété l'action du labour, on a comblé les excavations, on a réduit en fragments les tranches soulevées par la charrue; en même temps, le sol a reçu, sous forme d'engrais, une masse d'éléments nutritifs en rapport avec les besoins de la végétation future. Reste l'opération même de l'ensemencement, qui se fait soit par la main d'un ouvrier exercé, soit par l'intermédiaire d'une machine, et, dans l'un et l'autre cas, les graines sont distribuées avec une régularité parfaite, dans les conditions les plus convenables d'espacement et de profondeur. Après le travail de l'homme commence celui de la nature. Supposons que les saisons se soient succédé en amenant les changements habituels de température et les alternatives prévues d'humidité et de sécheresse, il deviendra presque certain que les graines germeront, et nous savons d'avance que le sol fournira les matériaux nécessaires à la subsistance des plantes issues de ces graines.

Dans la petite culture, on entoure de soins plus minutieux la première période de la végétation. En général, les graines ne sont point semées tout d'abord dans l'endroit que leurs produits devront plus tard occuper. On prépare pour recevoir les espèces communes des *planches* bien meubles et bien nettes, dont la terre a été amenée au point d'engraissement le plus favorable. Les espèces dont on veut hâter la végétation ou qui proviennent de climats méridionaux sont semées sur des couches chaudes, et souvent même recouvertes de châssis vitrés, destinés à concentrer la chaleur engendrée par le fumier. Quant à l'opération même de l'ensemencement, tantôt on jette à la volée les graines sur le sol et on les recouvre d'une fine couche de terreau bien consommé; tantôt on les répand dans des sillons pratiqués à l'avance et que l'on recouvre également de terreau. En règle générale, les graines sont d'autant moins recouvertes qu'elles sont plus fines et que la terre est plus consistante. Certaines graines, comme les haricots, sont semées dans de petites fosses disposées en ligne et régulièrement espacées. Les arbres fruitiers et forestiers se sèment par graines isolées, sur lignes et à distance.

Les graines une fois confiées à la terre, l'intervention de l'horticulteur est bien loin de se trouver pour cela terminée. Il lui faut d'abord, par des arrosements très-légers, provoquer le travail de la germination, et, quand les premières feuilles paraissent, des arrosements un peu plus copieux, des *mouillages*, fournissent l'eau indispensable à la formation de la séve; ces arrosements font périr, en même temps, les petits insectes qui s'attaquent aux organes si délicats des jeunes végétaux. Il devient ensuite nécessaire, dans bien des circonstances, de *repiquer les plants*, c'est-à-dire, de les enlever avec précaution de l emplacement sur lequel ils avaient été semés et de les installer sur un terrain où ils trouveront plus d'espace et des conditions générales mieux appropriées à leurs nouveaux besoins. On fait, pour certaines espèces, plusieurs repiquages, successifs avant d'arriver à une dernière transplantation. C'est par des soins analogues, continués sans relâche jusqu'à l'époque de la récolte, que les horticulteurs ont donné à nos différents légumes les qualités qui les rendent si complétement différents des individus des mêmes espèces abandonnés à eux-mêmes et revenus à l'état sauvage. Pour le moment, nous devons nous borner à faire connaître ce qui se rapporte à la première période de l'existence des végétaux cultivés.

CHAPITRE XV

RAPPORTS DE LA PLANTE AVEC LE SOL.

La terre rend un double service aux plantes : 1° elle les aide à se soutenir dans l'air, en donnant un point d'appui à leurs racines ; 2° elle leur fournit la plus grande partie des éléments nécessaires à leur alimentation. Ces éléments sont absorbés par les racines, et l'expérience a démontré que les matières naturellement liquides et celles qui se dissolvent dans les liquides que le sol renferme pouvaient seules être ainsi introduites dans l'organisation des végétaux. A quelque état de division que l'on réduise les corps solides non solubles, les racines se refusent à leur absorption.

La diversité que l'on observe relativement à la nature et à la proportion des éléments solubles fournis aux racines résulte de la diversité même de la composition du sol ; or, cette composition varie suivant la nature du *sous-sol*, c'est-à-dire, de l'assise minérale aux dépens de laquelle le sol s'est immédiatement formé, et suivant la nature des éléments étrangers que la culture ou le développement spontané de la végétation a pu ajouter.

Les principes qui contribuent le plus essentiellement à constituer le sol arable sont l'*argile*, la *silice* à l'état de *sable* plus ou moins pulvérulent, le *carbonate de chaux* ou *calcaire*, et un mélange de débris organiques en décomposition auquel on a donné le nom d'*humus*. Indépendamment de ces quatre substances, on rencontre encore dans le sol une infinité de matières minérales, particulièrement des sels de chaux, de magnésie, de soude, de potasse, des oxydes de fer, de manganèse; mais ces différents éléments s'y montrent bien rarement en proportion considérable.

Suivant que le sable, le calcaire ou l'argile prédomine, on dit que les terres sont *siliceuses*, *calcaires* ou *argileuses;* on dit qu'elles sont *argilo-calcaires*, *argilo-siliceuses*, lorsqu'elles sont formées pour la plus grande partie soit d'argile et de calcaire, soit d'argile et de sable. Les terres les plus fertiles sont celles qui réunissent dans des proportions convenables les quatre éléments précités, et cette heureuse condition se trouve réalisée dans les sols d'*alluvion*, c'est-à-dire dans ceux qu'ont formés les dépôts des fleuves et les inondations. Un sol composé d'un seul élément serait, au contraire, tout à fait impropre à une bonne végétation; il ne saurait fournir aux plantes les matériaux dont elles ont besoin pour constituer leurs tissus.

On appelle *amendements* des matières que les agriculteurs intelligents ajoutent à un sol défectueux, en vue de rendre sa composition plus voisine de celle que l'on considère comme complète, et d'obtenir par là une fécondité plus grande. Les effets des amendements sont souvent mécaniques en même temps que chimiques ; ainsi le sable que l'on ajoute à l'argile contribue à lui donner moins de compacité. La *chaux*, l'*argile*, le *sable*, les *cendres*, les *marnes*, sont les substances que l'on a le plus souvent occasion d'employer, particulièrement les marnes, qui sont un mélange de calcaire avec de l'argile ou du sable en des proportions extrêmement variables. On peut considérer comme un moyen d'amender le sol l'*écobuage*, opération qui consiste à enlever par tranches minces la superficie d'un sol argileux, avec les diverses productions végétales qui s'y rencontrent, et à calciner ces tranches dans des fourneaux construits comme ceux des charbonniers. La cendre qui résulte de cette combustion est ensuite répandue sur le sol; elle y ajoute non-seulement de l'argile très-divisée et des sels minéraux fournis par les plantes calcinées, mais encore des produits azotés analogues à la suie.

Les matières limoneuses tenues en suspension dans les eaux qu'on emploie pour les irrigations forment, en se déposant, un véritable amendement. Maintes localités du midi de la France doivent leur prospérité actuelle à des dépôts de cette nature, que les saignées de la Durance accumulent chaque année sur leur sol primitivement rocailleux.

Admettons un sol d'une bonne constitution naturelle ou judicieusement amélioré par des amendements convenables : un pareil sol sera-t-il réellement prêt pour la culture et ne restera-t-il qu'à en opérer l'ensemencement? L'expérience nous montre qu'il n'en est pas ainsi, sauf peut-être dans ces terres noires, plus précieuses que les placers californiens et qui rendent l'Europe tributaire de la Russie dans les années de disette. Le sol réduit à ses propres forces ne saurait, quelque excellent qu'il soit, suffire aux exigences de nos plantes cultivées; il est impuissant à leur fournir cette nourriture exubérante à laquelle elles doivent toutes leurs propriétés utiles. Si l'on veut obtenir une véritable récolte, il faut, par un travail préalable, diviser, émietter en quelque sorte le sol, afin de le mettre en état de retirer de l'atmosphère la plus grande somme possible d'éléments fécondants; puis, introduire dans ce même sol certaines matières désignées sous le nom d'*engrais*, et qui sont comme des réservoirs où les plantes trouveront au fur et à mesure de leur développement les matériaux qui leur sont nécessaires. Le nombre des substances qui peuvent servir d'engrais est infini. Toutes les matières organiques sont susceptibles d'être employées pour cet usage, leur décomposition lente dans le sol donnant naissance à de l'acide carbonique et à de l'ammoniaque, c'est-à-dire aux deux éléments dont les végétaux ont le plus besoin. Certains engrais fournissent, en outre, des sels minéraux, tels que des nitrates, des phosphates, des carbonates à base de potasse, de soude ou de chaux, particulièrement utiles à diverses cultures; mais, en général, l'ammoniaque est l'élément dont on tient le plus de compte, lorsqu'il s'agit de déterminer la valeur relative des engrais.

Le *drainage* a été imaginé pour l'amélioration des sols à fond argileux. Cette opération consiste à placer de distance en distance, et à une certaine profondeur, des tuyaux de terre cuite, dans lesquels l'eau se rassemble pour être déversée dans un égout collecteur. Elle produit des résultats assurés dans les terrains froids et humides; dans les terrains de nature opposée, elle devient inutile, souvent même nuisible.

Nous avons dit, au commencement de ce chapitre, que l'absorption des principes nutritifs contenus dans le sol s'opérait par l'intermédiaire de la racine. Il nous reste à examiner quelles sont les parties de la racine qui se trouvent plus particulièrement chargées de cette fonction. Il paraît établi aujourd'hui que ce sont les parties les plus nouvelles, celles qui sont encore dans leur période d'accroissement et qui portent très-généralement à leur surface des poils dont le rôle serait peut-être de concourir d'une manière plus ou moins active à l'absorption. Cette manière de voir nous conduit à une conclusion pratique d'une importance considérable, c'est que, pour les végétaux de grande taille, dont les racines s'étendent habituellement fort loin, ce serait en pure perte que l'on appliquerait aux parties voisines du tronc les arrosages et les fumures dont les extrémités radiculaires peuvent seules profiter.

Il existe de grandes différences chez les végétaux au point de vue du degré de division, de la direction et de l'extension des racines. Parmi les Monocotylédones à tige herbacée, un grand nombre ont des racines fibreuses qui se distribuent dans les parties superficielles du sol. Beaucoup de Dicotylédones herbacés ne possèdent, au contraire, qu'un long pivot, qui s'enfonce dans le sol et va puiser dans les couches profondes la nourriture abondante à laquelle il doit son développement. D'autres espèces, telles que les arbres du groupe des Amentacés, présentent de solides racines, largement et profondément ramifiées, dont la fonction n'est pas moins d'assurer la stabilité de la tige que de pourvoir à sa subsistance. Les arbres résineux n'ont que des racines très-faibles relativement à la hauteur souvent très-considérable de leur tronc. Il en est de même des Palmiers et des autres Monocotylédones à haute tige, chez lesquels on ne trouve pas même de racine véritable, et qui ne sont généralement soutenus que par des racines adventives, partant de la base d'un stipe profondément enterré. Ces différences n'ont point échappé à la sagacité des agriculteurs. Lorsqu'il s'agit de faire pousser sur un même terrain deux sortes de plantes sans qu'elles se nuisent, ils sèment une plante à racine pivotante, telle que la luzerne, à côté d'une plante à racine fasciculée, telle que l'avoine. La première enfonce sa racine dans le sol et va chercher sa nourriture à une grande profondeur; la seconde étend ses racines au voisinage de la surface et demande des éléments nutritifs à des couches tout à fait différentes. Lorsque, dans un même champ, différentes cultures doivent se succéder, on fait alterner pareillement les plantes à racines fasciculées et les plantes à racines pivotantes. Dans les travaux de jardinage, on obtient assez facilement dans les plates-bandes d'oignons des récoltes dérobées de radis ou de raves. D'un autre côté, on s'explique par les mêmes raisons le succès des semis de certaines espèces à racines courtes dans des terrains à sol peu profond, où des espèces à long pivot avaient cessé de prospérer aussitôt que l'extrémité active de leur racine était parvenue aux limites de la terre arable.

CHAPITRE XV

RAPPORTS DE LA PLANTE AVEC L'ATMOSPHÈRE.

La plupart des végétaux ont leur tige et les organes dépendant de la tige, c'est-à-dire les branches, les feuilles, les fleurs, plongés dans l'atmosphère. On a dû chercher par l'expérimentation quel était le rôle de l'atmosphère dans la vie des plantes, et l'on a constaté tout d'abord qu'il se produisait d'une manière constante, particulièrement sous l'influence de la lumière, à la surface des feuilles, une évaporation très-considérable, dont le résultat était pour la plante la perte d'une grande quantité de vapeur d'eau. Un soleil, mis en expérimentation, a perdu dans une journée de douze heures, 6 à 700 grammes d'eau ; ce même soleil n'a perdu la nuit que la dizième partie de ce qu'il avait perdu le jour. La surface totale des feuilles représentait environ quatre mètres carrés. Un chou, avec une surface de deux mètres carrés seulement, a perdu en un jour à peu près la même quantité d'eau. Un hectare planté en choux dans les conditions ordinaires d'espacement perdrait par jour 20 à 25 000 kil. d'eau. Nos arbres forestiers portent, lorsqu'ils sont dans leur plein développement, plusieurs millions de feuilles ; l'évaporation quotidienne produite par une forêt telle que la forêt de Fontainebleau représente quelque chose d'incalculable.

Les circonstances qui peuvent faire varier dans une même plante l'évaporation produite par les feuilles sont de diverse nature. L'humidité de l'atmosphère ralentit l'évaporation ; il en est de même du froid et de l'obscurité ; la sécheresse, au contraire, l'active, de même que la lumière et la chaleur, de même que l'agitation de l'air ambiant. Le végétal tire du sol par ses racines tous les éléments liquides qui doivent remplacer dans ses tissus l'eau soustraite par l'évaporation. On conçoit sans peine les résultats désastreux qui se produisent lorsqu'un vent brûlant, par un clair soleil, surexcite la faculté exhalante chez de jeunes plantes dont les racines ne sont pas encore très-étendues, ou bien chez des végétaux récemment déplacés et dont les racines n'ont pas encore reformé complétement leurs parties absorbantes. Les jardiniers cherchent à défendre leurs nouveaux plants contre l'influence du soleil et de la chaleur au moyen de toiles interposées. On abrite de même les arbres et arbustes délicats, dans les premiers temps qui suivent leur transplantation.

L'évaporation joue un grand rôle dans la vie des plantes. En effet, il n'existe qu'une faible proportion d'éléments nutritifs dans les liquides pompés dans le sol par les racines et qui s'élèvent de proche en proche tout le long de la tige, soit par voie de capillarité, soit par une sorte d'imbibition. Ces éléments sont rapidement incorporés par les tissus ; il devient alors nécessaire que l'eau qui en forme le résidu soit éliminée avec une rapidité non moins grande, et remplacée par d'autres liquides venant également des racines et en pleine possession de toutes leurs matières solubles et absorbables. A l'époque du développement annuel des bourgeons, il se fait dans les plantes une énorme consommation de nourriture, et, par suite, l'évaporation détermine un appel de liquide considérable. Les feuilles, alors dans toute la plénitude de leur végétation, satisfont aisément à ce besoin impérieux du végétal. A l'automne, elles périssent dans la plupart des espèces, et leur destruction coïncide avec l'interruption de l'activité intérieure. La vie reste suspendue jusqu'à l'époque où les feuilles reprendront leur travail d'exhalation. Entre cette évaporation par les feuilles et l'absorption par les racines, il existe un équilibre indispensable à l'entretien de la végétation ; lorsqu'on déplace une plante, si l'on a dû amputer une partie des racines, il faut pareillement retrancher une partie des rameaux feuillus qui ornent la tige, afin que l'appel déterminé par l'exhalation des feuilles ne dépasse pas la puissance d'absorption des racines, auquel cas toutes les parties du végétal se dessécheraient et périraient infailliblement dans un espace de temps très-court.

Malgré ce que nous avons dit de l'importance des racines au point de vue de l'alimentation de la plante, il ne serait pas exact de considérer ces organes comme exclusivement chargés de pourvoir à cette alimentation. Les feuilles sont également des agents nutritifs; elles interviennent de la manière la plus utile pour compléter l'action des racines relativement à l'absorption des gaz tels que l'acide carbonique et l'ammoniaque. Un certain nombre d'espèces, qui vivent en dehors du sol et absolument isolés, ne peuvent prendre que dans l'atmosphère, et par l'intermédiaire des feuilles, les matières gazeuses dont elles ont besoin pour la constitution de leurs tissus. En observant ce qui se passe dans les végétaux relativement à l'acide carbonique, on constate que, sous l'influence de la lumière, ce gaz est absorbé par les feuilles et autres parties vertes avec une très-grande activité. En même temps, par la surface de ces organes, se produit presque toujours une exhalation plus ou moins considérable d'oxygène. Cet oxygène représente le résidu de la décomposition de l'acide carbonique, dont le carbone a été fixé dans les tissus. L'absorption de l'acide carbonique ne se produit, comme nous venons de le dire, que sous l'influence de la lumière. Un végétal relégué dans l'obscurité cesse d'absorber de l'acide carbonique, et, par conséquent, cesse presque complétement de se nourrir; il maigrit et s'étiole, comme un animal réduit à l'inanition.

Les plantes ont le sentiment de la conservation et, jusqu'à un certain point, l'énergie nécessaire pour chercher les meilleures conditions de bien-être. Lorsqu'un végétal se trouve enfermé dans une cave munie d'un soupirail, il allonge sa tige, quelquefois de plusieurs mètres, dans la direction du jour. Les arbres plantés à l'ombre étendent leurs branches horizontalement pour gagner la lumière. Il est très-difficile de faire pousser des arbres de remplacement dans les avenues formées de hautes tiges, dont les rameaux interceptent complétement les rayons du soleil. Les mauvaises herbes finissent par être étouffées, lorsque les plantes cultivées ont acquis assez de développement pour leur dérober la lumière. D'un autre côté, dans les pays où le printemps et l'été sont très-courts, mais où les jours deviennent très-longs pendant la belle saison, la végétation marche avec une très-grande rapidité, parce que, l'iufluence solaire s'exerçant presque sans interruption, les feuilles n'interrompent plus leurs fonctions absorbantes.

L'intervention de la lumière est indispensable à la formation des sucs aromatiques, amers, âcres, etc., que les tissus végétaux renfement. Ces sucs, chez les plantes des pays froids, présentent en général des caractères assez peu prononcés. La ciguë, poison violent dans nos climats, se mange impunément dans l'extrême nord de l'Europe. Lorsqu'on veut retirer à certaines plantes comestibles leur goût naturellement acerbe, on les prive du contact de la lumière; c'est le moyen que les jardiniers emploient pour adoucir diverses espèces de salades.

A côté du phénomène essentiel dont les feuilles sont le siége sous l'influence de la lumière, et qui a pour effet l'absorption de l'acide carbonique contenu dans l'atmosphère, nous devons, chez les plantes, en constater un autre beaucoup moins localisé et tout à fait comparable à la respiration des animaux. Tous les êtres organisés vivants sont soumis à la nécessité d'échanger continuellement l'acide carbonique formé dans leurs tissus par le jeu même de la vie contre de l'oxygène emprunté aux milieux ambiants. Cette nécessité pèse sur les végétaux tout aussi bien que sur les animaux, et l'échange s'opère, chez les uns comme chez les autres, par toutes les surfaces en contact plus ou moins direct avec l'extérieur. Chez la plupart des animaux, nous avons reconnu l'existence d'organes spéciaux, si admirablement disposés pour l'accomplissement de la fonction respiratoire que l'échange produit sur d'autres points de l'économie pouvait être considéré comme à peu près insignifiant. Chez les plantes, bien que la tige, les fleurs, les fruits soient le siége bien constaté d'un échange continu avec l'atmosphère, les feuilles, par leur nombre, par l'étendue de leur surface relativement à leur volume, par la structure de leur tissu et la perméabilité de leur épiderme, constituent des organes respiratoires d'une très-grande perfection. Toutefois, consacrées en même temps à une fonction de nature contraire, c'est-à-dire, à cette absorption d'acide carbonique qui complète si heureusement la nutrition de la plante, elles ne travaillent, en réalité, comme organes respiratoires que dans les intervalles où l'influence de la lumière solaire ne les transforme pas en organes digestifs. Si, la nuit, elles exhalent de l'acide carbonique et absorbent de l'oxygène, le jour, il est bien probable que l'acide carbonique exhalé par leurs tissus se trouve pour la plus grande partie immédiatement repris et décomposé, en même temps que l'acide carbonique venu du dehors. De là, cette formule, à peu près généralement acceptée, que les *végétaux respirent, la nuit, comme les animaux, et, le jour, d'une manière tout à fait contraire.*

La vérité, ne craignons pas de nous répéter, c'est que les végétaux, comme tous les êtres organisés vivants, forment continuellement dans leurs tissus de l'acide carbonique qu'ils doivent exhaler et qu'ils exhalent en effet. Le jour, aussi bien que la nuit, toutes les autres parties de la plante sont soumises d'une manière constante à cette loi de la vie; si les feuilles semblent s'y soustraire pendant le jour, c'est qu'elles accomplissent, durant cette période, une autre fonction qui annihile plus ou moins complétement les résultats de la première.

L'absorption et l'exhalation des gaz oxygène et acide carbonique s'opèrent par la face inférieure des feuilles. Si l'on observe cette face au microscope, on constate qu'elle présente des quantités de petites ouvertures, appelées *stomates*, au moyen desquelles l'introduction de l'air a lieu. Chez les plantes qui vivent submergées, l'échange se produit, de même que chez les poissons, aux dépens des gaz contenus dans l'eau. Ces feuilles n'ont point d'épiderme; elles sont, par conséquent, bien plus perméables que les feuilles aériennes, et leurs tissus sont criblés de lacunes très-étendues qui servent à multiplier les surfaces d'échange. Ces lacunes représentent, chez certaines plantes, les trois quarts du volume

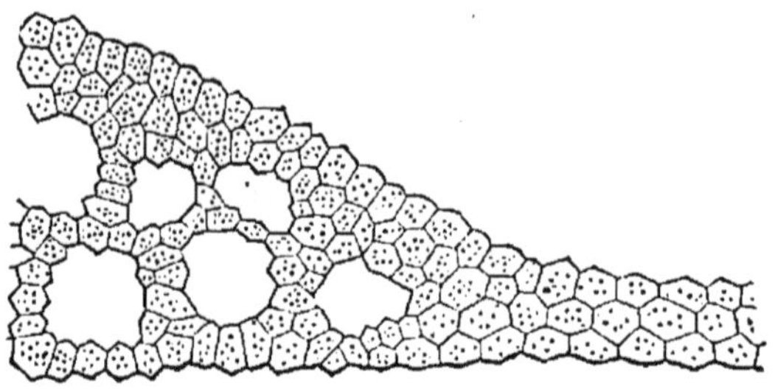

Fig. 121. — Coupe transversale d'une feuille submergée de Potamogéton.

de la feuille. L'absorption de l'acide carbonique comme aliment nutritif dépassant de beaucoup, chez les végétaux,

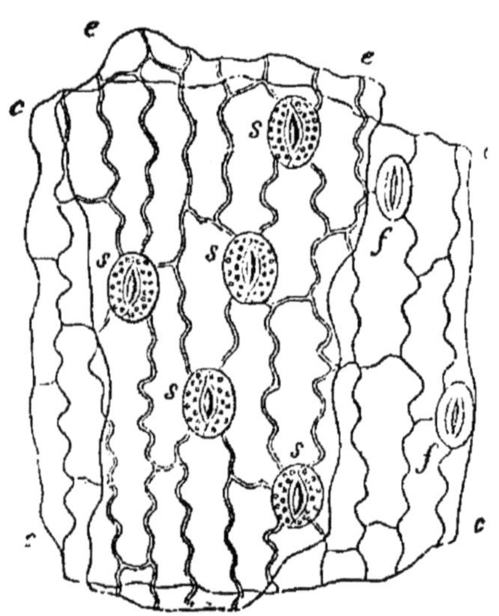

Fig. 122. — Épiderme d'une feuille d'Iris [1].

l'exhalation de ce même gaz comme excrétion respiratoire, il en résulte que, pour les eaux, la présence de plantes vi-

1. Fig. 122. — s, s, stomates. — c, c, cuticule, montrant en f les fente des stomates. — e, e, épiderme.

vantes tend à compenser les effets de la respiration des poissons et autres animaux aquatiques, à maintenir, par

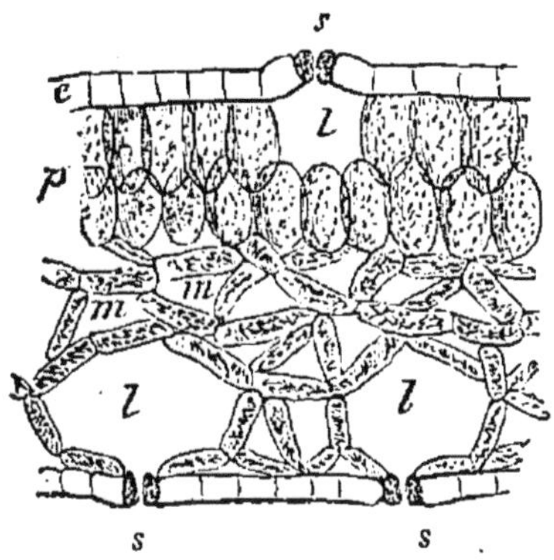

Fig. 123. — Tranche verticale d'une feuille de Giroflée [1].

conséquent, l'air dissous dans ses conditions normales de composition. C'est là un rôle comparable à celui que remplissent, dans les villes, les plantations d'arbres, relativement à la composition de l'atmosphère. Chez les feuilles flottantes, l'échange gazeux se fait par la face supérieure, laquelle est en contact immédiat avec l'air.

1. Fig. 123. — *s*, *s*, stomates. — *e*, *e*, épiderme. — *l*, lacunes. — *p*, parenchyme. — *m*, *m*, méats intercellulaires.

CHAPITRE XVII

MOUVEMENT DES LIQUIDES DANS LA RACINE, LA TIGE ET LES FEUILLES.

Nous avons déjà vu, dans le chapitre xv, que les éléments nutritifs contenus dans le sol n'étaient absorbés par les racines qu'à l'état de dissolution. Les extrémités radiculaires sont pénétrées comme le serait une éponge, et le liquide nourricier se trouve ainsi introduit dans le tissu du végétal. C'est là un simple phénomène d'imbibition. Pour expliquer comment, de proche en proche, ce liquide, que nous pouvons dès maintenant désigner sous le nom de *séve ascendante*, est transporté jusqu'aux parties supérieures de la tige, il faut recourir à la théorie de la capillarité et à celle de l'osmose. L'expérience directe a montré que les fibres et les vaisseaux servaient de passage à la séve ascendante. Or, les vaisseaux sont des tubes d'un diamètre éminemment capillaire, et l'on sait que, dans les tubes de cette espèce, les liquides s'élèvent spontanément à une hauteur d'autant plus considérable que le diamètre est plus étroit; qu'ils s'élèvent, par exemple, à 30 centimètres dans un tube d'un dixième de millimètre de diamètre; à 3 mètres dans un tube d'un centième de millimètre. Voilà, par conséquent, une première cause susceptible de déterminer l'ascension des liquides. D'un autre côté, les fibres que doit traverser la séve ascendante sont des fibres jeunes, appartenant aux couches les plus récentes de l'aubier; ces fibres ne sont pas encore remplies de substance incrustante; leurs parois sont facilement perméables aux liquides, et la matière visqueuse qu'elles renferment fait appel à la séve à travers ces parois, comme l'eau gommée que renferme un endosmomètre[1]. Les fibres les plus voisines des points immédiats d'absorption se saturent d'abord de liquide; celles qui sont un peu plus éloignées et dont la matière intérieure

1. Lorsqu'on superpose l'un à l'autre dans un même vase deux liquides de nature différente, mais ayant quelque affinité, ces deux liquides, malgré le soin qu'on a pris de placer au fond le plus dense, ne tardent pas à se pénétrer réciproquement. Le même fait a lieu quand on sépare les deux liquides par une membrane organique, un morceau de vessie, par exemple. Dans ce cas, il s'établit bientôt, à travers la membrane, un double courant dont l'effet est de déplacer de part et d'autre une certaine quantité de liquide et d'amener un mélange plus ou moins complet. Toujours un des courants l'emporte sur l'autre, et cette différence dépend à la fois de la nature des liquides et de celle de la membrane interposée. Le liquide le moins dense est généralement celui qui passe en plus grande quantité.

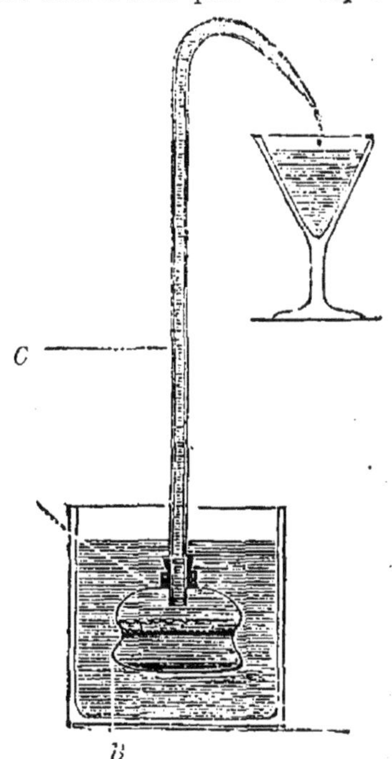

Fig. 124. — Endosmomètre.

Si l'on plonge dans un vase d'eau pure une petite vessie à demi remplie d'eau fortement sucrée, on voit la vessie se gonfler, se distendre, et parfois même se rompre. Ce phénomène résulte de l'introduction de l'eau pure à travers les parois de la membrane; il se manifeste avec une énergie qu'on a pu, dans certaines occasions, évaluer comme puissance à la pression qui serait nécessaire pour élever l'eau dans un tube à la hauteur de 50 mètres. Les gaz se mélangent de la même manière, à la condition toutefois que la membrane interposée soit humide. On désigne sous le nom d'*osmose* l'action encore très-imparfaitement étudiée qui détermine les divers phénomènes de pénétration. La figure ci-contre représente le petit instrument, de construction extrêmement simple, dont on se sert pour étudier toutes les questions qui touchent l'*osmose*.

L'endosmomètre se compose d'un réservoir en verre *AB*, ressemblant plus ou moins à un entonnoir. On ferme l'orifice le plus évasé *B* à l'aide d'un morceau de vessie ou de parchemin, et l'on adapte au plus petit un bouchon que traverse le tube capillaire *C*. Le réservoir est rempli de celui des deux liquides dont on sait que le courant est plus faible, et l'on juge de l'énergie des actions osmotiques par la vitesse d'ascension du liquide dans le tube et par la hauteur à laquelle il parvient.

se trouve offrir dès lors plus de viscosité, les dépouillent à leur tour de ce qu'elles avaient reçu du dehors. La séve est ainsi transportée de fibre en fibre, par la seule action de cette force qui agit, comme nous l'apprend la physique, sur les liquides d'inégale densité séparés par des membranes, jusqu'à ce qu'il s'établisse un équilibre qui, dans la circonstance présente, ne peut se réaliser. En effet, l'humidité du sol entretient à peu près indéfiniment autour des racines un liquide d'une densité très-faible, et, d'un autre côté, l'exhalation dont les feuilles sont le siége dépouille incessamment de leurs éléments liquides les tissus placés dans les parties extrêmes de la tige et des ramifications. Par conséquent, il y a toujours insuffisance de liquide dans ces parties extrêmes, et la séve est constamment sollicitée à s'élever pour combler le déficit résultant de l'exhalation.

Chez les végétaux annuels, la séve rencontre, dans toutes les parties ligneuses, des tissus également propres à facilité son ascension. Chez les plantes vivaces, chez les arbres particulièrement, les portions centrales du bois sont devenues à peu près imperméables. La séve suit alors les couches les plus nouvelles de l'aubier, et ses rapports avec le cœur du bois ne peuvent guère s'établir que par l'entremise des rayons médullaires. A chaque branche qui part de la tige, un courant séveux suit les fibres et les vaisseaux qui pénètrent dans cette branche; à chaque feuille, un courant de même nature suit les fibres et les vaisseaux du pétiole et, par les nervures médianes et secondaires, se distribue dans le parenchyme. Nous avons vu, dans le chapitre précédent, que l'exhalation et les divers phénomènes d'échange gazeux dont le parenchyme foliacé est le siége modifiaient très-profondément la nature de la séve. Déjà, dans sa route à travers le tissu du végétal, le liquide brut fourni par le sol avait dû éprouver de considérables modifications. Il n'avait pu traverser des multitudes de fibres remplies de matières organisées sans perdre ses caractères primitivement inorganiques, et sans subir, dans sa constitution chimique et physique, des changements analogues à ceux que subissaient les matériaux mis en contact avec lui. En même temps, il emportait dans son courant irrésistible une foule de produits formés à ses dépens dans le parenchyme de la moelle, des rayons médullaires et du bois. La force d'ascension de la séve est extrêmement considérable; elle dépasse de beaucoup la résistance opposée par la pression atmosphérique. Il suffit de couper transversalement une tige, à l'époque où la séve monte, pour constater avec quelle énergie se produit l'appel des liquides. Dans beaucoup d'espèces, les rameaux amputés par l'opération de la taille laissent suinter en grande abondance une humeur limpide qui n'est pas autre chose que la séve en voie d'ascension. Les *pleurs* de la vigne ont joui, comme agent thérapeutique, d'une certaine célébrité. Nous ne pouvons passer sous silence les séves sucrées de certains arbres, tels que le bouleau, l'érable, le palmier, etc.

La séve du bouleau, très-abondante au printemps, avant la sortie des feuilles, constitue un liquide légèrement acide et sucré, d'un goût assez agréable, que l'on obtient, soit en incisant verticalement le tronc de l'arbre, soit en coupant l'extrémité des branches. Les habitants des pays du Nord en tirent un sirop analogue au sirop d'érable, et qui peut remplacer le sucre dans les usages domestiques. Certaines espèces américaines fournissent même un sucre véritable. Avec la séve du bouleau, on fabrique, en Suède, un vinaigre passable et un vin pétillant et mousseux, susceptible de conservation, et dont le goût se rapproche beaucoup de celui du vin de Champagne.

Chez un grand nombre d'érables, la séve ascendante est sucrée; mais l'espèce la plus importante à ce point de vue est l'*Érable à sucre* (*Acer saccharinum*), grand arbre de 18 à 20 mètres d'élévation, très-commun daus la partie nord des États-Uuis, et surtout au Canada. C'est ordinairement au mois de février que l'on commence à s'occuper de l'extraction de la séve, bien qu'à cette époque la terre soit encore couverte de neige, que le froid soit très-rigoureux, et qu'il s'écoule presque un intervalle de deux mois avant que les arbres entrent en végétation. En effet, dès que les temps chauds arrivent, la séve change de nature et perd sa qualité; le peu de sucre qu'on en retire alors offre une saveur désagréable. On obtient la séve en perçant dans le tronc, avec une tarière, des trous qui ne pénètrent que dans les couches les plus extérieures de l'aubier. C'est par cette voie que s'opère, comme nous l'avons vu, le passage le plus considérable de la séve. Au pied de chaque arbre est placé un auget dans lequel s'écoule le liquide qui sort de la tige. Ce liquide est clair, limpide et d'un goût fort agréable. On le traite comme le jus de canne, et l'on en obtient un sucre tout à fait analogue. Souvent on se contente d'amener la séve à l'état de sirop, et l'on emploie ce sirop aux mêmes usages que le sucre dans l'usage domestique; on fabrique également de l'alcool et du vinaigre. Un arbre exploité jusqu'à complet épuisement pourrait fournir, dans une seule saison, au delà de 15 kilogrammes de sucre; on se contente généralement d'un produit de 2 à 3 kilogrammes. L'exploitation des mêmes arbres peut se continuer pendant plus de trente ans, sans diminution sensible dans le rapport. Les différentes espèces d'érables à sucre vivent très-bien dans notre climat; on les aurait certainement multipliées, si la découverte du sucre de betteraves ne nous avait pas rassurés contre le retour des privations que nous imposèrent, sous l'Empire, nos luttes avec l'Angleterre.

Presque toutes les espèces de Palmiers possèdent une séve sucrée, susceptible de fournir une liqueur vineuse et du sucre. Les dattiers, les cocotiers, les sagoutiers, sont exploités à ce point de vue dans les régions intertropicales. A l'époque où la séve monte, quand les feuilles et les grandes bractées florales commencent à se développer, on incise le tronc et l'on en retire un liquide abondant qui donne, par fermentation, un vin très-agréable, et, par évaporation un sucre qui se rapproche pour le goût et la couleur du sucre de canne.

Il n'est pas difficile de se rendre compte de la présence de matières sucrées dans la séve, lorsque l'on considère que les liquides venant des racines doivent traverser, pour atteindre les parties supérieures du végétal, un nombre infini de cellules remplies de gomme ou d'amidon, c'est-à-dire, d'éléments susceptibles de se transformer en sucre par une très-légère modification dans leur composition chimique. Ces cellules constituent le parenchyme de la moelle, celui des rayons médullaires et celui que renferme le bois lui-même, dans beaucoup d'espèces. La séve ascendante emprunte au parenchyme les matériaux nécessaires à la nutrition des jeunes pousses et lui cède, par contre, les substances minérales ou organiques nécessaires à son propre développement. De cette action réciproque, résultent les modifications qu'éprouve la séve, jusqu'au moment où, dans le parenchyme des feuilles, elle se trouve en contact avec l'air atmosphérique.

Nous avons décrit précédemment les phénomènes assez complexes qui résultent de ce contact. La séve, modifiée dans sa nature, acquiert des propriétés nouvelles. Elle reprend sa marche, mais dans une direction contraire, et, suivant cette fois l'écorce au lieu du bois, elle devient ce que l'on appelle la séve *descendante* ou séve *élaborée*. C'est aux dépens de cet élément commun que se constituent les différents principes des végétaux, principes essentiellement variables, et suivant les espèces et suivant les organes. Au premier rang, il convient de placer les *sucs propres* ou *latex*. Ces liquides, plus particulièrement distincts chez certaines espèces par leur coloration et leur abondance, se rencontrent presque exclusivement dans l'écorce, qui leur doit souvent ses propriétés utiles ou nuisibles. Ils sont laiteux et plus ou moins âcres et brûlants dans les Euphorbiacées, les Papavaracées, les Apocynées; amers, dans les Chicoracées; sucrés, dans plusieurs érables; résineux, dans les pins, les mélèzes; jaunes, dans la chélidoine; d'un rouge orangé, dans l'artichaut. Lorsqu'on les examine sous le microscope, on y distingue une multitude de globules, nalogues pour la forme aux globules du lait. Les vaisseaux qui contiennent les sucs propres sont généralement désignés sous le nom de *vaisseaux laticifères*. Ce sont des tubes minces, sinueux, ramifiés, ordinairement très-communs dans l'écorce, assez rares dans la moelle et ne se rencontrant qu'exceptionnellement dans le bois. On les considérait autrefois comme résultant de simples lacunes des tissus et comme dépourvus de parois propres. On les décrit aujourd'hui comme formés par des files de cellules dont les cloisons séparatives ont disparu. Il convient, néanmoins, de faire une réserve en faveur des Ombellifères et de quelques autres plantes dont le latex occupe de simples lacunes. Les botanistes sont loin d'être d'accord sur les fonctions du latex. Pour les uns, c'est le suc nourricier, le suc vital par excellence. Pour les autres, c'est une pure sécrétion. Il paraît, d'après les observations les plus récentes, que les vaisseaux laticifères, après avoir sécrété le latex, le versent dans les vaisseaux proprement dits qui le distribuent dans la plante, après l'avoir élaboré à nouveau.

Les diverses espèces de gommes, de résines, de matières sucrées et féculentes sont dues à un travail dont la séve descendante fournit les matériaux. On peut ranger dans la même catégorie mille produits divers, ayant des lieux d'origine mieux caractérisés, formés dans de véritables glandes, et présentant l'analogie la plus complète avec les sécrétions animales. Telles sont les liqueurs mielleuses concentrées dans les nectaires des fleurs, les matières âcres que contiennent les poils, dans beaucoup d'espèces; les huiles essentielles qui se fabriquent incessamment dans les pétales, les feuilles, l'écorce de beaucoup d'autres. On pourrait comparer aux excrétions des animaux les matières tantôt sucrées, tantôt résineuses, que laissent transsuder les parties des plantes en contact avec l'atmosphère, et tout aussi bien la poussière glauque, de nature cireuse, qui couvre les fruits et même les feuilles, dans diverses espèces. C'est par voie d'excrétion que les végétaux se débarrassent des principes de nature minérale introduits en excès avec la séve ou de ceux qui ne peuvent prendre part à la constitution de leurs tissus. La silice est souvent éliminée de cette manière à la surface des feuilles : elle y forme une sorte d'incrustation que les pluies enlèvent ensuite, et que les jardiniers font disparaître dans les serres par le *bassinage*.

Nous rapprocherions volontiers de l'assimilation des animaux le travail par lequel les différentes parties du végétal se nourrissent, réparent leurs pertes et s'accroissent. La séve descendante pénètre facilement jusqu'au centre même de la tige par les rayons médullaires. Elle se met ainsi en contact avec les divers tissus et cède à chacun les éléments qui conviennent à son développement. Ainsi se produisent l'encroûtement intérieur des fibres et la multiplication des cellules. Les couches annuelles du bois et de l'écorce se constituent aux dépens du *cambium*, matière visqueuse et semi-fluide, d'abord sans organisation distincte, et qui s'accumule entre l'aubier et le liber.

CHAPITRE XVIII.

NUTRITION GÉNÉRALE DES PLANTES.

La nutrition des plantes comprend l'ensemble des phénomènes qui déterminent l'apparition successive des différents tissus et des différents organes. Les matériaux qui entrent dans la constitution de ces tissus et de ces organes sont tirés du dehors et mis en œuvre par l'activité propre du végétal. Ce sont des substances de forme peu complexe, des corps simples comme l'oxygène, l'hydrogène, l'azote; des composés binaires, comme l'eau, l'ammoniaque, l'acide carbonique; des sels minéraux comme le phosphate de chaux, l'azotate de potasse, etc. Nous avons déjà dit que les éléments empruntés par les plantes aux milieux qui les entourent ne pouvaient pénétrer dans l'organisation qu'à l'état de dissolution; que, par conséquent, les matières solides et insolubles se trouvaient exclues de toute participation directe à l'entretien de la vie chez les végétaux.

C'est dans le sol que les plantes trouvent la presque totalité des éléments minéraux qui leur sont nécessaires. Une partie de ces éléments résultent de la décomposition du sol et du sous-sol; le reste, apporté par l'atmosphère, est retenu grâce à la porosité de la couche superficielle. C'est ainsi que les terrains voisins de la mer reçoivent chaque année, par l'intermédiaire des courants aériens, plusieurs milliers de kilogrammes de sel par hectare.

Pour reconnaître la nature et la proportion des éléments minéraux que les plantes empruntent au sol et à l'atmosphère, il suffit d'incinérer les plantes et d'analyser les cendres qui constituent le résidu de l'opération. Les expériences faites par les chimistes montrent une très-grande diversité dans la composition des cendres ainsi obtenues. Ainsi la paille de froment contient, pour 100 parties de cendres, 66 de silice, tandis que la paille de colza en contient seulement 2 pour 100 et que la paille de fèves en contient à peine des traces. Les grains de froment donnent, après incinération, 46 pour 100 d'acide phosphorique ; l'avoine, le seigle, le maïs, à peu près la même proportion; l'orge, au contraire, 26 pour 100 seulement. Par contre, l'orge inciné renfermera 23 pour 100 de silice ; tandis que les autres céréales en contiendront à peine 1 ou 2 pour 100. D'un autre côté, les cendres de l'avoine renfermeront au moins 10 pour 100 d'acide sulfurique engagé dans diverses combinaisons; le blé n'en renfermera pas trace; l'orge, le seigle et le maïs en fourniront 1 à 3 pour 100, tout au plus. Toutes les plantes dont nous venons de parler avaient été cultivées sur le même sol; elles y avaient rencontré des matériaux identiques et qu'elles pouvaient s'assimiler en même proportion. S'il n'en a pas été ainsi, c'est que chaque plante avait une sorte de prédilection naturelle pour telle ou telle substance minérale et l'absorbait de préférence aux autres, comme plus en rapport avec les besoins de son organisation.

Les chimistes agronomes ont partagé les plantes en plantes à potasse, plantes à chaux, etc. Toutes les ménagères savent que les cendres employées pour la lessive ont des propriétés plus ou moins actives suivant qu'elles proviennent de tel ou tel bois, et l'analyse a montré, en effet, que les cendres du bois de chêne renfermaient seulement 10 pour cent d'alcalis (soude et potasse), tandis que les cendres du hêtre en renfermaient 17, celles de l'orme 24, celles des sarments de vigne 34, celles des feuilles de maïs 37, celles des glands de chêne 64. Ce fait nous explique pourquoi, parmi les plantes qui se développent spontanément, un grand nombre d'espèces se montrent plus particulièrement sur certaines catégories de terrains ; à tel point que l'inspection seule de la végétation naturelle suffirait le plus souvent pour nous faire connaître la constitution chimique du sol sur lequel elle a pris naissance. La prèle des champs, la chicorée sauvage indiquent une terre compacte, argileuse; la bruyère à balais, une terre aride, tourbeuse; la fougère impériale, la véronique en épis, une terre légère, siliceuse; la germandrée petit chêne, le coquelicot, une terre calcaire, crayeuse. Dans toutes les localités où le voisinage de la mer ou bien des sources chlorurées donnent au sol une nature saline, on trouve en grande abondance certaines plantes caractéristiques, telles que la soude et la salicorne.

On conçoit que la connaissance des prédispositions particulières des différents végétaux qui sont l'objet de nos cultures doit être d'une grande utilité, lorsqu'il s'agit d'établir telle ou telle espèce sur un sol de nature donnée; la connaissance de la teneur des cendres en matières minérales ne sera pas moins utile lorsqu'il s'agira de réparer, au moyen des engrais ou des amendements, les pertes annuelles que font subir au sol les diverses cultures. Si l'analyse chimique des cendres nous montre, par exemple, qu'une récolte de pommes de terre absorbe par hectare 123 kilogrammes de matières minérales, une récolte de froment, 185 kilogrammes, une récolte de trèfle, 310 kilogrammes, il faudra, sous peine d'appauvrir le sol, lui restituer d'une manière quelconque tout ce que ces récoltes successives lui auront fait perdre, ou plutôt lui donner par avance tout ce qui doit lui être enlevé par ces récoltes.

S'il est bien établi que les diverses espèces végétales manifestent une tendance particulière à s'assimiler certains principes minéraux de préférence à certains autres, il n'est pas moins constaté que la nature du sol influe puissamment sur la proportion suivant laquelle ces éléments peuvent être assimilés. Ainsi les cendres de la racine de garance peuvent contenir de 25 à 15 pour 100 de chaux, selon que la plante a été cultivée dans un sol plus ou moins calcaire. Les cendres de la vigne, qui renferment 26 pour 100 de chaux dans un terrain calcaire n'en renferment plus que 20 dans un terrain quartzeux. La cendre des feuilles d'un sapin venu sur un sol silicieux renferme, d'après Saussure, 19 pour 100 de silice et 29 pour cent de carbonate de chaux;

celle des feuilles d'un sapin venu sur un sol calcaire renferme un peu moins de 3 pour 100 de silice, mais 43 pour 100 de carbonate de chaux.

Nous allons maintenant examiner successivement sous quelle forme et dans quelles conditions les matériaux destinés à constituer les divers tissus sont introduits dans l'organisation des végétaux.

Le carbone pénètre dans les végétaux exclusivement sous forme d'acide carbonique. Cet acide carbonique est en partie puisé dans l'atmosphère. Certains végétaux, dont les racines sont à peu près nulles ou plongent seulement dans un terrain sans humidité, ne peuvent même tirer leur carbone que de la petite quantité d'acide carbonique contenue dans l'air (environ quatre à six dix-millièmes). Mais il en est tout autrement de ceux qui plongent par des racines très-étendues dans un sol favorable à la végétation. Le sol est, en effet, par la décomposition des matières organiques, un foyer de production d'acide carbonique ; en outre, la pluie y ramène sans cesse celui que l'atmosphère contient au delà d'une proportion déterminée. L'analyse de l'air contenu dans le sol montre que cet air renferme jusqu'à 700 fois plus d'acide carbonique que l'air normal ou air atmosphérique. Un sol très-riche en humus peut retenir, par hectare de superficie, la profondeur étant supposée de 35 centimètres, jusqu'à 1500 mètres cubes d'air, dont 54 mètres cubes d'acide carbonique ; une terre légère, récemment fumée, peut retenir, par hectare, 800 mètres cubes d'air, dont 80 mètres d'acide carbonique. Ajoutons qu'indépendamment de son utilité directe comme matière carbonée, l'acide carbonique remplit dans l'alimentation des plantes un rôle des plus importants, grâce à la propriété qu'il possède de rendre solubles la plupart des sels insolubles que le sol renferme.

Lorsqu'au printemps on coupe un tronc d'arbre à quelque hauteur au-dessus du sol, il est facile de s'assurer qu'il monte des racines une grande quantité d'acide carbonique, soit à l'état de dissolution dans la séve ascendante, soit à l'état libre, par les vaisseaux aériens.

Il semble naturel d'admettre que l'azote est puisé par les feuilles dans l'atmosphère à l'état simple. Mais, lorsqu'on sait combien l'azote se combine difficilement avec tous les corps élémentaires, lorsqu'on réfléchit, en outre, que le sol en contient et qu'il en doit nécessairement contenir à l'état de combinaison soit avec l'hydrogène (ammoniaque résultant des décompositions organiques, et surtout des décompositions animales), soit avec l'oxygène (acide azotique, produit dans l'atmosphère par les grandes étincelles électriques des orages, et qui se trouve libre ou combiné avec l'ammoniaque ou tout autre base), on est conduit à penser que c'est sous l'une ou l'autre de ces deux formes, et en dissolution dans l'eau du sol, que l'azote pénètre dans les tissus végétaux, où sa présence est indispensable pour produire l'albumine, le gluten, et les autres principes azotés. C'est toujours, d'ailleurs, à l'état d'ammoniaque que l'azote tend à se dégager des tissus, et à retourner vers les deux sources auxquelles les végétaux le puisent, savoir : le sol et l'atmosphère.

En faisant abstraction de l'ammoniaque, l'hydrogène qui entre avec le carbone dans la composition d'un si grand nombre de principes immédiats de végétaux, ne peut provenir que de la décomposition de l'eau, de même que le carbone ne peut provenir que de la décomposition de l'acide carbonique. Le résultat de ces deux décompositions est la mise en liberté d'une quantité considérable d'oxygène.

L'hydrogène et l'oxygène pénètrent essentiellement dans les végétaux à l'état d'eau, et, outre le rôle important que nous lui avons déjà assigné, soit comme véhicule de tous les autres principes, soit comme source d'hydrogène, l'eau en remplit un autre qui n'est pas moindre, en entrant immédiatement dans la constitution des composés organiques qui sont le résultat de la végétation.

Résumons-nous en disant que ce sont beaucoup moins l'oxygène, le carbone, l'hydrogène et l'azote qui sont chez les plantes les principes de tout développement que l'eau, l'acide carbonique et l'ammoniaque.

Il résulte de ce qui précède que les végétaux empruntent

au sol la plus grande partie des éléments organiques ou minéraux nécessaires à la composition de leurs tissus. Ces éléments ne peuvent pas exister dans le sol en proportion illimitée. Le renouvellement dû à l'atmosphère peut suffire aux besoins d'une végétation spontanée; il est tout à fait insuffisant pour les besoins de la culture telle qu'on l'entend aujourd'hui. Il faudrait, après chaque récolte, faire reposer le sol pendant un intervalle plus ou moins long, le mettre en *jachère*, pour donner le temps aux principes nutritifs de se reconstituer. Nous n'avons pas besoin d'insister sur les inconvénients d'une semblable méthode. Les jachères ne se trouvent plus que dans les régions où l'agriculture ne possède point les moyens de procéder par une voie différente. Partout ailleurs, les amendements et les engrais sont employés pour maintenir le sol dans la plénitude de ses facultés nutritives. Les progrès incessants de la chimie ont permis de déterminer avec une précision mathématique ce qui était soustrait par chaque récolte, et de fixer, en même temps, avec une non moins grande exactitude, la valeur spéciale de chacune des substances destinées à réparer les pertes ainsi constatées. Supposons, par exemple, que l'on destine un terrain d'un hectare à produire, dans un espace de cinq ans, six récoltes successives ainsi distribuées : 1re année, pommes de terre; 2e, froment; 3e, trèfle; 4e, froment et navets, ceux-ci en récolte dérobée; 5e, avoine. On sait que la somme des récoltes obtenues pendant cet intervalle représente environ 40 000 kilogrammes, dont 1000 kilogrammes environ de matières minérales. On ne peut espérer que le sol subvienne à une aussi énorme consommation d'éléments nutritifs. Ces éléments, on les introduit par avance, en répandant sur le terrain 50 000 kilogrammes de fumier. L'analyse du fumier permet de prévoir qu'une semblable quantité d'engrais fournira, et au delà, toute la ration de matières minérales nécessaire, et une forte proportion, un peu plus du tiers, de la ration de matières organiques. Le fumier de ferme contient à peu près deux pour cent d'azote; par conséquent, nos récoltes trouveront abondamment dans le sol les éléments ammoniacaux dont la présence leur est si indispensable. D'un autre côté, l'atmosphère contribuera non moins largement à leur fournir l'eau et l'acide carbonique. Au bout des cinq années, pendant lesquelles se prolongera la culture, le sol ne se sera point sensiblement appauvri, et, lorsque la rotation sera terminée, il suffira d'une nouvelle fumure pour recommencer dans des conditions au moins aussi avantageuses que la première fois.

L'examen des sources d'alimentation auxquelles puise le règne végétal nous conduit à parler des plantes parasites. On nomme ainsi des plantes qui ne tirent pas directement leur nourriture du sol, mais qui vivent aux dépens d'autres végétaux sur lesquels elles se fixent d'une manière perma-

Fig. 125. — Cuscute.

nente et qui représentent pour elles une espèce de sol. Nous pouvons citer comme exemples le gui et la cuscute. Le gui croît sur les branches de certains arbres ; ses racines s'implantent dans le liber, entre l'écorce et le bois, elles aspirent la séve, et ce travail incessant devient pour l'arbre qui en est la victime une cause fatale d'épuisement. On trouve le gui sur les poiriers, les pommiers, les tilleuls, les peupliers, les saules, les frênes, assez rarement sur les chênes, et seulement sur les chênes d'un âge très-avancé, A l'inverse du gui, dont les graines ne sauraient commencer leur dévelopement sur le sol, la cuscute enfonce d'abord dans la terre sa racine d'ailleurs toujours chétive. Mais, aussitôt que sa tige grêle et filamenteuse rencontre une plante vivante, elle l'enlace étroitement et développe sur les points de contact des sortes de suçoirs ou de ventouses qui pénètrent à travers l'écorce jusque dans les tissus intérieurs du végétal ainsi emprisonné. Dès lors, la racine de la cuscute a fini son rôle; elle disparaît, et la tige, désormais affranchie de tout rapport direct avec la terre, s'étend de proche en proche avec une rapidité malheureusement trop connue des cultivateurs.

Il ne faut pas confondre avec les plantes dont il vient d'être question celles qui ont, comme le lierre, une racine effective, solidement implantée dans le sol, et qui ne demandent qu'un support matériel aux arbres autour desquels ils s'enlacent. S'il résulte souvent de cet enlacement des conséquences fâcheuses pour les végétaux qui le subissent, on doit en chercher la cause dans la gêne apportée aux différentes fonctions, respiration, exhalation, etc. Il faut, de plus, tenir compte des emprunts considérables faits au sol par la racine même du lierre. Quant aux crampons qui se développent en si grand nombre le long de la tige, ce ne sont pas des suçoirs, mais de simples moyens de fixation.

Il convient également de séparer des plantes parasites proprement dites certaines espèces exotiques, appartenant pour la plupart aux familles des Orchidées, des Aroïdées, des Broméliacées, et qui s'attachent à la surface extérieure des troncs d'arbres, sans que leurs racines y pénètrent, et sans qu'elles leur empruntent en aucune façon leur subsistance. Ces plantes sont désignées botaniquement sous le nom d'*épiphytes* ou d'*épidendres* (en grec : *épi*, sur; *phyton*, plante; *dendron*, arbre). On a supposé qu'elles se nourrissaient aux dépens des vapeurs aqueuses et ammoniacales et aux dépens de l'acide carbonique que l'atmosphère presque confinée des forêts équatoriales renferme en si forte proportion. Les poussières minérales et les débris organiques accumulés dans les interstices de leurs racines adventives compléteraient le contingent d'éléments nutritifs indispensables à leur végétation.

Les expansions membraneuses, connues sous le nom de *lichens* et qui se montrent parfois en si grande abondance sur le tronc et les branches de nos arbres indigènes, ne sont pas non plus des plantes parasites. Ces lichens vivent aux dépens de l'atmosphère et ne demandent rien au végétal qui les porte; s'ils lui causent quelque préjudice, c'est, comme le lierre, en gênant quelques-unes de ses fonctions

---

CHAPITRE XIX

DÉVELOPPEMENT DES TISSUS DES VÉGÉTAUX.

La structure des tissus chez les végétaux a été indiquée avec quelque détail dans le cours de première année. Il nous reste à étudier comment se forment et se multiplient les éléments constitutifs de ces tissus, c'est-à-dire, les cellules, les fibres et les vaisseaux.

Les cellules devront fixer notre attention d'une manière plus spéciale, puisque les autres organes élémentaires ne sont réellement que des cellules plus ou moins modifiées. Les botanistes actuels, après de longues contestations, ont fini par admettre que les cellules se formaient toujours à l'intérieur de cellules déjà existantes, soit par séparation des cellules mères en plusieurs compartiments, et c'est là le mode le plus habituel, soit par apparition de cellules libres nouvelles dans le liquide qui remplit les anciennes. On nomme *protoplasma* une matière très-riche en principes organisables, abondante dans le liquide des cellules, et qui semble servir de point de départ au travail de constitution des cellules nouvelles. C'est autour des petits amas formés par cette matière que se montrent les parois membraneuses destinées à limiter les cellules. L'isolement produit, le protoplasma persiste, mais ne prend pas un accroissement analogue à celui de la cellule; il forme un petit noyau, le *nucleus* ou *cytoblaste*, auquel on attribue un certain rôle dans la production des diverses sécrétions dont les cellules sont le siége.

Multiplions à l'infini le travail de division des cellules, et nous pourrons nous rendre compte de la promptitude avec laquelle, dans certaines circonstances, les tissus végétaux se forment et s'accroissent. Tout le monde a pu constater à quel degré cette faculté existait chez les champignons; elle est même passée en proverbe, et l'on sait qu'une humidité considérable en est la condition première. Les cultivateurs spéciaux y ajoutent de la chaleur et une véritable exubérance d'engrais puissants. Les champignons sont exclusivement formés de tissu cellulaire, et, lorsque l'activité multiplicatrice trouve à sa portée, dans les milieux qui entourent la plante, tout ce qui est nécessaire à la constitution de tissus d'une structure extrêmement simple, il n'y a rien d'étonnant qu'on voie se produire des résultats en apparence aussi extraordinaires. On cite encore, comme exemple de cette rapidité d'accroissement, l'allongement des jeunes pousses de certains végétaux, le bambou entre autres, allongement qui dépasse un demi-centimètre par heure, à l'époque de l'ascension de la séve.

Remarquons, d'un autre côté, que les cellules jeunes ont des parois relativement très-minces, des cavités relativement très-grandes et que remplissent des liquides peu chargés de matières en suspension et en dissolution. Les tissus, à cet état de premier développement, ne sont encore qu'une sorte de carcasse, dont les vides se combleront au fur et à mesure que les parois des cellules deviendront plus épaisses, et que les liquides qu'elles contiennent, tout en diminuant de volume, deviendront plus riches en matières utilisables. Cet accroissement continue tant que se maintient dans les cellules l'activité vitale. Mais, à une certaine époque, toute activité disparaît, les parois cessent de s'épaissir et deviennent inertes, les liquides intérieurs se résorbent et sont remplacés par des gaz. Tel est, en général, au bout de peu d'années, le destin du tissu cellulaire qui forme la moelle. Dans les cellules incrustées que l'on nomme *fibres*, la cessation de l'activité coïncide avec l'état à peu près complet d'incrustation, et la matière solide se conserve pendant bien longtemps encore sans altération, en vertu de sa constitution chimique.

A côté de cette alternative d'altération ou d'inertie finalement imposée au tissu cellulaire, nous avons, dans le travail annuel dont la *voie du cambium* est le siége, l'exemple d'une vitalité permanente, se continuant indéfiniment jusqu'à l'époque de la destruction définitive du végétal. Cette zone intermédiaire entre le système central et le système

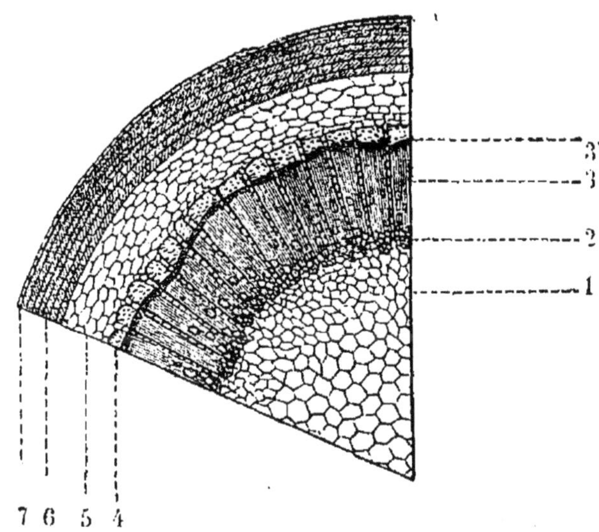

Fig. 126. — Coupe d'une jeune tige d'Érable[1].

extérieur de la tige, a commencé à se montrer dès l'origine de la végétation; elle formait la couche génératrice dans laquelle et aux dépens de laquelle se sont constitués les premiers faisceaux fibreux. Lorsque le bois et l'écorce sont bien nettement séparés, on retrouve toujours entre eux cette zone formée d'un tissu très-mou, très-délicat, abreuvé de liquides séveux, et dont les cellules, suivant qu'elles se rapprochent du bois ou de l'écorce, ajoutent, chaque année, en terminant leur organisation ébauchée, une couche nouvelle au liber et à l'aubier. Lorsque, dans les vieux arbres, le bois et les parties intérieures de la tige ont disparu par l'effet de l'âge ou de quelque accident, la partie interne de l'écorce,

1. Fig. 126. — Moelle. — 2. Étui médullaire. — 3. Faisceaux ligneux, séparés par des rayons médullaires et traversés par des vaisseaux. — 3. Voie du cambium. — 4. Liber. — 5. Enveloppe herbacée. — 6. Enveloppe subéreuse. — 7. Épiderme.

c'est-à-dire le liber, produit, chaque année, de nouvelles couches, dans lesquelles on retrouve les caractères des productions ligneuses et corticales. De même, à la surface des arbres accidentellement dépouillés de leur écorce, le bois le plus nouveau devient le siége d'une surexcitation vitale qui donne également naissance à des couches reproduisant la constitution de l'aubier et du liber. On a observé que, dans l'une et l'autre de ces circonstances, les fibres, les vaisseaux, en un mot, les divers organes élémentaires appartenant à l'écorce ou au bois, se transformaient en tissu cellulaire pour servir de point de départ à la formation des couches d'accroissement.

Dans l'opération de la greffe, on taille les scions ou écussons et l'on incise les sujets de manière que les deux cambium puissent être en contact immédiat et fournir la matière de la soudure commune. Quelque intime que soit l'association ainsi formée, la greffe et le sujet n'en conser-

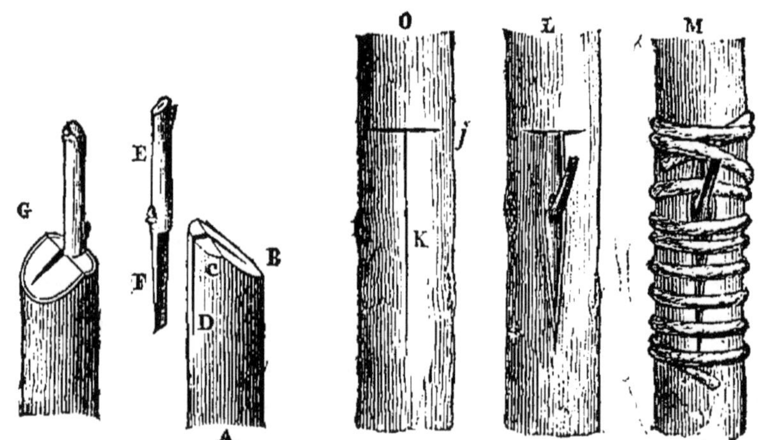

Fig. 127. — Greffe en fente [1]. Fig. 128. — Greffe en écusson [2].

vent pas moins, d'une manière ineffaçable, les caractères distincts des espèces auxquelles ils appartiennent. Ainsi,

1. Fig. 127. — A, B, C, D, sujet; E, F, scion; G, greffe en place.
2. Fig. 128. — O, J, K, — sujet préparé; — L, sujet avec l'écusson en place; M, sujet avec l'écusson en place et fixé.

sur la coupe longitudinale d'une tige greffée, on retrouve encore facilement, après bien des années, le point d'application de la greffe, et s'il s'agit, par exemple, d'un pêcher greffé sur un prunier, le bois présente, au-dessous de ce point, la couleur rougeâtre particulière au prunier et, au-dessus, la couleur blanche particulière au pêcher. Il y a, néanmoins, continuité et communication complètes entre les deux tissus; sans cela, il eût été impossible d'obtenir la greffe, et, si cette opération ne réussit qu'entre individus de même espèce ou d'espèces très-voisines, c'est que la séve du sujet ne peut passer dans la greffe qu'à la condition de rencontrer une structure tout à fait analogue à celle du sujet, des cellules de mêmes dimensions et de même espèce, des vaisseaux de même espèce, de même diamètre et semblablement distribués.

CHAPITRE XX

PRODUITS DIVERS ÉLABORÉS PAR LES PLANTES; LEUR SIÉGE HABITUEL.

Les plantes constituent de véritables laboratoires, dans lesquels se forment un nombre presque infini de substances, dont la diversité n'est pas moins étonnante que la simplicité des moyens employés pour les produire. Nous allons passer en revue, d'une manière très-succincte, quelques-uns des groupes les plus importants, et, dans cette étude, nous nous placerons au point de vue de l'histoire naturelle, c'est-à-dire que nous nous bornerons à indiquer la composition élémentaire des substances, les espèces végétales qui les fournissent et les parties de la plante où l'on peut le plus habituellement les rencontrer. Une étude plus approfondie, particulièrement au point de vue chimique, exigerait des connaissances qui ne seront acquises que dans la troisième ou même dans la quatrième année d'enseignement.

Fécule; sucres; gommes. — La *fécule* est une des substances qu'on trouve le plus abondamment dans les différents tissus végétaux. Elle se compose de charbon et d'eau, c'est-à-dire, des deux éléments qui forment, en quelque sorte, le fonds de l'alimentation des plantes; il n'est donc point surprenant que la fécule existe en plus ou moins grande proportion dans tous les organes. Elle se montre sous forme de grains, tenus en suspension dans le liquide des cellules et même remplissant ces cellules tout entières. Ces grains varient dans leur configuration et dans leurs dimensions, suivant qu'on les examine à telle ou telle période de leur développement. Mais, en général, on peut constater, parmi les grains provenant de chaque espèce végétale, des caractères dominants de forme, de grandeur, d'arrangement réciproque, qui permettent de déterminer assez facilement l'origine d'une fécule, ou son mélange avec une autre fécule. Ainsi, les grains de fécule de la pomme de terre sont isolés, ovoïdes et très-déprimés; ceux des féves et des haricots sont isolés, ovoïdes ou circulaires, mais moins déprimés; ceux du maïs et du sagoutier sont polyédriques; mais les premiers, comme ceux de toutes nos fécules indigènes, sont isolés, et les seconds sont agglomérés plusieurs ensemble, de même que ceux du tapioca et de l'arrow-root. La forme polyédrique des grains de fécule décèle facilement la présence du maïs dans la farine de froment. Quant aux dimensions, Dujardin donne les moyennes suivantes : fécule de pomme de terre, 40 à 60 millièmes de millimètre; fécule de féve et de haricot, 25 à 40 millièmes; fécule de blé, 4 à 30 millièmes. Le même observateur reconnaît, d'ailleurs, avec beaucoup de raison que ces moyennes n'ont

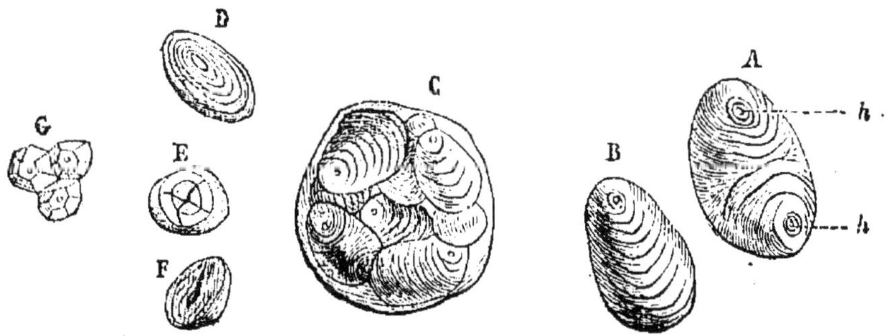

Fig. 129. Grains très-grossis de diverses fécules[1].

rien d'absolument fixe, et que, dans les différentes fécules, il arrive toujours que certains grains dépassent de beaucoup

1. Fig. 129. Grains de fécule. — A, B, grains de fécule de pomme de terre ; h, h, hile. — C, cellule remplie de ces grains. — D, grain de fécule de froment. — E, F, grains de la même fécule coupés vers le milieu. — G, grains de fécule de sagou.

les dimensions normales ou leur restent, au contraire, très-inférieurs. Les grains de fécule présentent ordinairement des sortes de noyaux plus ou moins rapprochés du centre, que l'on nomme *hiles* et dont la présence ou la configuration peuvent encore servir de caractères distinctifs. L'examen de la structure des grains de fécule nous les montre formés de lames concentriques. Leur caractère chimique est de bleuir instantanément au contact d'une solution d'iode, tandis que cette même solution colore en jaune ou en brun les granules de matière azotée.

La fécule abonde dans les graines des céréales (blé, orge, avoine, maïs), dans celles des légumineuses (fèves, haricots, pois, lentilles), dans celles du sarrasin, du châtaignier. C'est à sa présence en très-forte proportion que ces graines doivent leur emploi dans l'alimentation. On extrait également une fécule comestible de la tige du sagoutier, des tubercules de la pomme de terre, de l'igname, de la patate. Les matières désignées sous les noms d'*arrow-root*, de *saled* et de *tapioca* ne sont autre chose que des fécules exotiques.

L'*inuline* doit être rapprochée de la fécule, avec laquelle elle présente la plus grande analogie de caractères et de composition. C'est une substance blanche, insipide, pulvérulente, qui remplace la fécule dans les parties souterraines d'un certain nombre de plantes de la famille des Composées. On en trouve environ 3 pour cent dans les tubercules du topinambour, jusqu'à 12 pour cent dans ceux du dahlia.

La matière sucrée se présente dans les végétaux sous deux formes : le *sucre de fruits* et le *sucre de canne*. Ces deux sortes de sucres ont une composition très-voisine ; elles nous représentent l'une et l'autre, comme la fécule, une combinaison d'eau et de charbon. Toute la différence tient au plus ou moins d'eau que renferme la combinaison.

Le *sucre de fruits* se trouve abondamment dans tous les fruits acides, et principalement dans le raisin. C'est lui qui forme cette poussière blanche et cristalline qui recouvre les pruneaux et les figues sèches. Le *sucre de canne* s'extrait principalement des tiges de la canne à suc et des racines de la betterave; mais il existe aussi en forte proportion dans les tiges du sorgho à sucre et du maïs, dans les racines de la carotte et du navet, dans la séve du palmier, de l'érable, du bouleau, dans les fruits du cocotier, de l'ananas, du melon, de la citrouille, du châtaignier.

Les *gommes* sont encore des substances composées de charbon et d'eau, par conséquent, très-voisines de la fécule et du sucre. On peut, d'après les caractères chimiques, distinguer trois espèces de gommes : l'*arabine*, la *cérasine* et la *bassorine*. La *gomme arabique*, qui provient de divers acacia étrangers à notre climat, est formée d'arabine presque pure. La *gomme de pays*, produite par une exsudation morbide commune à plusieurs de nos arbres fruitiers, tels que le cerisier, le prunier, l'abricotier, se compose en majeure partie de cérasine, mélangée d'une certaine quantité d'arabine. La *gomme adragante*, qui nous est apportée du Levant et qui est fournie par certains astragales, se compose de bassorine et d'amidon. La graine de lin, les pepins de coing, les fleurs et les racines de la mauve, de la guimauve, etc., fournissent des *mucilages* formés par de la fécule et une certaine proportion des matières gommeuses que nous venons de mentionner. Les lichens sont dans le même cas.

Huiles; beurres; cires. — Les *huiles fixes* ou *huiles grasses* sont constituées par une combinaison du carbone avec l'oxygène et l'hydrogène ; mais ces deux derniers éléments ne sont point réunis dans les proportions qui forment l'eau, et cette différence dans les proportions sépare complétement de la fécule, du sucre et des gommes, les huiles et les substances dont il sera question ultérieurement. Un grand nombre de végétaux renferment dans leurs graines des matières huileuses employées soit dans l'alimentation, soit dans l'industrie.

On peut citer, parmi les huiles grasses alimentaires : l'*huile d'olive*, extraite du péricarpe de l'olive; l'*huile de faînes*, extraite des graines du hêtre; l'*huile de noix*, extraite de la noix; l'*huile d'œillette* ou *huile blanche*, extraite de la graine du pavot noir; l'*huile d'arachide*, l'*huile de navette*, l'*huile de sésame*, l'*huile de madia sativa*, l'*huile de caméline*, extraites de la graine des plantes du même nom.

D'autres huiles grasses, parfois utilisées dans l'alimentation, le sont plus particulièrement dans la peinture, la savonnerie, la parfumerie, la pharmacie, l'éclairage, le graissage des machines. Nous mentionnerons : l'*huile de lin*, extraite des graines du lin cultivé; l'*huile de chènevis*, extraite des graines du chanvre; l'*huile de colza*, extraite des graines du colza; l'*huile de palme*, extraite de l'amande et du brou de plusieurs palmiers très-communs dans la Guyane et sur les côtes de la Guinée; l'*huile de pepins*, extraite des pepins de raisin; l'*huile de coton*, extraite des semences du cotonnier; l'*huile de pin*, extraite des semences des divers conifères; l'*huile d'amandes douces*, extraite des cotylédons de l'amande comestible; l'*huile de ben*, extraite des semences d'une ou plusieurs espèces de moringa; l'*huile de ricin*, extraite des semences du ricin; l'*huile d'épurge*, extraite des graines de l'euphorbe épurge; l'*huile de croton*, extraite des semences du *Croton tiglium*. Ces trois dernières huiles doivent leurs propriétés spéciales à certains principes mélangés à la matière grasse. Nous nous bornerons à cette énumération très-incomplète de quelques-unes des huiles grasses le plus généralement employées. Il n'est point de localité où l'on n'ait su tirer parti des semences des végétaux indigènes pour en extraire une huile utilisable au moins industriellement. On compterait par milliers les échantillons que l'on voit figurer à chacune des grandes expositions périodiques.

Les *beurres végétaux* se rapprochent beaucoup des huiles grasses par leur origine et leur composition chimique. Nous indiquerons : le *beurre de muscade*, extrait des fruits du muscadier; le *beurre de coco*, extrait de la noix du cocotier; le *beurre de cacao*, extrait des féves du cacaoyer; le *beurre de galam*, extrait des semences du *Bassia butyracea* (Népaul), le *suif de piney*, extrait des fruits d'un arbre encore assez mal déterminé du Malabar.

La *cire* se trouve en plus ou moins grande abondance chez un grand nombre de végétaux. Elle forme à la surface de certains fruits, de certaines feuilles, de certaines tiges même, un enduit pulvérulent que l'on connaît sous le nom de *fleur*. Les feuilles d'un palmier du Brésil fournissent la *cire de carnauba*; l'épiderme du *Ceroxylon andicola* (Nouvelle-Grenade) fournit la *cire de palmier*; les baies de plusieurs espèces de *Myrica* (Louisiane, Inde tempérée, Afrique australe), celles de plusieurs *Myristica* (Para, Guyane) renferment une cire que l'on emploie pour la fabrication des bougies.

Essences; résines. — Les *essences* doivent le nom d'*huiles volatiles,* sous lequel on les désigne assez communément, à la propriété qu'elles possèdent de tacher le papier, comme le font les corps gras; mais les taches qu'elles produisent disparaissent promptement par la chaleur. Au surplus, leur constitution est très-différente de celle des huiles proprement dites.

Parmi les essences d'origine végétale, les unes ne renferment que de l'hydrogène et du carbone; telles sont : l'*essence de térébenthine*, extraite de la résine de plusieurs Conifères; l'*essence de bergamote* et l'*essence de citron,* extraites du zeste du citronnier bergamotier et du citronnier cédratier. D'autres essences sont composées de carbone, d'hydrogène et d'oxygène; tel est le *camphre*, essence cristalline, qui se forme dans le canal médullaire du tronc et des branches du camphrier: beaucoup d'autres plantes en contiennent, et particulièrement un grand nombre de Labiées. L'*essence de menthe poivrée*, l'*essence de lavande,* l'*essence de romarin,* sont extraites de diverses Labiées; les *essences de carvi*, *d'anis*, *de cumin*, *de fenouil*, *d'absinthe*, *de camomille*, etc., de diverses Ombellifères ou Composées; l'*essence d'amandes amères* se retire des amandes ou graines de diverses Rosacées à drupes, ou bien des feuilles du laurier-cerise; l'*essence de cannelle*, de l'écorce du cannellier; l'*essence de valériane*, des rhizomes de diverses valérianes.

D'autres essences contiennent, outre les trois éléments

des essences ternaires, du soufre et de l'azote; on peut citer parmi elles: l'*essence de moutarde*, extraite des graines de la moutarde; l'*essence d'oignon*, l'*essence de raifort*, etc.

Les chimistes considèrent les *résines* comme le produit de l'oxydation des huiles volatiles; c'est probablement ainsi qu'elles s'engendrent dans les plantes. Les résines s'obtiennent généralement en faisant des incisions aux tiges, aux branches, et même aux racines de certains végétaux. Si la substance résineuse qui s'écoule de ces incisions est, à l'état de pureté, insoluble dans l'eau et soluble dans l'alcool, c'est une *résine* proprement dite; si, au contraire, elle se dissout un peu dans l'eau et difficilement dans l'alcool, c'est une *gomme résine*; enfin, c'est un *baume*, si elle a les propriétés spéciales des résines, et, de plus, possède un arome et peut donner, par la sublimation, un acide odorant et cristallisable en petites aiguilles (l'acide benzoïque ou l'acide cinnamique). Nous conserverons cette classification, bien qu'elle date d'une époque déjà un peu ancienne.

On remarque, parmi les résines: la *térébenthine*, fournie par les pins, les sapins, les mélèzes, la *résine copal*, fournie par le courbaril verruqueux, le sumac copallin, etc.; la *gomme laque*, que les piqûres d'une cochenille font écouler des branches de diverses espèces de figuiers des Indes; le *mastic*, qui provient des pistachiers lentisque et atlantique; la *résine icica*, de plusieurs espèces d'*Icica*; le *jalap*, du *Convolvulus jalapa*; la *sandaraque*, de diverses espèces de Conifères et particulièrement des thuya.

On remarque, parmi les gommes résines : la *gomme ammoniaque*, provenant de l'*Heracleum gummiferum*; l'*assa fœtida*, de la férule du même nom ; la *scammonée*, du *Convolvulus scammonea*; l'*encens*, de diverses espèces de Burséracées; la *myrrhe*, du *Balsamodendron kataf;* la *gomme-gutte*, du guttier; le *galbanum*, dont l'origine est mal connue.

Enfin, parmi les *baumes*, il faut nommer : le *benjoin*, extrait du *Styrax benzoïn;* le *baume de tolu*, du *Myroxylon toluiferum*; le *baume du Pérou*, du *Myroxylon peruanum.* Il y a beaucoup d'incertitude, parmi les auteurs, relativement à l'origine de plusieurs des résines et gommes résines que nous venons de mentionner. Ces substances arrivaient autrefois des Indes par la voie d'Alexandrie. On leur substitua plus tard des produits analogues, apportés d'Amérique à beaucoup moins de frais.

Caoutchouc ; gutta-percha, etc. — Le *caoutchouc*, décrit pour la première fois, en 1735, par La Condamine, existe dans le suc laiteux d'un grand nombre de plantes. Les Euphorbiacées, les Urticées, les Artocarpées, les Apocynées, les Chicoracées, les Papavéracées, les Lobéliacées, les Campanulacées, etc., en contiennent beaucoup ; mais la sécrétion spéciale qui le fournit n'est assez abondante pour faire l'objet d'une exploitation profitable que dans certaines espèces des contrées chaudes. Le suc laiteux du *Siphonia cahuchu*, d'où on l'extrait au Brésil depuis les premiers temps des importations, en contient 30 pour 100 de son volume. L'arbre qui fournit la plus grande quantité de caoutchouc brut venant de l'Inde continentale est le *Ficus élastica*, très-abondant à Assam. Les *Ficus radula*, *elliptica* et *prinoïdes* fournissent une partie des produits importés de l'Amérique. Une plante grimpante, d'une croissance rapide et atteignant des dimensions gigantesques, l'*Urceola elastica* (Apocynées), produit le caoutchouc des îles de l'archipel Indien. Un seul pied peut donner, à l'aide d'incisions, 25 kilogrammes par an. Le *Collophora utilis* et le *Cameraria latifolia*, de l'Amérique du Sud, le *Vahea gummifera*, de Madagascar, sont encore au nombre des plantes dont le suc laiteux fournit le caoutchouc. Le Brésil, notamment la province de Para, et une grande partie des deux Amériques, nous envoient des quantités considérables de caoutchouc ; on en tire de Java, de Sumatra, du royaume d'Assam, de Singapore et de l'Afrique occidentale ; en sorte qu'aujourd'hui l'Amérique, l'Asie, l'Afrique contribuent à la production de cette matière première.

La *gutta-percha* est, comme le caoutchouc, un suc laiteux de la nature des latex. Elle est fournie par un arbre de la famille des Sapotées, l'*Isonandra percha*, très-répandue dans les îles de l'Asie équatoriale. Les indigènes, au lieu de l'extraire par incision, abattent les tiges entières, et cette substance si précieuse pour notre industrie finira par disparaître, à moins que l'on ne régularise les procédés d'exploitation.

D'autres végétaux, tels que le *Galactodendron utile* ou *arbre à la vache* (Amérique équatoriale), le *Tabernæmontana utilis* (Guyane), laissent exsuder un latex qui, pour les caractères physiques, la saveur et les propriétés alimentaires rappelle assez bien le lait de nos ruminants. Le caoutchouc à l'état frais offre, d'ailleurs, sensiblement les mêmes caractères et serait de même susceptible de servir à l'alimentation.

Matières colorantes. — Les végétaux nous fournissent un nombre presque infini de matières colorantes. A peine nous sera-t-il possible d'indiquer ici quelques-uns des produits les plus importants et les plus répandus.

L'*indigo* s'extrait des feuilles de plusieurs plantes du genre *Indigofera*, cultivées en Chine, au Japon, dans l'Inde, en Égypte, en Amérique. L'*Indigofera tinctoria* est le plus riche en matière colorante; mais il donne un indigo peu estimé; c'est de l'*Indigofera argentea* que l'on retire le plus bel indigo. On trouve cette même substance dans notre pastel indigène (*Isatis tinctoria*) et dans le *Polygonum tinctorium*.

La *garance* est, après l'indigo, la matière colorante dont l'industrie fait l'usage le plus considérable. Elle s'extrait des racines de la plante du même nom (*Rubia tinctorum*), cultivée dans les Indes orientales, dans le Levant, en Hollande, en Alsace et dans l'ancien comtat d'Avignon.

Un grand nombre de Lichens, on pourrait presque dire tous les Lichens, fournissent des matières colorantes. Le *Lichen Islandicus*, le *Lichen crocatus* et le *Lichen candelarius*, donnent une teinture jaune; le *Lichen rangiferinus* une teinture violette; le *Lichen roccella* ou *Orseille des Canaries*, fournit l'*orseille des Iles*; le *Leconora parella*, l'*Orseille d'Auvergne*; on retire différents rouges des *Lichens tartareus*, *cocciferus*, etc. Le *tournesol en pain* se prépare avec les lichens d'où l'on extrait l'orseille. Il ne faut pas confondre ce tournesol, employé presque uniquement par les chimistes, avec le *tournesol en drapeaux*, que l'on extrait de la maurelle (*Croton tinctorium*), et qui sert pour teindre les papiers à sucres.

Les fleurs du carthame (*Carthamus tinctorius*, Composées), désignées sous les noms de *safranum*, de *safran bâtard*, de *faux safran*, donnent une couleur éclatante mais peu stable. Elles servent à teindre la soie, le coton et le lin en ponceau, en nacarat, en cerise, en rose, en couleur de chair. L'extrait rouge, ou *carthamine*, broyé dans l'eau avec le talc, constitue le rouge végétal. — Le vrai safran (*Crocus sativus*), cultivé sur une assez grande échelle dans le Gâtinais, possède des stigmates colorés que l'on emploie dans la teinture et dans la pharmacie. Il faut plus d'un million de stigmates pour faire un kilogramme de safran desséché. La matière colorante est jaune et peu solide.

On désigne sous le nom de *graines de Perse* les fruits du *Rhamnus tinctoria*, cultivé dans le midi de la France et dans les pays du Levant. Ces graines fournissent une matière colorante jaune ; les fruits de divers autres *Rhamnus*, désignés sous le nom de *graines d'Avignon*, donnent une matière analogue. — Le *jaune de fustet* provient du bois du *Rhus cotinus*, arbrisseau de la famille des Térébinthacées, cultivé en Provence. Le *jaune de Curcuma* est extrait des racines du *Curcuma longa* et du *Curcuma rotunda;* le *jaune de gaude*, des sommités fleuries d'un réséda indigène, le *Reseda luteola*. — Le *brou de noix* fournit des jaunes et des bruns qui se fixent sur la laine sans mordant. — Le *rouge d'orcanette* provient de l'écorce des racines du *Lithospermum tinctorium* ou buglosse tinctoriale (Borraginées). Le *roucou* est extrait des fruits du *Bixa orellana;* cette matière, d'un rouge orange, nous arrive toute préparée du Brésil, de la Guyane et des Indes orientales.

Les bois de teinture peuvent se partager en bois rouges et bois jaunes. Les bois rouges doivent leurs propriétés tinctoriales à la présence de certains principes spéciaux connus sous les noms d'*hématine*, de *brésiline*, de *santaline*. Parmi ces bois, les plus estimés proviennent du Brésil, de la Jamaïque, des Indes orientales, de la Chine, de Siam, de Manille, etc. On les désigne dans le commerce sous le nom des pays d'où on les tire. Le *bois de Fernambouc* (Amérique du Sud) renferme la plus belle qualité et la plus grande quantité de matière colorante; le meilleur vient du gouvernement de Paraïbo. Le *bois du Brésil* contient presque la moitié moins de matière colorante que le bois précédent, et il en contient d'autant moins qu'il est moins âgé; les jeunes troncs sont presque blancs; avec le temps, ils passent au rouge et au rouge brun. Le *bois de Sapan* est employé dans l'Inde orientale, depuis un temps immémorial, pour teindre en rouge; le meilleur est celui qui nous arrive de Siam. Le *Sainte-Marthe* est presque aussi lourd que le Fernambouc; mais il ne renferme qu'un tiers environ d'une matière colorante, qui n'est ni aussi belle ni aussi durable. On le trouve dans le commerce sous la forme de bâtons d'un rouge pâle, gros comme le bras, très-tortueux et remplis de trous. Le *bois de Campêche* est sous la forme de bûches rouges, qui deviennent noires quand on les coupe; trempé dans l'eau, il donne une teinture si forte qu'elle peut remplacer l'encre. Parmi les bois qui servent à la teinture en rouge, il faut encore nommer le *bois de Santal*. Il est dur, sec, et d'un rouge moins foncé que le Fernambouc.

Le *bois jaune* provient du morin, *Morus tinctoria*, arbre originaire du Brésil et des Antilles. On le trouve dans le commerce sous la forme de grosses bûches, jaunes sans mélange de rouge. Sa décoction a une couleur orange vif tant qu'elle est chaude; en se refroidissant, elle se trouble et dépose une matière pulvérulente jaune que M. Chevreul a nommée *morin*. On doit encore à M. Chevreul la découverte de la *quercitrine*. Il a tiré cette substance du quercitron ou *Quercus tinctoria*. Le quercitron est employé de préférence à la gaude dans la teinture des étoffes de coton.

Acides et alcalis organiques. — C'est au commencement de ce siècle que l'on a signalé dans les végétaux l'existence de matière ayant une grande analogie, quant aux propriétés chimiques, avec les bases minérales et que l'on a désignées sous le nom générique d'*alcaloïdes*. Ces substances sont toutes azotées et représentent le plus souvent le principe actif du végétal dont elles proviennent; elles se trouvent toujours à l'état de sels. Nous nous contenterons de donner la liste des principaux alcaloïdes naturels, avec l'indication des végétaux qui les fournissent.

Quinine	Écorce du *quinquina jaune*.
Cinchonine	Écorce du *quinquina gris*.
Morphine *Codéine* *Narcotine* *Thébaïne* *Narcéine*	*Opium* ou suc épaissi du *papaver somniferum*.
Strychnine *Brucine*	En proportions variables dans la *noix vomique*, la *fève de Saint-Ignace*, et le *bois de couleuvre* (Strychnées).
Asparagine	Pousses d'*asperge*; racines de *guimauve*, de *réglisse*.
Digitaline	Feuilles de la *digitale*.
Caféine ou *théine*	Feuilles de *thé* et de fèves de *caféier*.
Théobromine	Fèves de *cacao*.
Nicotine	Feuilles de *tabac*.
Conicine	Racines, feuilles et semences de la *grande ciguë*.

On rencontre, dans les différentes parties des végétaux, un très-grand nombre d'acides organiques. L'écorce et même le bois du chêne, du marronnier d'Inde, de l'orme, du saule, etc., les feuilles de certains arbres, plusieurs racines vivaces, l'enveloppe de plusieurs fruits charnus, enfin certaines excroissances végétales, telles que la noix de galle, contiennent, en plus ou moins grande proportion, une substance faiblement acide, le *tanin* ou acide *tannique*. Tout le monde connaît l'emploi considérable que l'on fait pour le tannage des matières végétales qui contiennent cet acide. — Après l'acide tannique, l'acide végétal le plus répandu est l'acide *malique*; il existe, isolé ou combiné avec des bases, dans presque tous les fruits rouges, dans les pommes, les poires, les prunes, les groseilles vertes, les champignons; dans les feuilles de joubarbe, d'épinard, de tabac, etc.; c'est lui qui, généralement, donne aux fruits la saveur aigre qu'ils possèdent avant la maturité. — L'acide *tartrique* existe dans un grand nombre de fruits et d'organes végétaux. Le raisin est, de tous les fruits, celui qui en possède le plus, et il renferme cet acide à l'état de bi-tartrate de potasse et de tartrate neutre de chaux. Ces deux sels forment la croûte adhérente aux parois des tonneaux, ce que l'on nomme le *tartre*. — Un grand nombre de fruits acides, tels que les citrons, les oranges, les tamarins, les baies vertes du groseillier à maquereaux, les groseilles communes, etc., renferment de l'*acide citrique*. On extrait ordinairement cet acide des citrons, qui en sont très-abondamment pourvus. —L'*acide oxalique* se trouve en grande quantité, associé à la potasse, dans les tiges de certains *Rumex*, particulièrement le *Rumex acetosa* on grande oseille. On retire du suc de ces plantes, en Suisse et dans la Forêt-Noire, un mélange de bi-oxalate et de quadroxalate de potasse que le commerce désigne sous le nom de *sel d'oseille*.

GÉOLOGIE.

CHAPITRE XXI

NOTIONS PRÉLIMINAIRES.

Dans le cours de Géologie de l'année préparatoire, les élèves se sont familiarisés avec l'étude des phénomènes actuels, et la connaissance des procédés par lesquels, remontant du connu à l'inconnu, les naturalistes ont su reconstituer, pour ainsi dire, l'histoire de la terre. Dans le cours de première année, on a fait l'application des notions ainsi acquises à l'étude de la géologie locale. Il s'agit maintenant d'étendre à l'ensemble de la constitution du globe, à l'ensemble des phénomènes qui se sont succédé depuis l'origine, l'emploi des méthodes qui nous ont servi pour étudier la structure de l'écorce terrestre sur une surface nécessairement très-limitée et à une faible profondeur, et dont l'emploi nous a permis de ramener à des causes d'une simplicité élémentaire les phènomènes toujours très-peu compliqués dont nous sommes les témoins journaliers.

Dans la pratique, le point de départ le plus commode pour cette double étude sera le groupe de formations géologiques dont on aura fait l'exploration d'une manière plus ou moins complète pendant le cours de première année. Après avoir constaté que ces formations se présentent avec des caractères divers et bien déterminés, qu'elles se succèdent dans un certain ordre, que cet ordre n'est jamais interverti, il sera facile de comprendre que des formations d'une autre nature peuvent se présenter dans d'autres localités, que ces formations peuvent prendre rang après ou avant celles que l'on a étudiées directement ; il sera facile de comprendre que les matériaux de l'écorce terrestre peuvent, d'après leur composition, leur origine, leur mode d'arrangement, être répartis en différentes catégories ; enfin, que le travail de détail que l'on avait fait pour une localité isolée a pu être fait sur une bien plus grande échelle par les savants qui ont visité, étudié, comparé un nombre considérable de localités.

Ce sont les résultats généraux de ces études que nous allons mettre sous les yeux des élèves; mais nous ne saurions trop les engager à se reporter constamment, pour l'intelligence des détails, aux recherches personnelles qu'ils auront dû faire, l'année précédente, relativement à la géologie de la région qu'ils habitent.

Les matériaux qui entrent dans la composition de l'écorce terrestre appartiennent en presque totalité au règne minéral. Ce règne ne comprend guère que quelques centaines d'espèces, et, parmi ces espèces, il n'y en a peut-être pas plus de soixante dont il faille tenir sérieusement compte dans l'étude de la structure du globe; les autres ne se rencontrent qu'accidentellement, ou bien par quantités en quelque sorte insignifiantes. On donne le nom de *roches* aux espèces minérales et aux associations d'espèces minérales qui forment des masses assez considérables pour qu'on doive les regarder comme de véritables éléments géologiques. Les roches constituées par une seule espèce minérale sont des *roches simples* : on en peut citer comme exemples la craie, le calcaire ou pierre à bâtir, le gypse ou pierre à plâtre, l'argile, le grès. Les *roches composées* sont celles qui résultent de l'association de deux ou plusieurs espèces minérales : tel est le granit, mélange de mica, de quartz et de feldspath. Le mot de roche, comme on peut le voir par l'énumération qui précède, n'implique pas nécessairement l'idée de dureté.

Les roches, relativement à leur constitution minéralogique, présentent les caractères mêmes des espèces qui les ont formées. On peut parfaitement les étudier à ce point de vne sur des échantillons isolés, si réduit qu'en soit le volume, surtout si ces échantillons sont assez variés pour reproduire, en même temps que le type classique, les variations plus ou moins prononcées de structure et de composition chimique dont chaque espèce est susceptible. Mais il est d'autres caractères que l'étude seule des roches sur place peut nous faire connaître; ce sont ceux qui se rapportent à la disposition générale qu'affectent les différentes roches les unes relativement aux autres. La connaissance de ces rapports constitue la science nommée *géognosie* ou *géologie proprement dite,* tandis que l'étude des propriétés chimiques et physiques des masses minérales se rattache à la minéralogie même et prend souvent, dans les ouvrages, le nom d'*oryctognosie.*

L'agencement relatif des roches ne peut guère s'étudier que sur les points de la surface du globe qui ont été profondément entamés; les endroits les plus favorables à cette étude sont les falaises des bords de la mer, les excavations pratiquées pour l'exploitation des carrières à ciel ouvert, les tranchées destinées au passage des routes. Au premier aspect, les masses minérales nous paraissent souvent comme entassées pêle-mêle dans une sorte de confusion ; mais un examen plus attentif nous fait bientôt reconnaître que le désordre n'est qu'apparent, et que les divers matériaux qui constituent la masse même du globe sont disposés suivant un ordre bien déterminé. Nous constatons que, parmi ces grandes accumulations minérales auxquelles a été donné le nom de roches, un très-grand nombre se présentent avec une forme plate, très-étendue en surface, et rappellent à notre esprit l'image de *couches* superposées les unes relativement anx autres : elles sont ce que l'on appelle *stratifiées.* Certaines de ces couches forment une masse continue, sans aucune division, ou sans division régulière; mais la plupart se trouvent partagées par des fentes, ou par des fissures parallèles à leur surface, en feuillets plus ou moins minces. Si d'autres roches, au contraire, constituent des amas plus ou moins confus, des filons plus ou moins contournés, dans lesquels on ne distingue ni couches superposées, ni rien qui se rattache à une véritable stratification, les études faites dans un grand nombre de localités montrent que ces différences dans la disposition des masses minérales ne sont point l'effet d'un pur hasard, que les roches dont on a reconnu la structure stratifiée se montrent toujours avec le même caractère, et que les roches habituellement en amas ne présentent des apparences de stratification que dans des circonstances tout à fait exceptionnelles.

Nous n'avons point, d'ailleurs, à nous étonner de cette fixité dans le mode général de structure et d'agencement des roches, si nous considérons que c'est là une conséquence de leur mode de formation. Les roches d'origine aqueuse se sont déposées, comme tous les sédiments, en constituant des couches successives, toujours sensiblement horizontales et parallèles les unes aux autres. Les roches d'origine ignée se sont formées dans des conditions différentes. Poussées à travers les couches déjà existantes avec une violence considérable et dans un certain état de liquidité, elles ont occupé les vides produits par leur action même. Ces vides nous représentent généralement d'énormes *poches* à contours irréguliers, souvent aussi des sortes de *filons* plus ou moins épais, intercalés entre les plans de jonction des couches d'origine aqueuse ou traversant plus ou moins perpendiculairement ces mêmes couches. Dans certains cas, particulièrement à la suite des éruptions volcaniques, les matières ignées ont pu arriver à la surface même du sol; elles se sont répandues sur cette surface comme l'aurait fait un liquide visqueux. Il en est résulté des *coulées*, des *nappes* telles qu'on en voit encore se produire aujourd'hui sous nos yeux, et, dans cette circonstance, nous pourrions peut-être éprouver quelque embarras, si nous n'étions éclairés par l'examen de la composition minéralogique.

L'étude des roches ignées et de leur rôle dans la constitution de l'écorce terrestre se trouvant reportée dans le cours de troisième année, nous n'avons à nous occuper ici que des roches d'origine aqueuse. Quelques explications générales sont indispensables pour l'intelligence des faits qui se rapportent à cette catégorie des roches.

Il a été dit tout à l'heure que les roches aqueuses avaient dû, comme toutes les matières d'origine sédimentaire, constituer des couches sensiblement horizontales et parallèles les unes aux autres. C'est bien ainsi, effectivement, que les dépôts de cette nature ont dû se former, et, dans un grand nombre de localités, l'étude du sous-sol nous montre une succession de couches affectant une semblable disposition. S'il n'en est point de même partout, c'est que des agitations intérieures, c'est que des bouleversements de l'écorce terrestre ont dérangé l'état de choses primitif, et redressé sous différentes inclinaisons les couches dont la surface présentait, à l'époque de leur formation, une horizontalité à peu près parfaite.

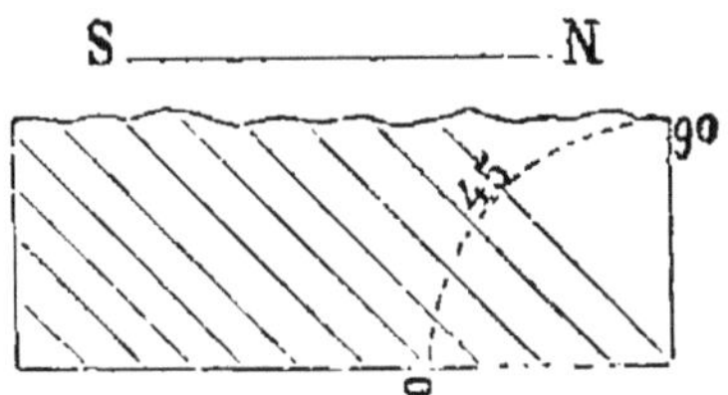

Fig. 130. — Plongement et direction.

Lorsqu'une couche, au lieu d'être sensiblement horizontale, incline plus ou moins, on dit qu'elle *plonge*; le point de la boussole vers lequel elle est inclinée se nomme *point du plongement*, et le nombre de degrés dont elle s'écarte de la ligne horizontale s'appelle *quantité du plongement* ou *angle d'inclinaison*. Ainsi, dans la figure 130, on voit l'inclinaison d'une série de couches plongeant au Nord, sous un angle de 45 degrés. La *direction* est le prolongement des couches suivant une ligne perpendiculaire à la ligne de plongement, Par exemple, dans le cas ci-dessus, où les couches plongent au Nord, la direction est Est et Ouest. Suivant une comparaison très-juste, empruntée à Charles Lyell, on peut expliquer ces deux termes, susceptibles de quelque confusion, en se figurant une rangée de maisons allant de l'Est à l'Ouest. La ligne de faîte des toitures representerait la direction; l'inclinaison des toitures représenterait le plongement. Ajoutons qu'une couche qui est horizontale n'a ni plongement ni direction.

Si l'on jette les yeux sur les différentes coupes que nous donnons plus loin, on remarquera que certaines couches restent complétement enfouies, tandis que d'autres montrent soit une de leurs tranches, soit leurs deux tranches, soit une portion plus ou moins considérable ou même la totalité de leur surface. On apelle *affleurements* ces émersions partielles ou totales des couches. Dans les régions qui n'ont point souffert de grands bouleversements et dont la surface est peu accidentée, les couches ont dû conserver leur situation horizontale; elles affleurent sur presque toute leur étendue, et, par suite, le nombre des couches sur lesquelles peuvent porter les études géologiques se trouvent nécessairement fort restreint, surtout si les couches immédiatement placées sous le sol offrent une épaisseur ou, comme on dit, une *puissance* considérable. Cependant, ainsi qu'on le voit dans la coupe XII, page 277, malgré l'horizontalité des couches superficielles, l'action érosive des eaux a souvent produit des affleurements d'un grand intérêt pour l'étude. Les affleurements se multiplient bien davantage, lorsque les couches ont été profondément dérangées de leur situation horizontale, ainsi qu'on peut le voir dans la coupe II, page 219; mais alors les affleurements, à peu d'exceptions près, ne nous présentent plus guère que des tranches. Les couches ou portions de couches qui, dans cette dernière circonstance, conservent l'horizontalité, sont en général des couches de formation relativement très-récente. On voit, dans la coupe VII, page 242, un exemple de couches de cette espèce recouvrant une région très-accidentée, de manière à faire disparaître entièrement le caractère et le relief primitifs du terrain.

Les couches sédimentaires, considérées dans leurs rapports réciproques, se montrent sous deux états bien différents. Tantôt elles sont parallèles les unes aux autres, et leur mode de stratification est *concordant*; tantôt elles ne sont point parallèles les unes aux autres, et leur mode de stratification est *discordant*; si, dans ce dernier cas, la disposition est telle que les couches supérieures reposent sur la tranche des couches du dépôt inférieur, la stratification est dite *trans-*

I. Coupe géologique suivant les routes impériales n. 23 et 157, entre Yvré et Saint-Denis (Sarthe).

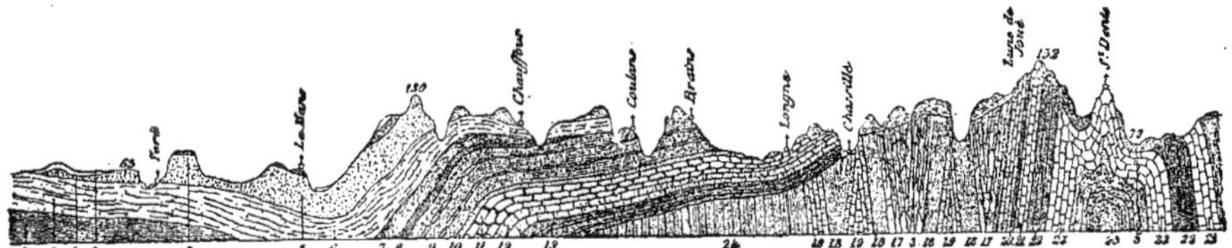

II. Coupe géologique de la route départemetale n. 5, entre Sablé et Sillé (Sarthe).

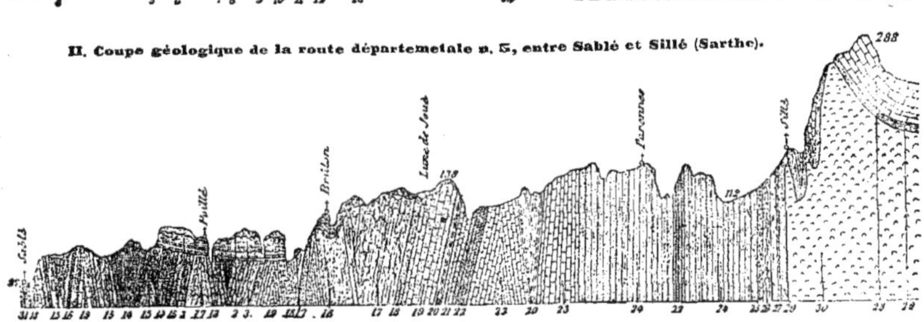

1. **Alluvions.**
2. **Sables des Faluns.**
3. **Argile à silex.**
4. **Sables Cénomaniens supér.**
5. **Craie à *Scaphites æqualis*.**
6. **Craie à *Pecten asper*.**
7. Oxford-clay.
8. Kelloway-rock.
9. Corn-brash.
10. Forest-marble.
11. Oolithe inf. à Amm. Parkii.
12. Oolithe inf. sableuse.
13. Lias supérieur.
14. Schistes avec anthracite.
15. Calcaire carbonifère.
16. Sch. et Grès avec anthr.
17. Calcaire devonien.
18. Schistes devoniens.
19. Grès devonien.
20. Sch. silurien à ampélite.
21. Grès blanc.
22. Schiste ardoisier.
23. Grès à Bilobites.
24. Schiste argileux.
25. Poudingue.
26. Dolomie.
27. Calcaire silurien.
28. Quartzites inférieurs.
29. Schistes métamorphiques.
30. Porphyre. 31. Amphibolite.

gressive. Nous avons, dans les coupes II et VII, des exemples de ce dernier mode de stratification.

La disposition originaire des couches est souvent altérée par des sortes de ruptures plus ou moins perpendiculaires au plan de dépôt, et par l'effet desquelles un certain nombre de couches se sont trouvées séparées en fragments dont la continuité n'existe plus, une partie ayant été élevée, l'autre abaissée. Ces ruptures, désignées sous le nom de *failles*, présente une grande importance au point de vue de l'exploitation des mines. Nous en donnons une figure théorique (fig. 131) et l'on trouvera plusieurs exemples dans les coupes X et XI, pages 262 et 271.

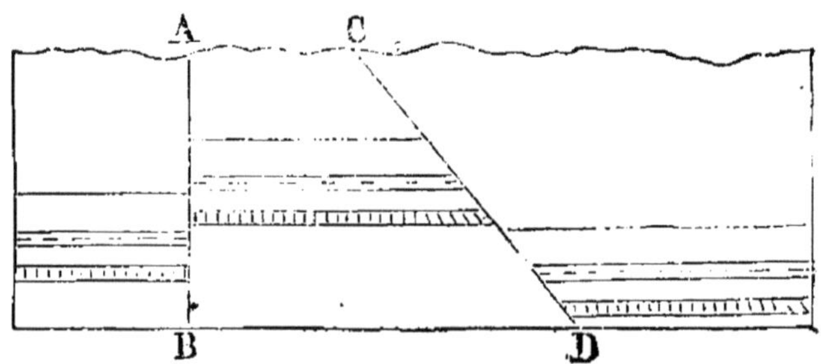

Fig. 131. — Failles; A B, perpendiculaire, C D, oblique.

Les géologues ont tiré un très-grand parti de l'étude des différences de stratification, toutes les fois qu'il s'agissait de résoudre les problèmes relatifs à l'ordre de formation et au mode de groupement des couches. En effet, la concordance de stratification est assez généralement une preuve que les couches doivent leur origine au même concours de circonstances, et qu'elles se sont formées pendant une période géologique où les mêmes causes productrices agissaient avec une certaine uniformité. Au contraire, la discordance indique, la plupart du temps, une séparation bien nette entre les deux périodes de formation. Par exemple, lorsqu'en Flandre, entre Mons et Valenciennes, on voit les couches du terrain houiller pliées et repliées dans la forme d'un immense Z, et que, par-dessus, on trouve un système de couches calcaires et argileuses étendues bien horizontalement, on conclut sans hésitation que ce dernier système constitue un ensemble particulier, et que les matériaux du premier étaient entièrement déposés et, qui plus est, déjà bouleversés, lorsque le second s'est produit.

C'est en partant de la donnée du parallélisme qu'on est parvenu à formuler l'idée d'ensembles de couches produites par le même concours de circonstances, entre deux périodes d'agitation successives. Ces ensembles ou systèmes de couches ont reçu généralement le nom de *formations* ou d'*étages*. Le mot de *terrain* est, pour beaucoup de géologues, synonyme de formation ou d'étage. D'autres appellent de ce nom un ensemble de formations réunies par des caractères généraux analogues à ceux qui ont servi à constituer les grandes divisions des deux règnes organiques. Certains systèmes de couches se composent de dépôts sensiblement de même nature; d'autres présentent une série de couches ayant chacune leur constitution minéralogique distincte, ou bien reproduisant par alternance un certain nombre de types minéralogiques. Une formation, par exemple, sera exclusivement composée de couches calcaires; dans une autre, on verra se succéder le calcaire, le gypse, la marne; dans une autre, enfin, des alternances de houille, de grès et d'argile schisteuse se répéteront un nombre de fois presque indéfini.

L'ordre chronologique des différentes couches qui constituent une même formation se déduit de leur ordre même de superposition. C'est, en effet, un axiome admis en géologie que toute couche minérale qui se trouve superposée à une autre est d'origine moins ancienne, pourvu toutefois que l'ordre primitif n'ait pas été altéré, Le même principe s'applique à la détermination de l'ordre chronologique des différentes formations ou systèmes de couches. De deux groupes géognostiques, le plus ancien est celui qui est placé sous l'autre. Cette disposition est constante ; jamais un groupe bien établi, dont la disposition sous un autre a été bien constatée, ne se montre au-dessus, sans qu'on observe immédiatement les preuves manifestes d'une dislocation violente qui est venue déranger l'ordre antérieurement établi. Dès lors, on comprend aisément que, par la comparaison d'un grand nombre de superpositions de couches et systèmes de couches, il a été possible de déterminer l'âge relatif de ces couches et de ces systèmes, c'est-à-dire, l'ordre chronologique de leur formation, puisque cet ordre ne saurait différer de celui de leur superposition relative. En imaginant ensuite tous les dépôts stratifiés qui concourent à former l'écorce terrestre comme superposés les uns aux autres dans l'ordre de leur formation, on a obtenu une série qui représente en même temps leur ordre de succession chronologique.

Le travail de comparaison dont nous venons de parler implique nécessairement que tous les dépôts susceptibles d'entrer dans la série seront caractérisés avec une netteté qui exclue toute confusion. Cette précision est tout particulièrement indispensable lorsqu'il s'agit d'établir ces points de repère qui guident le géologue et que l'on appelle des *horizons géognostiques*. La simple détermination des éléments minéralogiques serait, dans bien des cas, un moyen très-insuffisant. En effet, les couches sédimentaires sont formées par un nombre de roches assez restreint, et les nuances qui se montrent dans la structure et la composition chimique de la plupart de ces roches, suivant qu'elles appartiennent à tel ou tel dépôt, sont souvent prseque insignifiantes. Combien de dépôts d'argile, de sable, de calcaire même, qu'il serait impossible de classer sur la seule inspection de leurs caractères minéralogiques ! C'est par l'étude et par la comparaison des fossiles que l'on a réussi à vaincre cette difficulté qui semblait devoir opposer un obstacle presque insurmontable aux progrès de la géologie.

On donne le nom de *fossiles* à tous les débris de corps organisés qui se rencontrent dans l'épaisseur de la croûte terrestre, et, par extension, à certaines traces qui établissent la présence de la vie pendant les diverses époques géologiques qui ont précédé la période actuelle.

Un grand nombre de dépôts sédimentaires sont presque entièrement composés de coquilles, de fragments de polypiers et d'autres débris d'origine marine; quelquefois ces fossiles sont si abondants qu'ils forment à eux seuls toute la masse du terrain à une grande profondeur; nous ajouterons qu'ils se rencontrent non-seulement dans les parties basses des continents, mais encore dans des lieux situés à de grandes distances et très au-dessus des mers actuelles, souvent même jusque sur le sommet des montagnes les plus élevées.

Le degré de conservation des fossiles, la situation dans laquelle on les trouve, offrent des renseignements précieux pour l'histoire des différentes couches de l'écorce terrestre. Presque toujours, ils sont dans un état de conservation si parfaite qu'on ne peut douter que la mer ne les ait jadis déposés dans les lieux mêmes où on les rencontre ; ils sont donc la preuve que l'Océan a recouvert des portions de la surface du globe qui sont maintenant beaucoup au-dessus de son niveau, et, de plus, que le milieu dans lequel se formaient les dépôts coquilliers était parfaitement tranquille.

Les coquilles et les corps solides qui se déposent sur le fond de la mer tendent à y prendre une position horizontale; telle est, en effet, la position habituelle des fossiles que contiennent les couches horizontales. Au contraire, dans les couches que des soulèvements postérieurs ont redressées, les corps dont il s'agit sont également redressés, et le parallélisme des faces sur lesquelles ils ont dû reposer dans l'origine avec les joints de stratification des couches mêmes, prouve que, primitivement, ces joints offraient la même direction que présentent aujourd'hui toutes les couches qui se forment sous nos yeux par sédiment et stratification, c'est-à-dire la direction horizontale.

L'examen approfondi de la nature des fossiles a donné souvent la solution de problèmes importants; il a permis d'établir entre les différents dépôts considérés individuellement, aussi bien qu'entre les différents ensembles de couches, des rapports auxquels nul autre moyen d'observation n'aurait pu conduire. Dans l'intervalle immense qui sépare l'époque où nous vivons de celle où la vie se manifesta pour la première fois à la surface du globe, de nombreux changements se sont produits dans la constitution des deux règnes organiques, changements dont les témoignages nous sont fournis par les débris que recèlent les dépôts sédimentaires. Les êtres à qui appartiennent les débris que renferme chaque couche ont vécu à l'époque où se formait cette couche; ils vivaient dans les eaux mêmes qui l'ont formée, ou bien leurs restes y ont été apportés des surfaces sèches environantes par des torrents, des inondations; car, sauf dans certaines circonstances exceptionnelles, rien ne nous autorise à penser que les débris qui sont demeurés sur les parties découvertes de la surface terrestre ont pu s'y conserver; la fossilisation n'a dû se produire que là où se formaient de nouveaux terrains de sédiment.

Or, en étudiant ces restes avec soin, on a bientôt reconnu que les fossiles de nature différente ne sont pas disséminés au hasard dans la succession des dépôts, mais qu'ils s'y montrent par groupes successifs assez nettement déterminés, et qui correspondent aux grandes périodes de formation sédimentaire. Les genres et les espèces sont d'autant plus variés et plus nombreux que l'on s'élève davantage dans la série des couches et que l'on se rapproche plus, par conséquent, de celles qui ont été formées les dernières. Dans les couches les plus anciennes, les formes animales et végétales diffèrent, en général, beaucoup des formes actuelles, et elles paraissent s'en rapprocher d'autant plus qu'elles ont dû appartenir à des époques géologiques moins éloignées. Ces variations dans la nature des êtres qui ont vu se former les différents étages de l'écorce terrestre correspondent à des diminutions ou à des accroissements dans la température moyenne, à des changements dans la constitution des eaux ou de l'atmosphère.

Il serait certainement impossible aujourd'hui de prétendre d'une manière absolue que chaque espèce animale ou végétale est invariablement liée à telle ou telle couche, à telle ou telle formation déterminée. Cependant, le fait est manifeste pour certaines espèces, et, d'un autre côté, il est incontestable que les différents membres de la série géologique sont, en général, très-nettement caractérisés par la prédominance ou la très-grande abondance de certains fossiles. Les recherches les plus récentes semblent avoir établi que les espèces qui se rencontraient dans un grand nombre de couches successives appartenaient toutes à des groupes placés très-bas dans l'échelle organique.

Pour nous résumer, la succession des formes animales et végétales à la surface du globe, l'ordre de superposition dans lequel se montrent leurs restes, n'ont point été un effet du hasard. Ces deux grands faits sont nécessairement liés à la succession des phénomènes géologiques. De là résulte la possibilité de caractériser certains dépôts par leurs fossiles et, dans bien des cas, celle de fixer l'ordre de succession géologique de dépôts différents par l'ordre dans lequel se sont succédé chronologiquement leurs fossiles caractéristiques. De là, encore, une multitude de renseignements d'une haute importance sur les circonstances qui ont présidé à la formation des divers étages de l'écorce terrestre. C'est à tous ces titres que la *Paléontologie*, ou étude des fossiles, occupe une place si élevée parmi les diverses branches dont se compose la Géologie.

CHAPITRE XXII

CLASSIFICATION DES TERRAINS SÉDIMENTAIRES.

Nous avons vu, dans le chapitre précédent, par quels procédés on était parvenu à déterminer l'ordre chronologique des différentes couches, et à former ainsi une série linéaire, commençant aux dépôts les plus anciens et se terminant avec ceux que nous pouvons considérer comme les plus modernes, puisqu'ils sont encore en voie de formation. Relativement à la place que chaque couche doit occuper dans cette série, il n'existe entre les géologues que des divergences peu considérables; mais il n'en est pas de même relativement à la répartition en groupes des différents membres de la série, et, par suite, relativement à ce qu'on pourrait appeler la classification géologique. Il n'entrerait point dans le cadre de cet ouvrage de discuter les nombreux systèmes qui ont été successivement ou concurremment proposés, soit en France, soit à l'étranger. Nous adopterons purement et simplement les grandes divisions formulées dans les ouvrages destinés à l'enseignement universitaire, nous réservant d'indiquer, lorsqu'il en sera besoin, les synonymies. Après le tableau qui présente les grandes divisions de la série chronologique, on trouvera un second tableau, établissant une concordance entre les divisions le plus généralement adoptées par les géologues et celles qu'a données M. d'Orbigny dans sa *Paléontologie stratigraphique*. La plupart de nos coupes géologiques sont empruntées à des mémoires dans lesquels ce dernier système de nomenclature a été suivi plus ou moins complétement.

TABLEAU

SUIVANT L'ORDRE CHRONOLOGIQUE

DE LA SUPERPOSITION DES TERRAINS STRATIFIÉS

Terrains	Divisions	Étages
TERRAINS MODERNES. . . .	Couches *alluviales*, *madréporiques*, etc., actuellement en voie de formation.	
TERRAINS QUATERNAIRES.	*Diluvium*, *Læss*, *Lehm*, *Drift*, etc.	
TERRAINS TERTIAIRES. . .		*Pliocène ou Subapennin.* *Miocène ou Mollasse.* *Éocène ou Parisien.*
TERRAINS SECONDAIRES. .	CRÉTACÉS.	*Étage supérieur.* — *moyen.* — *inférieur.*
	JURASSIQUES. . . .	*Oolite.* *Lias.*
	TRIASIQUES. . . .	*Marnes Irisées.* *Calcaire Conchylien.* *Grès Bigarré.*
	PÉNÉENS ou PERMIENS . . .	*Grès Vosgien.* *Calcaire Magnésien.* *Grès Rouge.*
TERRAINS PRIMAIRES. . . .	HOUILLERS.	*Grès Houiller.* *Calcaire Carbonifère.*
	DEVONIEN.	
	CAMBRIEN et SILURIEN.	
	SCHISTES CRISTALLINS.	

CLASSIFICATION DE M. D'ORBIGNY, AVEC LES CONCORDANCES.

28e Étage : *Contemporain.* — Terrains modernes et Quaternaires; Loess; Lehm.

27e Étage : *Subapennin.* — Sables des Landes; Alluvions anciennes de la Bresse; partie supérieure du Crag; Tertiaire supérieur; ancien Pliocène.

26e Étage : *Falunien.* — Faluns; Mollasse; Calcaire de Beauce; Grès de Fontainebleau; Miocène.

25e Étage : *Parisien.* — Calcaire de Brie; Calcaire de Saint-Ouen; Sables et Grès de Beauchamp; Calcaire grossier; Argile de Londres; Éocène supérieur.

24e Étage : *Suessonien.* — Argile plastique; Sables inférieurs; Éocène inférieur.

23e Étage : *Danien.* — Calcaire pisolitique.

22e Étage : *Sénonien.* — Craie blanche; Craie jaune; Calcaire à radiolites; Crétacé supérieur.

21e Étage : *Turonien.* — Craie Tufau; Calcaire à Hippurites; Crétacé supérieur.

20e Étage : *Cénomanien.* — Craie chloritée; Grès vert; Tourtia; Crétacé moyen.

19e Étage : *Albien.* — Grès vert; Gault; Crétacé moyen.

18e Etage : *Aptien.* — Grès vert; Crétacé moyen.

17e Étage : *Néocomien.* — Grès vert inférieur; Weald; Crétacé inférieur.

16e Étage : *Portlandien.* — Calcaire Portlandien; Oolithe supérieure.

15e Étage : *Kimmeridgien.* — Argile d'Honfleur; Oolithe supérieure.

14e Étage : *Corallien.* — Groupe corallien; Calcaire corallien; Coral-rag; Oolithe moyenne.

13e Étage : *Oxfordien.*—Oxford-clay; Terrain à chailles; Oolithe moyenne.

12e Étage : *Callovien.* — Argile de Dives; Oolithe moyenne.

11e Étage : *Bathonien.* — Grande Oolithe; Forest marble; Cornbrash; Calcaire de Caen.

10e Étage : *Bajocien.* — Calcaire à entroques; Oolithe inférieure.

9e Étage : *Toarcien.* — Lias supérieur; Marnes supérieures du Lias.

8e Étage : *Liasien.* — Lias supérieur; Marnes à Bélemmites et à gryphée barque.

7e Étage : *Sinémurien.* — Lias inférieur; Calcaire à gryphée arquée: Grès infra-lasique.

6e Étage : *Saliférien.* — Marnes irisées; Keuper.

5e Étage : *Conchylien.* — Muschelkalk et Grès Bigarré; Nouveau Grès rouge.

4e Étage : *Permien.* — Grès des Vosges; Calcaire Magnésien; Nouveau Grès rouge inférieur.

3e Étage : *Carboniférien.* — Terrain Houiller.

2e Étage : *Dévonien.* — Terrains de transition Supérieurs; Vieux Grès Rouge.

1er Étage : *Silurien.* — Terrains de Transition inférieurs; Silurien et Cambrien.

— *Roches stratifiées azoïques.* — Taleschistes; Micaschistes: Gneiss.

III. Profil géologique de Paris à Brest, suivant le tracé du chemin de fer de l'Ouest.

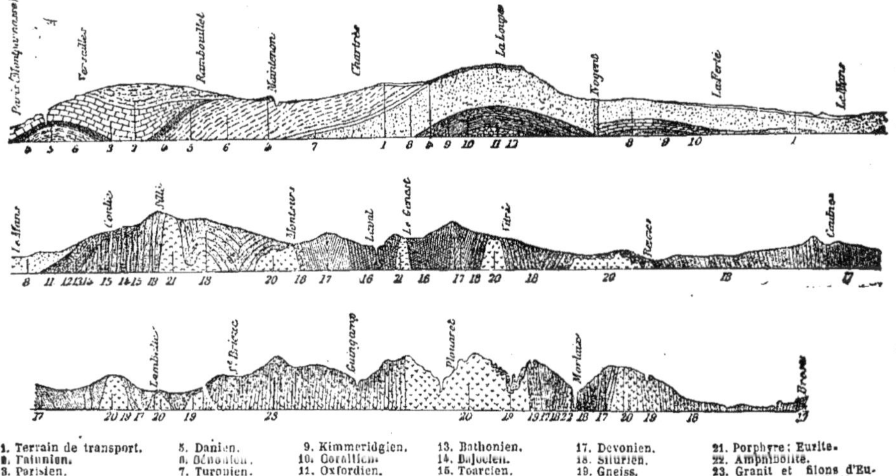

1. Terrain de transport.
2. Falunien.
3. Parisien.
4. Suessonien.
5. Danien.
6. Sénonien.
7. Turonien.
8. Cénomanien.
9. Kimmeridgien.
10. Corallien.
11. Oxfordien.
12. Callovien.
13. Bathonien.
14. Bajocien.
15. Toarcien.
16. Carboniférien.
17. Devonien.
18. Silurien.
19. Gneiss.
20. Granit.
21. Porphyre; Eurite.
22. Amphibolite.
23. Granit et filons d'Eurite et d'Amphibolite.

La plus grande partie des subdivisions de M. d'Orbigny se trouvent représentées dans la coupe ci-contre, réduction du grand profil géologique de MM. Mille et Triger, et que nous devons, ainsi que plusieurs autres, à l'utile collaboration de M. Guillier.

TERRAINS DE SÉDIMENT ANCIENS.

Les terrains que nous réunirons sous cette dénomination collective comprennent toutes les couches formées depuis la première apparition des dépôts sédimentaires jusqu'à la fin de la période houillère. Ces couches, par la nature minéralogique des roches qui les constituent, et par la nature des fossiles qu'elles renferment, présentent un caractère incontestable d'ancienneté. Quelques-unes même se rapprochent tellement des formations d'origine ignée que plusieurs géologues n'admettent point que l'on puisse les séparer pour en faire le point de départ de la série sédimentaire. On a donné le nom de *Schistes cristallins* aux couches qui représentent ainsi un véritable passage entre les terrains ignés et les terrains sédimentaires, et l'on indique par là, d'un côté, la structure plus ou moins distinctement stratifiée, d'un autre côté, le mode d'agrégation plus ou moins sensiblement cristallin des roches qui les constituent. On a donné également à cette première formation de nom de période *azoïque*, parce que l'on n'y trouve aucun fossile.

Les terrains de sédiment anciens comprennent :

1° Le terrain des *Schistes cristallins ;*
2° Le terrain *Cambrien* ;
3° Le terrain *Silurien ;*
4° Le terrain *Devonien* ;
5° Le terrain *Houiller*, subdivisé en :
Terrain du *Calcaire carbonifère*,
Et terrain du *Grès houillèr*.

Tous ces terrains sont indiqués ici suivant l'ordre chronologique de leur formation, c'est-à-dire en commençant par le plus ancien. Les quatre premiers sont souvent réunis sous le nom de *terrains de transition,* parce que, formés très-immédiatement des débris des roches ignées, recouvrant très-souvent ces roches; ayant subi toutes les conséquences de ce voisinage, par suite, profondément modifiés, la plupart du temps, relativement à leur structure intérieure, ils établissent une sorte de transition entre les terrains ignés et les terrains qui offrent dans toute sa pureté le type sédimentaire.

TERRAINS DE TRANSITION.

1° SCHISTES CRISTALLINS.

Les **schistes cristallins** recouvrent assez généralement les terrains granitiques. Les principales roches qui les constituent sont : le *gneiss*, le *micaschiste* et le *talcschiste* (1). Ces roches se superposent dans l'ordre que nous venons d'indiquer, c'est-à-dire que le micaschiste recouvre le gneiss et que le talcschiste recouvre le micaschiste ; mais nous devons faire remarquer une fois pour toutes que les diverses roches indiquées comme faisant partie d'une même formation ne se trouvent pas nécessairement toutes dans une même localité. Ainsi, dans telle région, la période azoïque est uniquement représentée par le gneiss, dans telle autre, par le micaschiste ou le talcschiste. On trouve en affleurement le gneiss : dans l'Orne, le Finistère, la Vienne, la Corrèze, le Lot, le Rhône, la Loire, le Haut-Rhin ; — le gneiss et le micaschiste : dans la Vendée, la Loire-Inférieure, les Deux-Sèvres, le Finistère, les Côtes-du-Nord, le Tarn, etc. [2]

La coupe III, p. 229, montre, sur plusieurs points, l'affleu-

1 Les principes constituants du *gneiss* sont les mêmes que ceux du granit ; c'est-à-dire le feldspath, le quartz et le mica, mais le gneiss est moins cristallin, renferme plus de mica et présente une structure schisteuse, c'est-à-dire, feuilletée. Le *micaschiste* est un mélange de quartz et de mica ; le *talcschiste*, un mélange de quartz et de talc ou de stéatite. Quelquefois le quartz domine au point de constituer presque entièrement ou même entièrement la roche. Il est indispensable, pour l'intelligence de la géologie, d'étudier au fur et à mesure sur échantillons les roches dont il est successivement question dans la description des terrains.

2. Une énumération complète dépasserait les limites dans lesquelles

cement du gneiss en Bretagne, entre Lamballe et Brest. Les célèbres exploitations de kaolin de Saint-Yrieix (Haute-Vienne) sont ouvertes dans un gneiss traversé en tous sens par des veines de pegmatite décomposée (1). Le bassin houiller de Saint-Etienne est contenu dans un terrain très-inégal de gneiss et surtout de micaschiste. On considérait autrefois le gneiss comme la roche métallifère par excellence. On y trouve, en effet, une quantité de veines et de filons d'où l'on extrait des minerais d'argent, de cuivre, de cobalt, d'étain, de fer. Un certain nombre de substances précieuses, le corindon, le saphir, le grenat, la tourmaline, etc., s'y montrent fréquemment, aussi bien que dans les autres roches du même groupe.

Il nous serait impossible de ne pas assigner une durée considérable à la période pendant laquelle se formèrent les schistes cristallins. Les gneiss présentent, sur certains points, une épaisseur de 6 à 700 mètres ; les micaschistes, une épaisseur de plus de 2000 mètres ; c'est la preuve que le dépôt des matières destinées à constituer ces roches dut se prolonger pendant un long espace de temps. D'un autre côté, les dislocations que l'on observe dans les régions formées par le gneiss, le micaschiste ou le talcschiste témoignent de bouleversements qui, postérieurement au dépôt de ces matières, ont dérangé le parallélisme des couches et leur horizontalité primitive. Il ne faut pas oublier que les terrains de transition se trouvaient en contact immédiat avec d'autres terrains d'origine différente, dont la masse à peine

nous devons nous renfermer. Ce sera, d'ailleurs, un exercice utile, en étudiant successivement les terrains, de reporter sur une carte de la France ou du département les indications tracées sur la grande carte géologique de MM. Dufresnoy et Élie de Beaumont. La réduction de cette carte, sous forme de tableau d'assemblage, est d'un prix accessible à tous les établissements scolaires. Il existe, pour la plupart des départements, des cartes dressées par les ingénieurs du corps des Mines ou du corps des Ponts et Chaussées qui rempliront parfaitement le même objet au point de vue de la géologie locale. On peut se procurer ces cartes, ainsi que le tableau d'assemblage, à la librairie Delagrave.

1. La *pegmatite* est un granit plus ou moins complétement privé de mica. Lorsque le feldspath de la pegmatite se décompose et perd sa potasse, le résultat de cette décomposition est une matière terreuse, blanchâtre : le *kaolin* ou *terre à porcelaine*.

refroidie, et fréquemment ramenée à l'état de liquéfaction, exerçait sur les premières assises sédimentaires une action qu'il est impossible de contester ; de là le nom de *terrains métamorphiques*, donné par plusieurs géologues aux terrains modifiés par le voisinage des roches ignées. Cette dénomination s'applique non-seulement aux formations que nous venons de passer en revue, mais encore à un grand nombre d'autres, placées beaucoup plus haut dans la série chronologique, mais qui ont eu à subir le contact des matières ignées, lorsque ces matières, par suite de convulsions intérieures, se trouvaient projetées à travers les couches déjà constituées de l'écorce terrestre.

2° ET 3° TERRAIN CAMBRIEN ET TERRAIN SILURIEN.

Nous passons des schistes cristallins à un groupe de couches dans lesquelles l'origine sédimentaire est exprimée d'une manière beaucoup plus franche, et dans lesquelles le grand phénomène de la stratification se manifeste avec des directions beaucoup plus constantes et des inclinaisons beaucoup plus continues. Ce groupe comprend deux subdivisions, formant, l'une, le **système cambrien**, l'autre, le **système silurien**. Leurs éléments minéralogiques sont à peu près les mêmes, et nous les examinerons simultanément ; ce sont des *schistes argileux*, des *schistes calcaires*, des *grauwackes*, des *quartzites*, des *grès* et des *calcaires*.

Les *schistes argileux*, malgré leur apparence homogène, sont formés de quartz, d'argile, de mica, de talc, etc., à l'état de particules indiscernables. Lorsque le quartz est en grains visibles, la roche devient grenue, dure, compacte, et prend le nom de *schiste siliceux* ou *lydienne*. La lydienne, lorsqu'elle est bien noire, sert de pierre de touche; c'est souvent de la silice presque pure, rappelant certains silex par la finesse de son grain. Le *schiste coticule*, qui sert de pierre à aiguiser, est un schiste talqueux, pénétré de quartz très-finement grenu. Les schistes argileux, lorsqu'ils renferment des *pyrites* ou sulfures métalliques, prennent le nom de *schistes alumineux* et sont employés à la fabrication de l'alun ; lorsqu'ils renferment du carbone très-disséminé, ils deviennent noirs, tachants, et prennent le nom d'*ampélite graphique* (crayon des charpentiers).

On comprend, sous le nom assez vague de *grauwackes*, les conglomérats, brèches, poudingues, formés exclusivement par des fragments de roches anciennes, granit, gneiss, schiste, quartz, etc., que réunit un ciment argileux, siliceux, etc. Lorsque les fragments de quartz dominent et sont très-petits, la grauwacke passe au grès. La grauwacke schisteuse se rapproche beaucoup des schistes argileux dont il vient d'être question. En somme, on peut distinguer: 1° la grauwacke grossière, formée de cailloux roulés, qui sont agglomérés immédiatement, ou englobés dans un ciment de grauwacke fine; 2° la grauwacke schisteuse, formée de feuillets où le mica domine avec le quartz grenu; 3° la grauwacke homogène et terreuse, renfermant les mêmes éléments très-fins et sans feuilleture; 4° la grauwacke quartzeuse, formée de grains de quartz de dimensions variables, accolés sans ciment apparent; 5° la grauwacke calcaire, formée de fragments calcaires.

Les *calcaires anciens* sont parfois compactes, parfois grenus ou saccharoïdes. La structure saccharoïde (*saccharum*, sucre) est celle que prennent surtout les portions le plus immédiatement en contact avec les roches ignées. Souvent encore la structure est lamelleuse et conduit, par un passage insensible, aux schistes calcaires, dits *calcschistes*. Les calcaires anciens sont, en général, très-magnésifères; ils contiennent fréquemment du talc, du mica, ou d'autres matières étrangères interposées.

Les *quartzites* sont formés par du quartz hyalin grossier, à structure grenue; ils paraissent être d'anciens grès, modifiés par le contact des matières ignées. Quant aux *grès* mêmes, ce sont des conglomérats formés de grains à peu près uniformes et d'un très-petit volume, réunis directement ou par l'intermédiaire d'un ciment variable; les grains proviennent du quartz, du mica, du feldspath, etc. Les grès anciens se confondent insensiblement avec les grauwackes

IV. Coupe suivant le chemin de fer de l'Ouest, passant par les stations de Port-Brillet, Saint-Pierre-la-Cour et Vitré

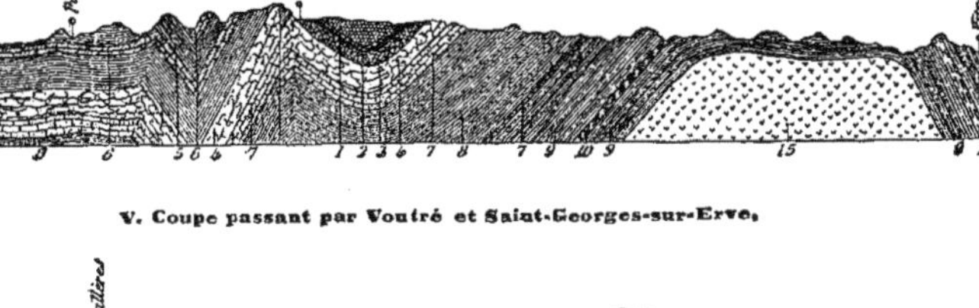

V. Coupe passant par Voutré et Saint-Georges-sur-Erve.

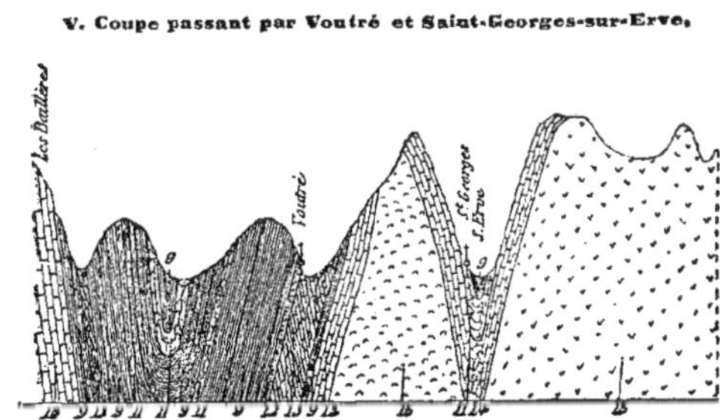

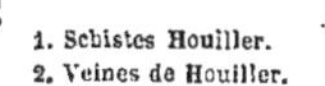

1. Schistes Houiller.
2. Veines de Houiller.
3. Poudingue Houiller.
4. Calcaire Carbonifère.
5. Schistes Carbonifères.
6. Grès Carbonifères.
7. Grès Devoniens.
8. Schistes Devoniens.
9. Schistes Siluriens.
10. Grauwacke à Trilobites.
11. Calcaire Silurien.
12. Poudingue Silurien.
13. Dolomie.
14. Grès Silurien.
15. Granit.
16. Porphyre.

fines. Ce passage si fréquent d'une roche à une autre, par des transitions à peine saisissables, constitue l'une des plus grandes difficultés que présente l'étude des terrains. Il s'y joint une autre source de confusion, résultant de la diversité des points de vue auxquels se placent les géologues pour apprécier les caractères essentiels d'une roche et, par suite, en donner la détermination. Un seul fil peut nous guider dans ce dédale, c'est l'étude rigoureuse des éléments constituants et de la structure de l'ensemble. Cette première connaissance acquise, nous arriverons d'ordinaire assez facilement à nous rendre compte des motifs de la divergence qui existe entre les auteurs, et à fixer notre opinion personnelle sur la véritable nature des roches soumises à notre examen. Plus encore que toutes les autres branches de l'histoire naturelle, la géologie est une science pratique.

Le terrain ou système **cambrien** est très-répandu en Angleterre (Cumberland, etc.) ; on évalue la puissance totale de ses couches à plusieurs milliers de mètres. En France, il affleure sur une très-petite portion du sud-ouest de la Bretagne, dans les départements du Finistère et du Morbihan.

Les fossiles de cette période sont : des traces de végétaux de la classe des Algues ; quelques débris de Mollusques de la classe des Brachiopodes et de Zoophytes de la classe des Encrines et de celle des Polypiers. C'est dans une série de couches antérieures au terrain cambrien proprement dit et formant le système Laurentien que l'on a trouvé les plus anciens vestiges de la vie organique, représentés par l'*Eozoon Canadense.*

Le terrain ou système **silurien** est beaucoup plus répandu que le terrain cambrien. On rencontre des affleurements appartenant à l'un ou à l'autre de ses deux étages dans les départements de la Vendée, Maine-et-Loire, Loire-Inférieure, Morbihan, Ille-et-Vilaine, Finistère, Côtes-du-Nord, Manche, Sarthe, Ardennes, Rhône, Aude, Tarn, Hérault, Ariége, Haute-Garonne, Hautes et Basses-Pyrénées, Pyrénées-Orientales. M. d'Orbigny signale comme localités types, pour l'étude de l'étage inférieur : Angers (Maine-et-Loire), et Vitré (Ille-et-Vilaine); pour celle de l'étage supérieur : Saint-Sauveur (Manche), Saint-Jean-sur-Erve (Sarthe), Saint-Béat (Haute-Garonne). Dans la classification de cet auteur, le Cambrien se trouve réuni au Silurien.

Les fossiles sont beaucoup plus nombreux dans le terrain silurien que dans le terrain cambrien. Nous signalerons particulièrement les *Trilobites*, Crustacés voisins des cloportes, dont l'organisation, par conséquent, est déjà d'un ordre assez élevé, et dont la présence dans des couches aussi anciennes dérange singulièrement la théorie suivant laquelle les espèces animales et végétales auraient suivi pour leur apparition l'ordre même du développement organique. On peut joindre aux Trilobites : divers Mollusques Céphalopodes, tels que les *Lituites*, les *Orthocératites*, plusieurs Mollusques Brachiopodes, tels que les *Productus*, les *Térébratules*, enfin plusieurs Polypiers.

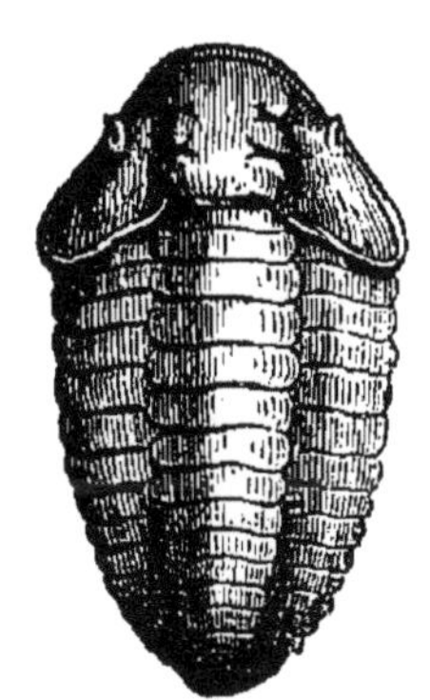

Fig. 132. — *Calymene Blumenbachii.*

Les calcaires et les schistes du terrain silurien fournissent

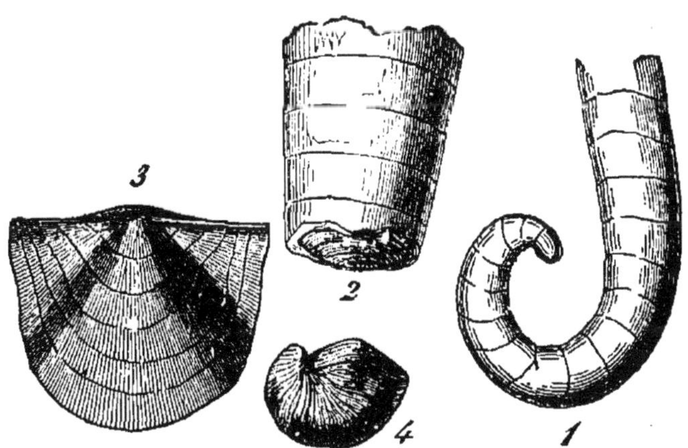

Fig. 133. — Fossiles du terrain Silurien. — 1. *Lituites giganteus* très réduit. — 2. Fragment d'*Orthoceras conica* — 3. *Productus depressus*. — 4. *Terebratula navicula*.

à l'industrie des matériaux d'une valeur considérable. Nous

VI. Coupe transversale des Pyrénées, par la Maladetta, Bagnères-de-Luchon et Saint-Gaudens.

(Réduction d'après le Bulletin de la Société géologique.)

1. Miocène. — 2. Jurassique. — 3. Grès Bigarré. — 4. Devonien. — 5. Silurien supérieur. — 6. Silurien inférieur. — 7. Ophite. — 8. Granit.

avons déjà parlé des calcaires lamelleux et saccharoïdes; ces deux variétés constituent le marbre statuaire. Le fameux marbre de *Paros*, actuellement épuisé, était un marbre lamellaire, très-remarquable par sa presque translucidité. Le marbre *Pentélique* était un marbre à veines grisâtres, souvent micacées, des environs d'Athènes. Le marbre de la vallée de *Carrare*, à l'est du golfe de Gênes, plus blanc que celui du Paros et bien plus rapproché du type saccharoïde, se trouve actuellement le plus employé par les statuaires. Le *jaune antique*[1] ou *jaune de Sienne*, le *bleu turquin* à fond bleuâtre et veines plus foncées, le marbre *cipolin*, de la côte de Gênes, à fond blanc, avec des veines de mica verdâtre; le marbre *campan*, des Pyrénées, composé de nodules calcaires, subcristallins, et beaucoup d'autres marbres de la même provenance, appartiennent à la catégorie calcaires anciens et se trouvent, sinon toujours dans les couches de la période silurienne, du moins dans celles de la période devonienne, dont il va être question tout à l'heure. Un grand nombre de calcaires de la même époque fournissent aux constructions d'excellentes pierres d'appareil. D'autres, dont les couches sont fissurées et peu propres à la bâtisse, sont très-recherchés pour la fabrication de la chaux (Sarthe, Mayenne, environs de Roanne).

Un des meilleurs types du *schiste ardoisier* se trouve particulièrement aux environs d'Angers. Cette ardoise, d'une qualité excellente, fait partie d'une couche qui s'étend de l'ouest à l'est, entre Avrillé et Trélazé, sur un espace de huit kilomètres, et que, depuis bien des années, on exploite sur plusieurs points à ciel ouvert jusqu'à la profondeur de plus de 100 mètres. Les premières parties sont trop fendillées, et les secondes, trop solides pour être employées comme ardoise; ce n'est qu'à 5 mètres de profondeur que se trouve

1. On appelle *marbres antiques* ceux dont les carrières sont épuisées et que l'on ne peut se procurer, en général, que par la dévastation des monuments anciens. Le progrès des recherches géologiques a permis de retrouver plusieurs gisements tout à fait semblables à ceux dont les Grecs et les Romains avaient dû abandonner l'exploitation.

la bonne ardoise, qui est souvent divisée en rhombes par des veines de quartz et de chaux carbonatée spathique. Cette ardoise renferme les crustacés fossiles de la famille des Trilobites qu'on a désignés sous le nom d'*Ogygies*; elle est souvent pénétrée de fer sulfuré. Sa structure régulièrement schisteuse et sa texture fine et peu altérable la rendent très-supérieure à celle des Ardennes, qui alimente l'est de la France, et à celle de la Maurienne, qui alimente le midi. On ne peut guère lui comparer que celle de la Tarantaise. Parmi les gisements d'ardoises appartenant aux terrains anciens, nous citerons encore ceux des environs de Cherbourg et de Saint-Lô, département de la Manche; ceux de Rimogne, et de Rocroy, près de Charleville, ceux de Fumay, département des Ardennes. On exploite quelques carrières plus ou moins importantes dans les vallées qui sont au pied de la chaîne des Pyrénées.

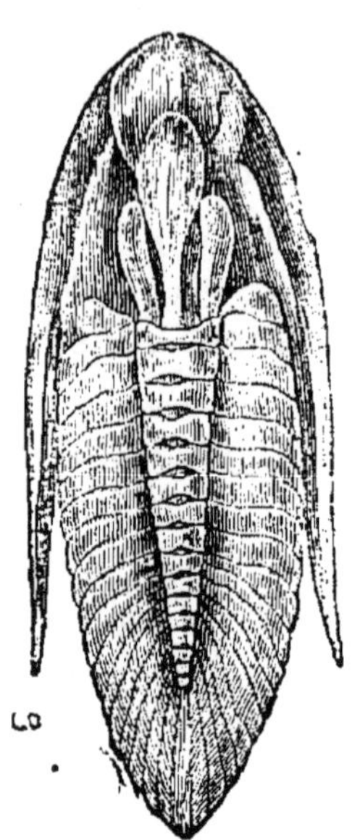

Fig. 134. — *Ogygia Guettardi.*

Pour que les ardoises soient regardées comme de bonne qualité, il faut que les blocs d'où on les extrait puissent se diviser facilement en feuillets minces et droits. On remarque qu'ils perdent cette propriété s'il y a longtemps qu'ils sont sortis de la carrière. Les ardoises doivent encore être assez compactes pour ne point absorber l'eau. On juge qu'elles ont cette qualité, lorsque, après avoir été immergées pendant un certain temps, elles n'ont point augmenté de poids d'une manière remarquable. Les ardoises spongieuses se détruisent promptement par l'action successive de l'humidité et de la gelée. Les pyrites que renferment assez fréquemment les ardoises les rendent difficiles à tailler, et hâtent leur destruction en se décomposant.

Indépendamment de son emploi dans la consommation intérieure sous des formes très-variées, l'ardoise constitue un article important d'exportation. En 1866, nous en avons expédié à l'étranger 33 millions de pièces, dont 29 millions pour la Belgique, et cette quantité représente à peine la sixième partie de la production des ardoisières ardennaises.

Un grand nombre de matières schisteuses trouvent dans l'industrie un emploi plus ou moins considérable. Il nous suffira de citer : la pierre de touche, la pierre à rasoir, la pierre à lancette, la pierre à l'eau dure et la pierre à l'eau tendre, le crayon noir, le crayon à ardoises, les schistes alumineux, les schisteuses bitumineux. Ces derniers fournissent le goudron minéral et des huiles schisteuses dont la consommation a pris dans ces dernières années un énorme développement.

Les filons galénifères exploités à Huelgoat et Poullaouen, près de Morlaix, sont encaissés dans des roches schisteuses appartenant au terrain silurien.

4° TERRAIN DEVONIEN.

Le terrain **devonien** a été particulièrement étudié dans le comté de Devon, en Angleterre, où il se trouve abondamment répandu et où la puissance totale de ses couches dépasse 3,000 mètres; de là, le nom sous lequel on le désigne ordinairement. Il doit à sa position celui de *terrain de transition supérieur*, à sa constitution minéralogique, celui de *terrain du vieux grès rouge*. Les éléments de ce terrain sont très-variables; les roches dominantes sont : les calcaires, les quartzites, les grauwackes, les arkoses, les phyllades, les séphites, les psammites. Les schistes et les grès de diverse nature qui forment, avec les calcaires, la partie supérieure, renferment souvent des dépôts d'anthracite.

Nous avons déjà parlé des *quartzites* et des *grauwackes*. Les *psammites* sont des roches grenues, très-voisines des grauwackes, souvent confondues sous la même dénomination, et qui se composent essentiellement de sable quartzeux et de mica réunis par une petite quantité d'argile. Des grains de feldspath ou de fer ocreux peuvent entrer accessoirement, en plus ou moins forte proportion, dans la constitution des psammites. On y trouve accidentellement l'anthracite, le graphite, les pyrites, le cuivre carbonaté, la galène, la blende, le cinabre. La couleur des psammites est ordinairement rougeâtre ou grisâtre. Leur cohésion est faible; cependant, certaines variétés compactes sont employées comme pierres de construction; d'autres, de structure schisteuse, fournissent de grands feuillets, utilisés, comme l'ardoise, pour la couverture des bâtiments. — Les *phyllades* sont des roches de couleur grisâtre, composées essentiellement de schiste argileux et de mica en paillettes, accessoirement de grains de quartz et de cristaux de feldspath; leur structure est feuilletée. Les exploitations de Glaris, en Suisse, et celles de la côte de Gênes fournissent des tables d'une grande étendue, mais moins fissiles que le schiste tégulaire d'Angers. — Les *pséphites* sont formées de fragments relativement assez volumineux de phyllades et de schistes divers, enveloppés dans une pâte argiloïde. On y trouve accessoirement des fragments très-variés de quartz, de feldspath, de granit. Leur couleur

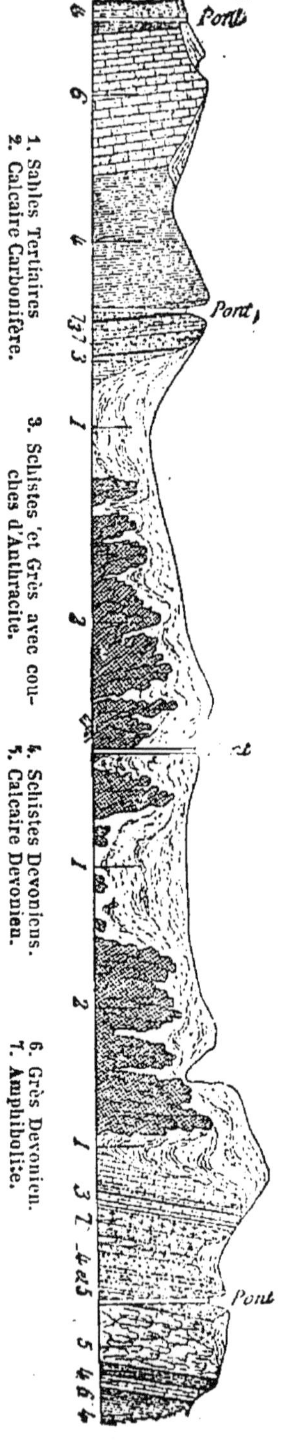

1. Sables Tertiaires. 2. Calcaire Carbonifère. 3. Schistes et Grès avec couches d'Anthracite. 4. Schistes Devoniens. 5. Calcaire Devonien. 6. Grès Devonien. 7. Amphibolite.

VII. Tranchée du chemin de fer de l'Ouest à Sablé (Sarthe).

est généralement rougeâtre. — Les *arkoses* sont des roches formées essentiellement de petits grains souvent irréguliers de quartz et de feldspath ; accessoirement on y trouve du mica et de l'argile. Leur couleur est d'un gris pâle. Leur cohésion est souvent assez forte pour qu'on puisse les employer comme pierres de construction ou comme pierres à meules.

L'*anthracite* est le plus ancien des combustibles fossiles. Il se distingue de la houille proprement dite par sa composition chimique; il renferme à peine 2 ou 3 pour cent d'hydrogène, et à peu près même proportion d'oxygène. Sa couleur est d'un noir éclatant; certaines variétés sont susceptibles d'être travaillées et polies de la même manière que le marbre. L'emploi de cette matière était autrefois très-restreint par suite de la résistance qu'elle présente à la combustion. Aujourd'hui l'industrie a triomphé de toutes les difficultés. On exploite l'anthracite dans 18 départements, et l'extraction a dépassé, en 1864, 8 800 000 quintaux métriques, représentant une valeur de 10 500 000 francs.

Voici l'ordre dans lequel se trouvent placés les départements producteurs :

Nord..........	3 500 000 p. m.	Calvados......	142 000 q. m.
Saône-et-Loire.	1 150 000	Allier.........	96 000
Isère..........	900 000	Hérault.......	90 000
Maine-et-Loire.	800 000	Savoie........	80 000
Mayenne......	740 000	Hautes-Alpes....	70 000
Loire.........	500 000	Var.	54 000
Sarthe........	265 000	Ardèche.	33 000
Loire-Inférieure	247 000	Creuse..	33 000
Puy-de-Dôme..	182 000	Basses-Pyrénées	600

Les fossiles du terrain devonien sont beaucoup plus nombreux que ceux du terrain silurien. Parmi les genres apparus pendant la période silurienne, un certain nombre se sont éteints avant la fin de cette période, pour laquelle ils fournissent d'excellents caractères, puisqu'on ne trouve leurs représentants ni dans les terrains placés au-dessus, ni dans les terrains placés au-dessous. D'un autre côté, un certain nombre de genres siluriens se perpétuent pendant l'époque devonienne et s'ajoutent aux 80 genres environ

VIII. Coupe de l'exploitation de Chalonnes.

Anthracite et Houille.

(Réduction de M. Guillier, d'après les travaux des ingénieurs de la mine.)

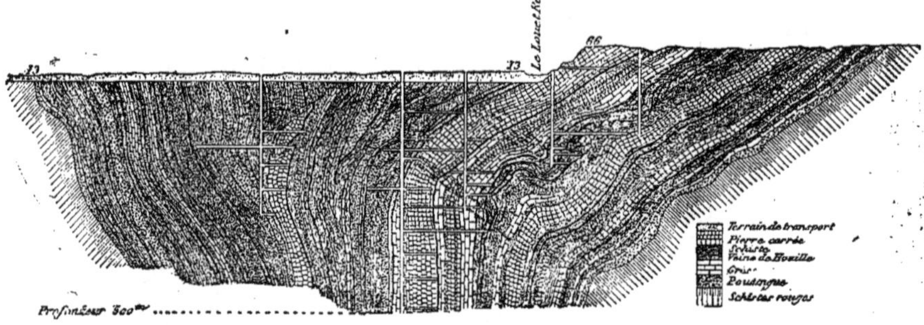

que voit apparaître cette période. Des 80 genres nouveaux, 34 s'éteignent pendant la période devonienne, en même temps que 18 à 20 genres siluriens; les autres, ainsi que le reste des genres siluriens, se continuent pendant une ou plusieurs des périodes suivantes.

Ces détails montrent le rôle important que remplissent les fossiles dans la détermination des formations géologiques. On vient de voir, en effet, que certains genres ont vécu pendant un nombre très-limité de formations, que certains même n'ont point dépassé les limites inférieures et supérieures d'une seule et unique formation. A plus forte raison, la distinction faite pour les genres s'applique-t-elle aux espèces, dont la plupart n'ont eu qu'une durée infiniment plus restreinte encore, et ne se sont pas même étendues aux différentes couches d'un même système.

Parmi les fossiles du terrain devonien, nous citerons : le *Telerpeton* (reptile), le *Pterichthys* et le *Cephalaspis* (poissons), le *Brontes* (trilobite), les *Clymenia*, les *Calceola*,

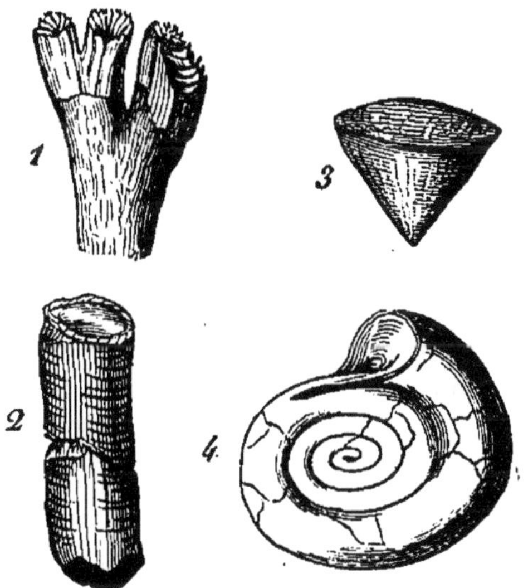

Fig. 135. — Fossiles du terrain Devonien. — 1. *Caryophyllis fastigiata.* — 2. *Amplexus coralloïdes* très-réduit. — 3. *Calceola sandalina.* — 4. *Clymenia linearis.*

les *Spirifer*, les *Amplexus* (mollusques), les *Favosites*, les *Cyathophyllum*, les *Caryophyllis* (polypiers). Quelques débris de fougères, des *Cyclopteris*, des *Lepidodendron*, représentent le point de départ de la flore si riche des terrains houillers.

Le terrain devonien n'occupe pas en France des surfaces d'une grande continuité; mais on le trouve en affleurement sur un grand nombre de points, particulièrement dans l'ancienne Bretagne (rives de la Loire et du canal de Nantes, de Chalonnes à Redon), dans le Maine (de Sablé à Laval), sur la lisière des Pyrénées (marbres rouges et verts de la vallée supérieure de Campan), sur la ligne de séparation entre la Flandre française et la Belgique.

TERRAIN HOUILLER.

Le terrain **houiller** comprend deux formations, que l'on considère généralement comme successives : le *Calcaire Carbonifère* et le *Grès Houiller*.

La formation inférieure (**Calcaire Carbonifère**) est très-développée en Angleterre; on l'y désigne sous le nom de *calcaire de montagne* et sous celui de *calcaire métallifère*; ce dernier nom lui vient des richesses minérales qu'elle renferme, particulièrement dans le comté de Derby et dans le Cumberland. En Belgique, elle fournit, indépendamment de la *pierre bleue*, si employée dans les constructions locales, les marbres noirs de Dinan et de Namur, le *petit granit*, le *Sainte-Anne*, et divers autres marbres, connus à Paris sous le nom collectif de *marbres de Flandre*. Le calcaire carbonifère est peu répandu en France. Il se montre cependant sur une assez large surface, entre Avesnes, Landrecies et le Quesnoy, sur les limites du terrain devonien. On le voit encore reparaître dans les départements de la Sarthe, de la Mayenne, dans le sud de la Bretagne, et près de Roanne (Loire). Les dépôts d'anthracite que renferment les schistes situés à sa base lui ont fait donner le nom de *terrain anthraxifère*. On désigne sous le nom de *pierre carrée*, à cause de leur délitement régulier, les roches porphyriques qui s'y trouvent intercalées.

Le **Grès Houiller**, dans l'ouest, l'est, le centre et le midi de la France, se trouve presque toujours placé sur les terrains de transition; dans le nord, au contraire, il fait suite au Calcaire Carbonifère. Les assises inférieures sont fréquemment constituées par des *poudingues* ou agglomérations de roches en très-gros fragments. Viennent ensuite des grès formés de grains de quartz ou de feldspath, et passant souvent à l'arkose ou bien à la psammite; enfin, des argiles noirâtres, charbonneuses, souvent schisteuses, connues sous le nom de *gorres* et d'*escailles*, et généralement associées aux bancs de houille.

Les alternances de grès, d'argiles schisteuses et de houille peuvent se répéter un grand nombre de fois. On compte jusqu'à 21 de ces alternances dans le bassin de Saint-Étienne. Dans les exploitations du nord de la France et de la Belgique, les lits de houille présentent des contournements en zigzag fort singuliers. L'épaisseur de la houille est très-variable; certains lits offrent à peine quelques centimètres, d'autres dépassent plusieurs mètres. Les couches minces sont ordinairement très-multipliées et très-étendues; les couches épaisses sont, au contraire, peu nombreuses et peu étendues. Dans le nord, la puissance des couches ne dépasse guère un mètre; mais on en compte souvent quinze ou vingt superposées, sur une étendue assez fréquente de plusieurs kilomètres. C'est le contraire qu'on observe généralement dans les bassins du midi.

La houille renferme un grand nombre de débris végétaux bien caractérisés, provenant presque tous d'espèces que l'on peut rapporter aux groupes des *Fougères*, des *Lycopodiacées*, des *Equisétacées* (Cryptogames), des *Cycadées* et des *Conifères* (Phanérogames); on y trouve des troncs d'arbres entiers et conservant encore leur position verticale. Il est bien évident que l'on peut considérer ce combustible comme essentiellement constitué par une accumulation de matières végétales. Quant aux circonstances qui ont amené la formation des dépôts houillers, les géologues sont loin d'être d'accord. De l'examen des débris animaux qui accompagnent la houille ou qui se trouvent dans les couches voisines, il semble résulter que, sur différents points, l'Angleterre, la Belgique, le nord et l'ouest de la France, par

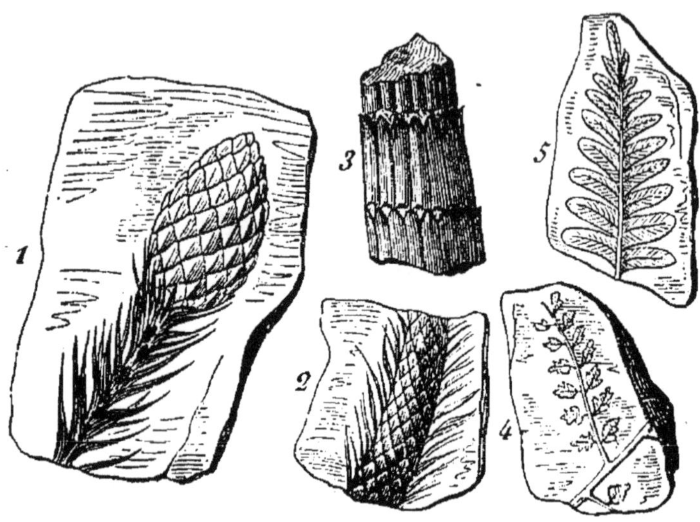

Fig. 136. — Fossiles du Grès Houiller. — 1. Rameau et fruit du *Walchia*, Conifère voisin des *Araucaria*. — 2. Fragment de branche de *Lepidodendron* (Lycopodiacées). — 3. Fragment de tige ou racine de *Calamites* (Équisetacées). — 4. Fragment de *Sphænopteris* (Fougères). — 5. Fragment de *Pecopteris* (Fougères).

exemple, la houille s'est déposée au fond de golfes ou d'estuaires généralement assez étendus, tandis qu'ailleurs, dans le centre et le midi de la France, par exemple, elle s'est déposée au fond de lacs ou de bassins très-circonscrits. Le combustible fourni par les couches du terrain houiller diffère assez généralement, au point de vue des caractères extérieurs et des propriétés physiques et chimiques, de celui qu'on rencontre soit dans le terrain devonien, soit dans les formations postérieures au terrain houiller. Il réunit au plus haut degré toutes les qualités qui peuvent être recher-

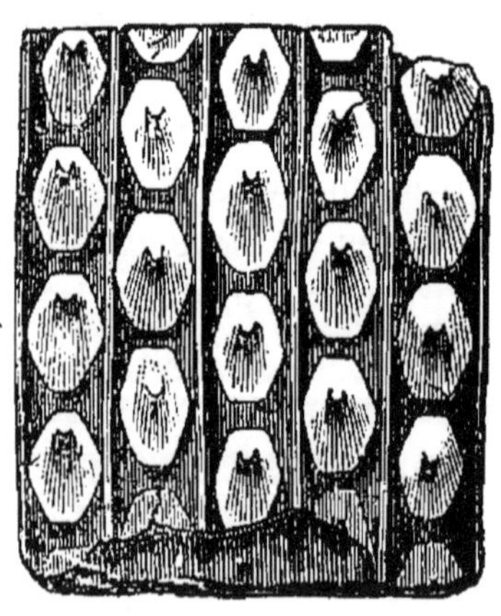

Fig. 137. *Sigillaria Boblayi*.

chées par l'industrie ; mais le développement incessant de la consommation a nécessité l'emploi de toutes les ressources utilisables. Il existe aujourd'hui en exploitation *trois cent trente* mines de houille, fournissant annuellement en combustibles de toutes espèces, anthracite, houille proprement dite, lignite, etc.. plus de *cent vingt millions* de quintaux métriques, chiffre certainement bien considérable, mais qui représente à peine la huitième partie de la production de l'Angleterre. Nos trois cent trente mines sont réparties en *soixante et onze* bassins, de rapport nécessairement très-inégal ; ces bassins, comme nous venons de le dire, n'appartiennent pas tous au terrain houiller. Nous résumerons à la fin de ce volume les documents le plus récemment publiés sur la production de la houille en France et sur la manière dont cette production est distribuée entre les différentes régions. On trouvera dans la carte géologique l'indication des principaux centres d'exploitation.

En présence de l'accroissement non interrompu de la consommation de la houille, on s'est demandé s'il n'arriverait pas fatalement une époque où ce combustible viendrait à nous manquer. Plusieurs géologues ont fixé à 3 ou 400 ans au plus la durée de l'approvisionnement, et, peut-être, en laissant une marge aux erreurs inévitables dans un pareil calcul, ne se trouveraient-ils pas très-éloignés de la vérité, si nous ne pouvions compter que sur les ressources actuellement connues et disponibles. Très-heureusement, l'expérience de chaque jour démontre que nous ne connaissons encore qu'une bien faible partie de la richesse houillère de notre pays. L'exemple le plus encourageant. que l'on puisse citer sous ce rapport est celui de la découverte si récente du dépôt houiller du Pas-de-Calais. Ce fut seulement en 1846 que l'on reconnut que la zone houillère, suivie depuis la Belgique jusqu'au S. E. de Douai, s'infléchissait brusquement vers le N. O., sous le méridien de cette ville, et se prolongeait jusqu'à Aires, sur une longueur de plus de 50 kilomètres et sur une largeur de 8 kilomètres, Aujourd'hui ce dépôt fournit 16 millions de quintaux métriques, c'est-à-dire, un septième de la production totale de la France. Des recherches non moins récentes, et constatant le prolongement du sous-bassin de Rive-de-Gier bien au delà de ses limites actuelles, nous permettent, d'un autre côté, d'élever d'un tiers au moins l'évaluation de la richesse houillère du bassin de la Loire, qu'on portait seulement à 6 milliards de quintaux métriques.

Les schistes du terrain houiller contiennent fréquemment du fer carbonaté lithoïde, auquel sa position rapprochée du combustible donne une grande valeur. Ce minerai de fer est très-répandu en Angleterre ; on l'exploite, en France, dans les bassins de la Loire, de l'Aveyron, de l'Allier, du Gard, etc.

CHAPITRE XXIII

TERRAINS SECONDAIRES.

On réunit, sous le nom de *Terrains Secondaires*, un ensemble de terrains ordinairement répartis en quatre subdivisions qui sont, en suivant l'ordre chronologique :

1° Les *terrains Pénéens ou Permiens;*
2° Les *terrains Triasiques;*
3° Les *terrains Jurassiques;*
4° Les *terrains Crétacés.*

1° TERRAINS PÉNÉENS OU PERMIENS.

Ces terrains doivent leur nom à leur pauvreté relative en minerais (*Pénès*, en grec, signifie pauvre); ils contiennent, en outre, peu de fossiles. On les nomme aussi Permiens, d'une partie de la Russie orientale, l'ancienne Permie, dans laquelle ils se montrent sur une étendue très-considérable. On les partage en trois formations :

le *Grès Rouge ;*
le *Calcaire Magnésien;*
et le *Grès Vosgien.*

I. Le **Grès Rouge** constitué par des couches de grès rougeâtres, alternant avec des poudingues, des brèches, des conglomérats, et qui se rapprochent beaucoup des pséphites, ne se montre guère, en France, qu'autour du massif central des Vosges; il occupe généralement la partie inférieure des vallées, dont le couronnement est formé par le Grès des Vosges proprement dit. On peut citer comme localités : les environs de Ronchamp, de Villé, de Raon-l'Étape, de Sarrebruck.

II. Le **Calcaire Magnésien** manque complétement en France, sauf, peut-être, sur quelques points du Calvados; mais il est très-répandu en Allemagne et en Angleterre. Il comprend, indépendamment du calcaire magnésifère, auquel il doit son nom, des schistes bitumineux, avec pyrites de fer et de cuivre, des dépôts de gypse et de sel gemme.

III. Le **Grès Vosgien** repose sur le grès rouge, en général, sans discordance de stratification. C'est un grès quartzeux, parsemé de galets de quartz arrondis ; sa couleur est habituellement rougeâtre ou violacée. Nous avons indiqué sa situation autour du massif des Vosges.

2° TERRAINS TRIASIQUES OU SALIFÈRES.

Ces terrains sont désignés sous le nom de *Terrains Triasiques*, parce qu'ils comprennent trois subdivisions; sous celui de *Terrains Salifères*, parce qu'on y trouve de très-importants dépôts de sel gemme. On les partage en :

Grès Bigarré ;
Calcaire Conchylien ;
Marnes Irisées.

En Lorraine, ces trois étages sont très-développés ; leurs couches régulièrement superposées constituent le support d'une plaine qui s'étend depuis les Vosges jusqu'aux escarpements formés par les terrains jurassiques.

I. La formation du **Grès bigarré** se compose essentiellement de grès très-voisins des psammites, et formés de quartz avec lamelles de mica interposées, et généralement de l'argile ; la couleur ordinaire est le rouge amaranthe, Les parties massives de ce grès fournissent de très-belles pierres d'appareil, qui ont servi à la construction de la cathédrale de Strasbourg et à celle de la plupart des monuments publics à Manheim, Mayence, Bâle, etc. ; le soubassement du Palais de l'Industrie, à Paris, en est formé. Les parties schisteuses sont employées comme dalles et comme pierres tégulaires; certaines couches à grain fin et régulier sont exploitées pour la fabrication de meules et pierres à aiguiser.

Dans les Vosges, le Grès bigarré recouvre souvent le Grès Vosgien; mais, plus généralement, il forme une ceinture autour des éminences constituées par ce système plus ancien. On le retrouve encore sur différents points du plateau central de la France, sur les pentes des Cévennes, des montagnes de l'Aveyron, des Pyrénées; les couches présentent assez habituellement des modifications en rapport avec la nature du terrain sousjacent; quelquefois il s'y rencontre des marnes, des gypses, des calcaires magnésifères, qui établissent la transition, soit avec les Marnes Irisées, soit avec le Calcaire Magnésien. Les Minerais de cuivre et de fer de la vallée de la Nive, dans les Pyrénées, appartiennent à cette formation.

II. Le **Calcaire Conchylien** doit son nom à l'énorme quantité de coquilles qu'il renferme. Il est constitué par un calcaire grisâtre ou gris bleuâtre, généralement compacte, et assez magnésifère pour passer fréquemment à la dolomie (carbonate double de chaux et de magnésie). On le trouve, en France, dans le département du Var, et sur la pente occidentale des Vosges. Dans le Wurtemberg, le Calcaire Conchylien renferme le gypse et le sel gemme, qui, dans l'est de la France, appartiennent aux Marnes Irisées.

Fig. 138. — *Encrinites moniliformis* (Calcaire Conchylien).

III. Les **Marnes Irisées** forment, autour de l'angle sud-ouest des Vosges, une ceinture de collines parallèles à celles du Calcaire Conchylien et du Grès Bigarré; on les retrouve dans les départements de Saône-et-Loire, du Cher, de l'Allier, etc. Cette formation comprend des argiles de couleur variée, alternant fréquemment avec des marnes, des grès, des calcaires, quelquefois même avec des lignites et autres combustibles, que l'on exploite à Noroy, Gemonval,

Gouhenans, Corcelles, Grozon. Ce qui lui donne surtout de l'intérêt, c'est la présence de dépôts très-puissants de gypse ou pierre à plâtre et de sel gemme. Le gypse se rencontre à toutes les hauteurs ; le sel gemme, dans les terrains salifères de la Lorraine, ne s'élève pas au-dessus des couches calcaires qui partagent en deux cette dernière formation triasique. En général, la présence du sel coïncide avec la dissémination de petits amas de gypse dans les parties supérieures du terrain ; tout à fait au contact du dépôt, on trouve une marne argileuse grisâtre, pénétrée de sel, le *salzthon*. L'exploitation des célèbres mines de Vic et de Dieuze, dans la vallée de la Seille, n'a commencé qu'en 1819; elle s'étend actuellement sur une longueur de 25 kilomètres, et, d'une extrémité à l'autre, les couches de sel semblent se correspondre exactement. On en compte de 12 à 13, dont la première commence à une profondeur d'environ 60 mètres, et qui sont séparées les unes des autres par des couches de salzthon. L'épaisseur totale du dépôt est de 100 mètres environ, dont les deux tiers occupés par le sel, un tiers par l'argile. Le sel gemme est ordinairement gris, verdâtre ou rougeâtre; un sixième à peine est d'un blanc pur. Les célèbres dépôts salifères du Cheshire, en Angleterre, appartiennent à la même formation; mais le sel y constitue seulement deux couches, l'une de 20 mètres, l'autre de 30 mètres d'épaisseur, condition beaucoup plus favorable à l'exploitation. Partout où les Marnes Irisées se montrent en affleurement, on retrouve une tendance bien prononcée au développement des dépôts gypseux et salifères. Les sources salées si nombreuses et si productives dans l'est de la France, entre les Vosges et le Jura, nous en fournissent une preuve évidente.

La *Faune* des terrains Triasiques ne peut guère être considérée isolément pour chacune des subdivisions qui forment ces terrains. Un grand nombre de fossiles sont, en effet, communs à deux, au moins, des subdivisions, et cette circonstance a déterminé M. d'Orbigny à réunir en un seul étage, sous le nom d'*Etage Conchylien*, le Grès bigarré et le Calcaire Conchylien de la plupart des auteurs. Ce qui caractérise tout d'abord la faune du Trias, c'est la première apparition des Oiseaux, des Chéloniens, des Crustacés décapodes, des Ammonites, enfin, de ce groupe de Sauriens gigantesques qui vont se rencontrer en proportion si considérable dans les formations jurassiques. Nous donnons ici, avec quelques mollusques et zoophytes particuliers au Trias, un fac-simile des empreintes qui ont fait conjecturer l'existence d'oiseaux et de batraciens à une époque encore si reculée de l'histoire de la terre. Il semblerait même résulter d'une découverte faite aux environs de Stuttgard qu'il existait des mammifères dès la fin du Trias.

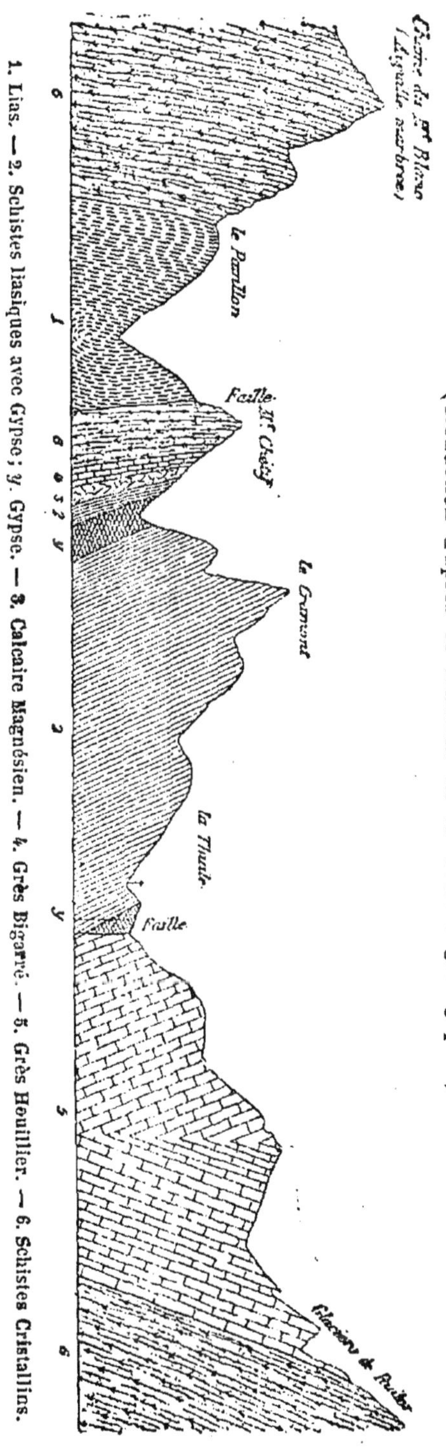

IX. Coupe du Mont-Blanc au Cramont et à la Thuile.
(Réduction d'après le Bulletin de la Société géologique.)

1. Lias. — 2. Schistes liasiques avec Gypse; g. Gypse. — 3. Calcaire Magnésien. — 4. Grès Bigarré. — 5. Grès Houillier. — 6. Schistes Cristallins.

Quant à la *Flore* du Trias, elle est particulièrement caractérisée par quelques espèces appartenant au groupe des Cycadées, les *Pterophyllum*, les *Nilsonia* (Marnes Irisées), les *Mantellia* (Calcaire Conchylien), et à celui des Conifères, les *Voltzia* (Grès Bigarré); les Fougères

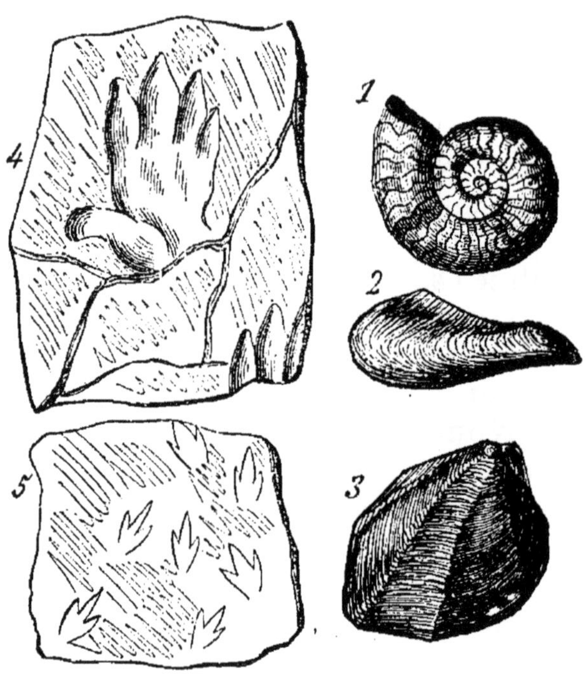

Fig. 139. — Fossiles du Trias : — 1. *Ammonites nodosus*. — 2. *Avicula socialis*. — 3. *Trigonia vulgaris*. — 4. Empreinte de *Cheirotherium* (Batracien). — 5. Empreintes de pas d'Oiseaux.

sont nombreuses dans les dépôts charbonneux. Notons, en terminant, que les couches salifères sont entièrement dépourvues de fossiles.

3° TERRAINS JURASSIQUES.

Ces terrains doivent leur nom aux montagnes du Jura qui sont presque entièrement constituées par des roches appartenant à cette période. Ils couvrent un cinquième environ de la surface totale de la France, et sont distribués de manière à former de longues zones irrégulières, qui limitent le territoire du côté de l'est, depuis Porentruy jusqu'aux environs de Nice, entourent presque complétement le bassin de Paris et le plateau central, en isolant le massif des Vosges, la Bretagne et le bassin de Bordeaux, et dessinent ainsi, par leurs affleurements, les grandes circonscriptions géologiques.

Les terrains Jurassiques ont été partagés en deux systèmes ou ensembles distincts de formations : le système *Liasique* et le système *Oolithique*.

A. SYSTÈME LIASIQUE.

Ce système, d'après sa constitution lithologique, se subdivise en trois sections : 1° *Grès liasique* ou *infra-lias;* 2° *Lias proprement dit* ou *Calcaire à Gryphea arcuata;* 3° *Marnes liasiques* ou *Calcaire à Bélemnites*.

I. Le **Grès liasique** se compose ordinairement de grès quartzeux, solides et compactes, susceptibles d'être employés dans les constructions (*quadersandstein* des Allemands); c'est sous cette forme qu'on le rencontre dans la région nord-est de la France. Les grès deviennent feldspathiques, dans les régions sud-est et sud-ouest, et passent aux arkoses. Dans la Normandie, le Lyonnais, etc., ils sont souvent remplacés par des calcaires pétris de coquilles et formant des marbres désignés sous le nom de *marbres lumachelles*.

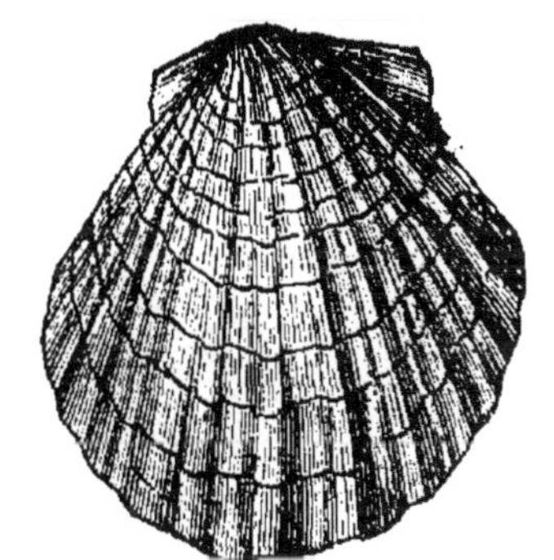

Fig. 140. — *Pecten Lugdunensis.*

II. Le **Lias** proprement dit se compose de calcaires ordinairement bleuâtres, caractérisés par la prédominance de la *Gryphea arcuata* (fig. 141). On y a trouvé, dans les Alpes du Dauphiné, des couches de grès anthraxifère. Le Lias forme une mince bordure sur la plus

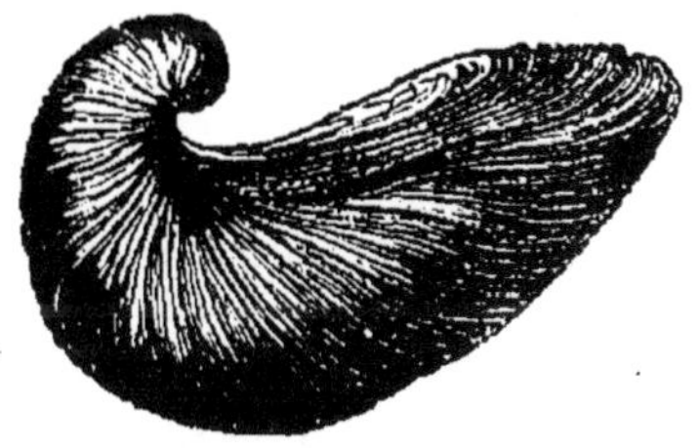

Fig. 141. — *Gryphea arcuata.*

grande partie de l'étendue des terrains jurassiques.

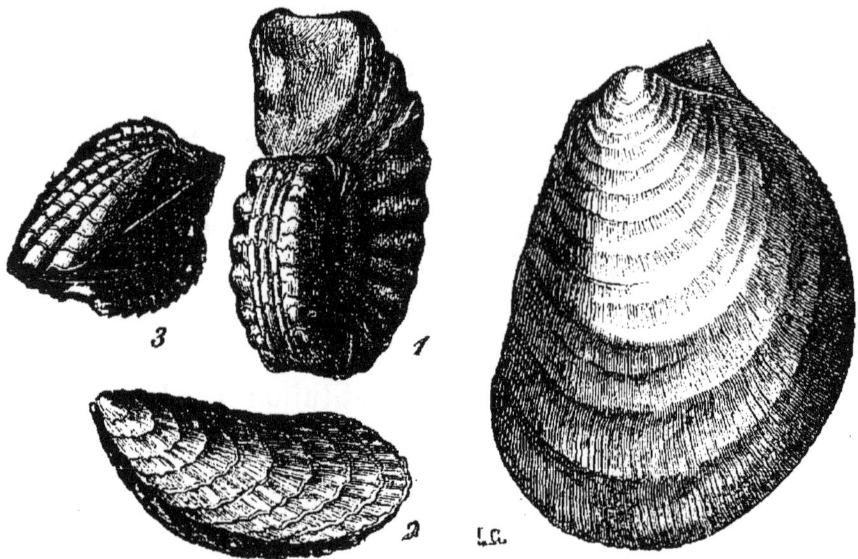

Fig. 142. — Fossiles du Lias proprement dit. — 1. *Ammonites Bucklandi.* — 2. *Plicatula spinosa.* — 3. *Spirifer Walcoti.* — 4. *Plagiostoma giganteum.*

III. Les **Marnes du lias**, indépendamment des couches

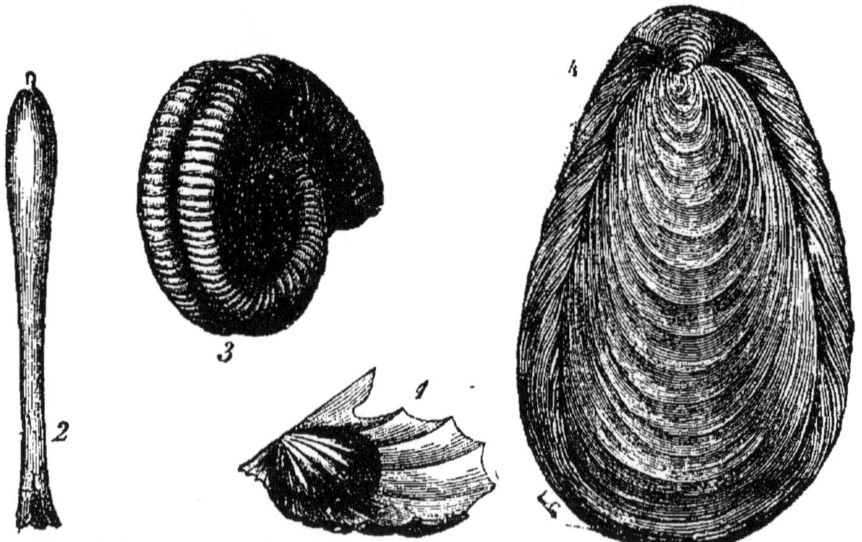

Fig. 143. — Fossiles des Marnes liasiques. — 1. *Avicula inæquivalvis.* — 2. *Bélemnites pistilliformis.* — 3. *Ammonites Walcoti.* — 4. *Gryphea cymbium.*

marneuses auxquelles elles doivent leur nom, renferment

des couches calcaires, remarquables par l'abondance des Bélemnites. Cet étage occupe une surface plus considérable que les précédents. Ses marnes prennent souvent un caractère bitumineux, et l'on y trouve des couches de houille exploitables (Mende, Milhau).

Les différents étages du système liasique présentent un grand nombre de fossiles caractéristiques. Nous citerons, pour le Grès liasique : le *Pecten lugdunensis;* — pour le Lias proprement dit : la *Gryphea arcuata,* le *Plagiostoma giganteum,* la *Plicatula spinosa,* le *Spirifer Walcoti,* l'*Ammonites Bucklandi;* — pour les Marnes liasiques : l'*Avicula inæquivalvis* et la *Gryphea cymbium,* et, parmi un grand nombre d'Ammonites et de Bélemnites l'*Ammonites Walcoti* et le *Bélemnites pistilliformis.* Les végétaux du système liasique appartiennent aux Conifères et aux Cicadées. C'est dans les couches supérieures (Marnes liasiques) que l'on rencontre le plus abondamment les grands reptiles sauriens connus sous les noms d'*Ichthyo-*

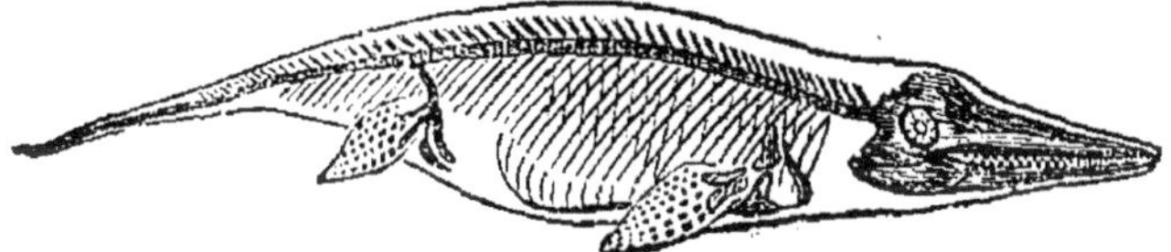

Fig. 144. — Squelette d'Ichthyosaure.

saure, de *Plésiosaure,* de *Mégalosaure,* de *Ptérodactyle.*

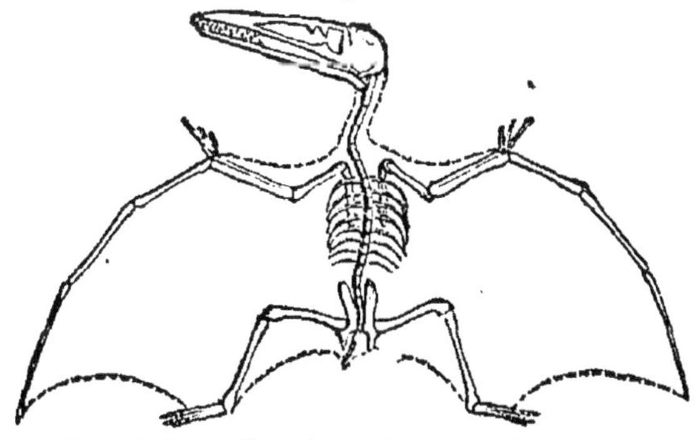

Fig. 145. — Squelette de Ptérodactyle.

Plusieurs de ces animaux atteignaient une taille gigantesque, quinze mètres, au moins, pour le *Mégalosaure.* Le

Ptérodactyle était un reptile volant, à ailes membraneuses dont l'envergure dépassait quatre à cinq mètres, dans certaines espèces.

Nous avons déjà mentionné les schistes bitumineux et carbonifères du Lias; nous y ajouterons, pour donner une dée de la valeur minérale de ce système, les dépôts de gypse des Cévennes, les dépôts de sel gemme de Bex, en Suisse, les minerais de plomb de la Lozère, de l'Aveyron, du Lot, etc., les minerais de fer hydroxydé de la Meurthe et de la Moselle, que l'on peut citer parmi les plus importants au point de vue du produit annuel (trois millions de tonnes, en 1865). Les belles exploitations de pierres lithographiques de Pappenheim, en Bavière, appartiennent à l'étage des Marnes liasiques, ainsi que les calcaires qui servent à la fabrication du ciment de Vassy et de Pouilly. Les oxydes de Manganèse de la Bourgogne et du Périgord appartienneut à l'étage des Grès liasiques.

Les différentes parties du système Liasique ont été fréquemment traversées par des roches éruptives qui leur ont fait subir les modifications dont il a déjà été question à propos du métamorphisme. C'est par leur contact avec des matières ignées à l'état d'incandescence que certains calcaires liasiques des Alpes, et surtout des Pyrénées, se sont convertis en marbres statuaires (Saint-Béat, Sost, etc.).

B. SYSTÈME OOLITHIQUE.

Ce système a pour éléments à peu près constants des marnes, des argiles et des calcaires. Les calcaires sont le plus souvent formés de petits grains ronds, concrétionnés, analogues à des œufs de poissons. De là, le nom de *calcaire oolithique* et, par extension, celui de *système oolithique* (*oon* œuf, *lithos* pierre).

On partage le système *oolithique* en trois subdivisions; 1° L'*Oolithe inférieure;* 2° l'*Oolithe moyenne;* 3° l'*Oolithe supérieure.*

I. **L'Oolithe inférieure** comprend : des argiles souvent utilisées comme terre à foulon (argile de Pot-en-Bessin), des calcaires à oolithes ferrugineuses, exploités comme minerai en Bourgogne, en Normandie, dans le Nivernais, des calcaires imparfaitement oolithiques, très-recherchés pour les constructions (pierre de Caen). La pierre de Caen est l'objet d'une exportation considérable pour l'Angleterre; on s'en est servi pour bâtir la tour de Londres. Notre Oolithe inférieure comprend l'*oolithe inférieure*, la *grande oolithe*, la *terre à foulon*, le *forest marble* et le *corn-brash* des géologues anglais ; elle correspond à l'Étage *Bajocien* et à l'Étage *Batonien* de d'Or-

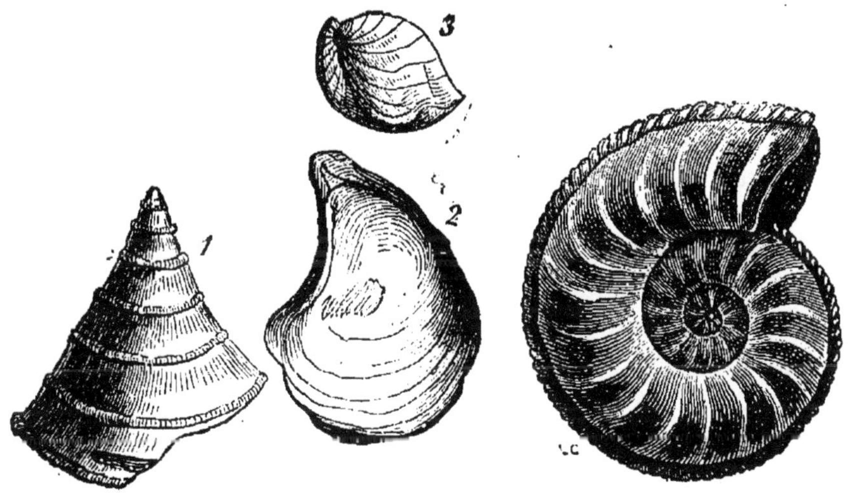

Fig. 146. — Fossiles de l'Oolithe inférieure. — 1. *Pleurotomaria conoïdea.* — 2. *Ostrea acuminata.* — 3. *Terebratula globata.* — 4. *Ammonites margaritatus.*

bigny. Nous citerons parmi les fossiles caractéristiques de cet ensemble de couches : l'*Ammonites margaritatus*, l'*Ostrea acuminata*, la *Pleurotomaria conoïdea*, la *Terebratula globata.*

II. **L'Oolithe moyenne** comprend une succession de couches argileuses et calcaires, désignées en France sous les noms d'*Argile de Dives* et de *Calcaire corallien*. C'est l'argile de Dives qui a constitué le sol de la célèbre vallée d'Auge, en Normandie. Des calcaires appartenant à la même formation sont exploités comme minerai ferrugineux à Châtillon-sur-Seine et dans plusieurs autres parties de la Bourgogne. Ils renferment des rognons siliceux, de forme arrondie, vulgairement appelés *chailles*. Le Calcaire corallien doit son nom à l'énorme quantité de débris de polypiers qu'il contient dans certaines localités, bien qu'ailleurs il se trouve des calcaires très-compactes parmi les couches représentant la formation corallienne. Les équivalents anglais, comme composition minéralogique et comme fossiles de notre Oolithe moyenne, sont : le *Kellowayrock*, l'*argile d'Oxford* et le *coral rag*. Les étages *Callovien, Oxfordien* et *Corallien* de M. d'Orbigny y correspondent.

Nous citerons parmi les fossiles de l'Oolithe moyenne : la *Griphea dilatata*, l'*Ammonites plicatilis*, le *Belemnites hastatus*, l'*Ostrea gregarea*, le *Diceras arietina*, les polypiers du Calcaire corallien.

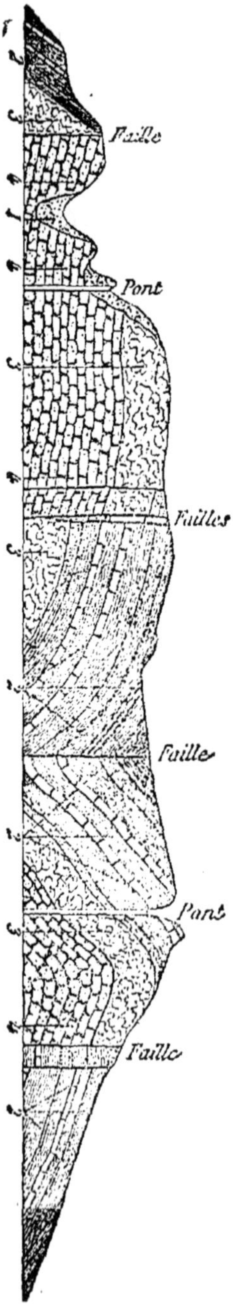

X. Tranchée du chemin de fer de l'Ouest à Noyen (Sarthe).

1. Alluvions anciennes. — 2. Corn-brash. — 3. Forest-marble. — 4. Oolithe inférieure.

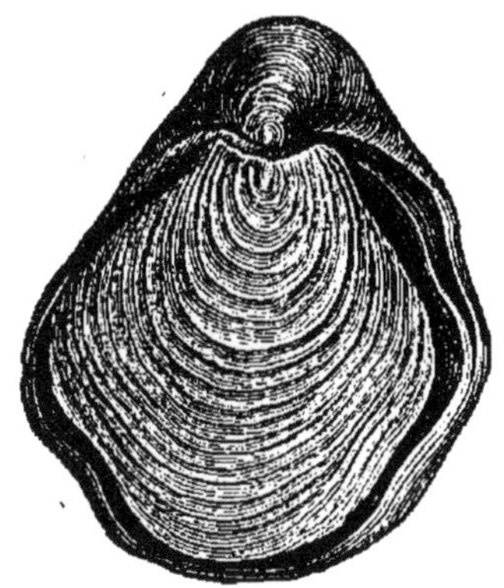

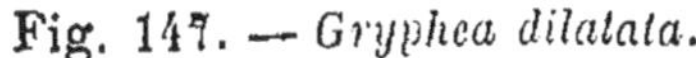

Fig. 147. — *Gryphea dilatata.*

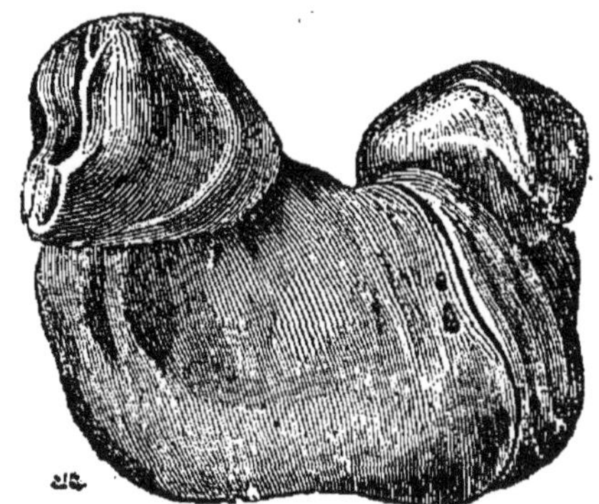

Fig. 148. — *Diceras arietina.*

III. L'**Oolithe supérieure** se compose de couches alternantes d'argile et de calcaire (argile d'Honfleur, calcaire de Portland); elle correspond à l'*argile de Kimmeridge* et au *Portland stone* des géologues anglais, aux Étages *Kimmeridgien* et *Portlandien* de M. d'Orbigny.

Parmi les fossiles caractéristiques de ce terrain figurent : l'*Ostrea deltoidea* et l'*Exogyra virgula.*

Fig. 149. — *Exogyra virgula.*

Nous avons encore à signaler, dans cette dernière subdivision du système oolithique, l'existence de nombreux dépôts ferrugineux. Une grande partie du fer produit en France est extraite de minerais appartenant, soit à la période du Lias, soit à celle de l'Oolithe : ce sont eux qui alimentent presque tout ce qui nous reste de hauts-fourneaux dans la Normandie, la Bourgogne, le Berry, la Franche-Comté, etc.

4° TERRAINS CRÉTACÉS.

Les TERRAINS CRÉTACÉS forment la quatrième et dernière subdivision de l'ensemble de terrains que l'on a réunis sous la dénomination de terrains Secondaires. Ils doivent leur nom à la *craie*, qui en est, dans beaucoup de localités, l'élément essentiel. L'examen des couches appartenant à cette période géologique montre qu'il a dû se produire simultanément deux ordres de dépôts, assez dissemblables par la nature de leurs matériaux et de leurs fossiles. Les uns se sont formés au fond d'une mer occupant tout l'espace où se trouvent aujourd'hui les bassins de Paris et de Londres; les autres, au fond d'une mer occupant la plus grande partie des provinces du sud et du sud-est de la France. Des escarpements du terrain Jurassique établissaient, vers le nord, une ligne de démarcation entre les deux mers. Nous prendrons pour point de départ la série septentrionale ou Crétacée proprement dite, et, après avoir suivi le développement de ses différentes formations, nous y rattacherons les dépôts contemporains de la série méditerranéenne.

SÉRIE CRÉTACÉE PROPREMENT DITE.

La série crétacée proprement dite comprend trois étages, qui sont :

1° L'*Étage inférieur* (*Néocomien* de d'Orbigny);

2° L'*Étage moyen* ou *Grès Vert* (*Aptien, Albien, Cénomanien* de d'Orb.)

3° L'*Étage supérieur* ou *Craie* (*Turonien, Sénonien,* de d'Orb.)

I. L'étage **Crétacé inférieur** est représenté en Angleterre par un assemblage de couches argileuses, sableuses

Fig. 150. — Fossiles de l'étage Crétacé Inférieur. — 1. *Exogyra subplicata.* — 2. *Spatangus retusus.*

calcaires, etc., auquel on a donné le nom de *Weald* (1). En

1. Les *Wealds*, partie des comtés de Sussex, de Surrey, de Kent, en Angleterre, où se trouve le type caractéristique.

France, cette portion de la série crétacée se trouve très-nettement représentée, dans les départements de l'Aube et de la Haute-Marne, par des sables ferrugineux, des calcaires à *Spatangus retusus*, des argiles à *Ostrea Leymerii* et à *Exogyra subplicata*, enfin des argiles et sables à couleurs vives et très-variables. Les exploitations de fer hydraté des environs de Saint-Dizier, celles de Vendœuvre, de Vassy se rapportent à cette formation.

II. L'étage **Crétacé moyen** se compose d'argiles grises ou bleuâtres, de marnes bleues (*gault* des Anglais),

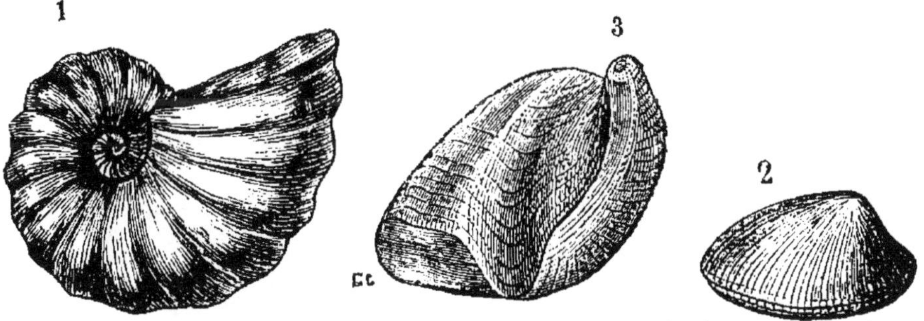

Fig. 151. — Fossiles de l'étage Crétacé Moyen. — 1. *Ammonites Rothomagensis*. — 2. *Nucula pectinata*. — 3. *Terebratula sella*.

de sables, de grès et de dépôts crayeux souvent comme pétris de granulations d'une matière verte, la *glauconie*, qui est un silicate multiple d'alumine, de potasse et de protoxyde de fer. Le système est représenté dans les départements de Vaucluse, de l'Aube, de la Sarthe, etc. Nous citerons parmi les fossiles caractéristiques : l'*Ostrea carinata*, l'*Ostrea biauriculata*, la *Terebratula sella*, la *Nucula pectinata*, la *Trigonia caudata*, l'*Ammonites Lyelli*, l'*Ammonites Rothomagensis*.

III. L'étage **Crétacé supérieur** se compose presque exclusivement de craie à différents états. C'est d'abord une craie impure, mêlée d'argile et de sable, avec plus ou moins de rognons siliceux interposés. Cette craie, désignée sous le nom de *craie tuffau*, arrive, par des transitions souvent peu sensibles, à perdre ses éléments étrangers, ses matières colorantes; elle devient enfin la *craie blanche*. Certaines couches de cette craie sont dénuées de silex; d'autres en sont abondamment pourvues, et les rognons siliceux y forment en général des bancs très-réguliers. Il paraît probable qu'au moment de la formation des dépôts crayeux, la silice qui s'y trouvait disséminée s'est rassemblée, par l'effet de l'attraction moléculaire, à différents niveaux de la masse encore à

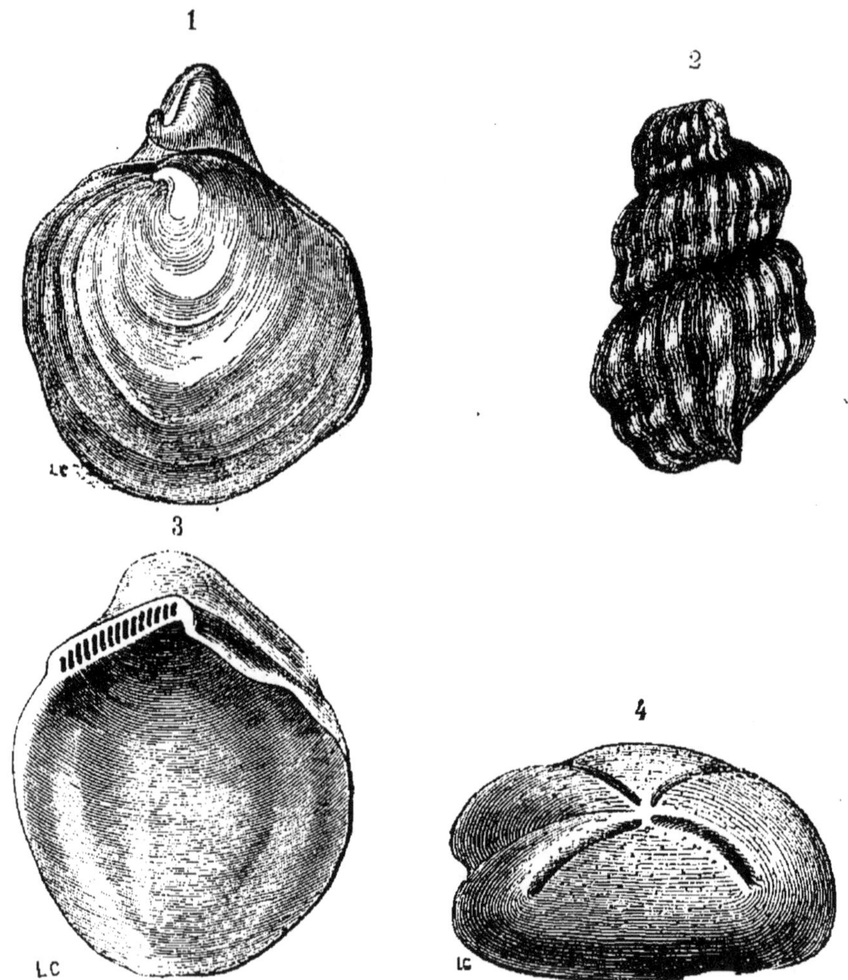

Fig. 152. — Fossiles de l'étage Crétacé Supérieur.— 1. *Exogyra columba.* — 2. *Turrilites costatus.* — 3. *Inoceramus Lamarkii.* — 4. — *Micraster cor anguinum.*

l'état semi-liquide. Nous citerons parmi les fossiles de la *craie tuffau* : le *Turrilites costatus*, l'*Exogyra columba*, l'*Ammonites varians* ; — parmi ceux de la *craie blanche* : le *Belemnites mucronatus*, le *Micraster cor anguinum*, l'*Ananchytes ovata*, l'*Ostrea vesicularis*, la *Crania parisiensis*, le *Spondylus spinosus*, les *Inoceramus Cuvieri* et *Lamarckii*,

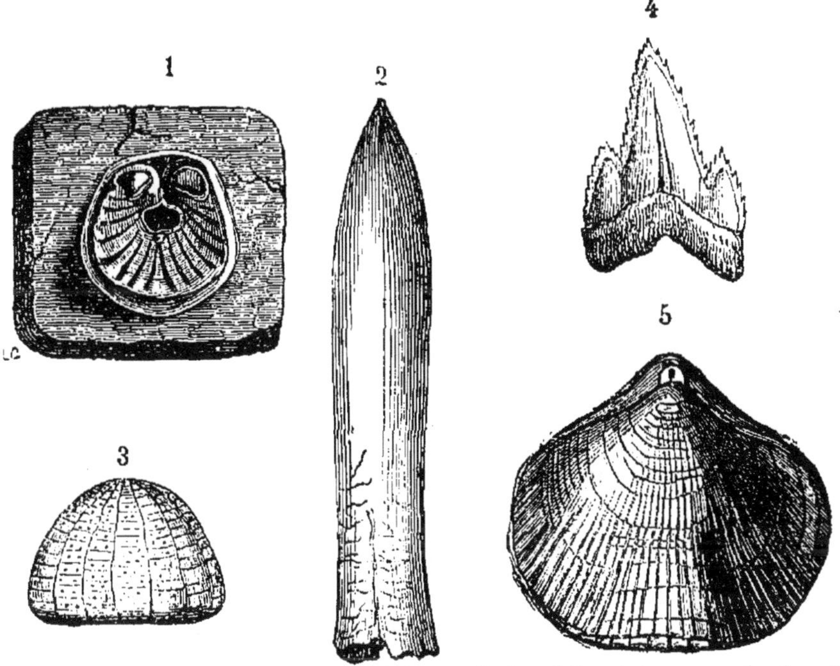

Fig. 153. — Suite des fossiles de l'étage Crétacé Supérieur. — 1. *Crania parisiensis* — 2. *Belemnites mucronatus*. — 3. *Ananchytes ovata*. — 4. Dent de squale. — 5. *Terebratula octoplicata*.

Dans tout l'étage, on rencontre des dents de squales, dont la dimension indique souvent des animaux d'une taille peut-être quintuple de celle de nos plus énormes requins actuels.

La craie, lorsqu'on l'examine à l'aide d'instruments amplifiants, se montre presque toujours comme criblée de débris de zoophytes, de mollusques et d'animaux presque microscopiques connus sous le nom de *foraminifères*. Cette formation d'une étendue et d'une épaisseur si considérables, qui couvre de ses affleurements plus du dixième de la surface de la France, et dont les couches dépassent généralement en profondeur plusieurs centaines de mètres, devrait son origine, suivant quelques géologues, aux déjections des poissons corallophages. Une pareille hypothèse ne peut être admise d'une manière absolue; mais, dans certaines localités, elle acquiert presque les caractères de la certitude.

La craie tuffau se montre, soit en affleurement, soit à de faibles profondeurs, dans une grande partie des départements d'Indre-et-Loire, Indre, Loir-et-Cher, etc. Elle y est partout exploitée comme pierre à chaux et pierre de construction. La craie blanche forme les falaises de la Manche, celles de la vallée de la Seine jusqu'à Paris [1]; elle affleure sur une grande étendue en Picardie et en Champagne. Elle recouvre la craie tuffau dans beaucoup de localités, en Touraine et en Vendomois.

MODIFICATIONS DE LA SÉRIE CRÉTACÉE.

Les formations de la période crétacée dans le sud-ouest et le sud de la France sont caractérisées par la présence de coquilles à valves très-inégales, et auxquelles leur rugosité a valu le nom collectif de *Rudistes*. Parmi ces coquilles, nous signalerons deux genres très-répandus : les *Hippurites* et les *Sphérulites*.

Dans la Saintonge et le Périgord, la série crétacée com-

1. A Paris, le forage du puits de Grenelle a fourni les chiffres suivants relativement à l'épaisseur des différentes couches crétacées :

Terrain tertiaire.	50 mètres.
Craie blanche avec silex pyromaque. . . — avec quelques bancs de dolomie, et moins de silex.	270
Craie grise compacte, sans silex. . . .	120
Craie glauconieuse. . . . . Marnes bleues et vertes.	60
Gault.	47
Sables aquifères du Grès vert Inférieur.	»
	547 mètres.

prend, en commençant par les assises inférieures : des argiles pyriteuses à lignites (île d'Aix), des sables verts, des grès calcaires, des calcaires *à Rudistes,* souvent très-blancs et propres aux constructions (Angoulême), enfin des craies grisâtres, jaunâtres ou blanchâtres, rèprésentant la craie tuffau et la craie blanche.

Dans la région des Pyrénées, on rencontre tantôt des cal-

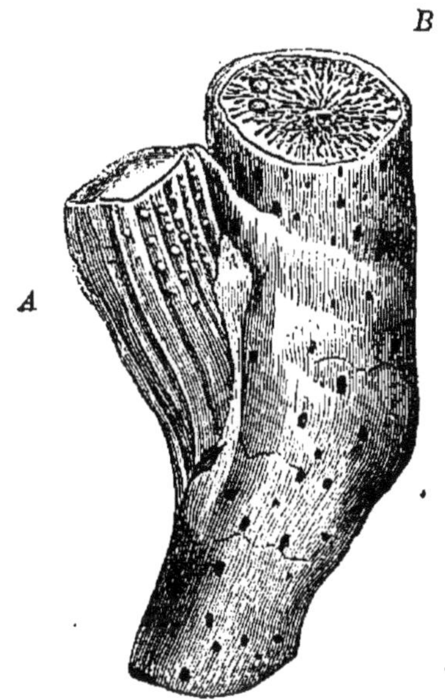

Fig. 154. — A, *Hippurites sulcata.* — B, *Hippurites bioculata.*

caires gris ou noirs et des schistes terreux, contenant des *fucus* (Basses-Pyrénées), tantôt des schistes analogues, passant supérieurement à la marne et au calcaire (Hautes-Pyrénées), tantôt des argiles et des calcaires argileux, passant supérieurement au macigno (montagnes d'Ausseing).

Dans la Provence et le Dauphiné, on rencontre successivement des marnes grises, un calcaire blanc compacte, *calcaire provençal* de Leymerie, qui forme les montagnes de la Grande Chartreuse, des argiles marneuses et des sables pyriteux, bien caractérisés près d'Apt, des calcaires ferrugineux passant au grès (Vaucluse), enfin des calcaires à *Hippurites.*

XI. Coupe des environs de Menton à la plaine du Piémont, près Chiusa.

(Réduction d'après le Bulletin de la Société Géologique.)

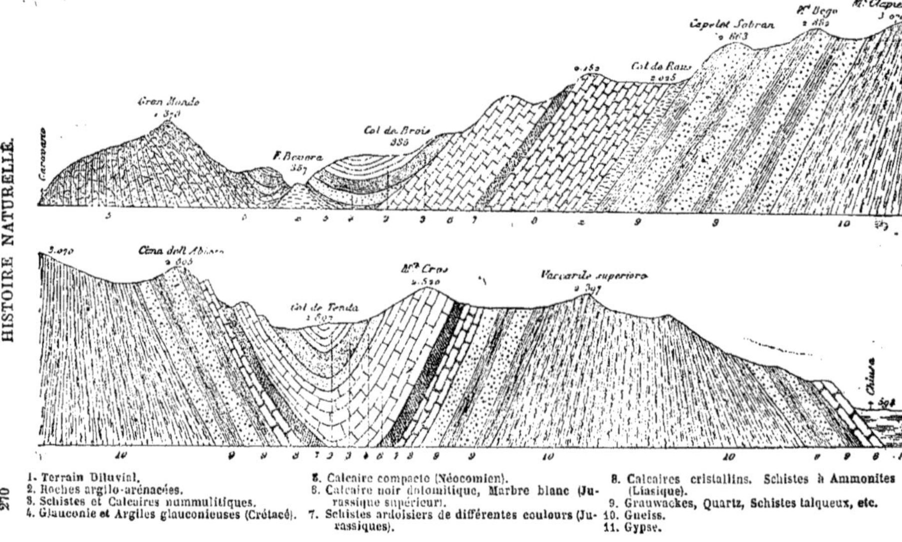

1. Terrain Diluvial.
2. Roches argilo-arénacées.
3. Schistes et Calcaires nummulitiques.
4. Glauconie et Argiles glauconieuses (Crétacé).
5. Calcaire compacte (Néocomien).
6. Calcaire noir dolomitique, Marbre blanc (Jurassique supérieur).
7. Schistes ardoisiers de différentes couleurs (Jurassiques).
8. Calcaires cristallins. Schistes à Ammonites (Liasique).
9. Grauwackes, Quartz, Schistes talqueux, etc.
10. Gneiss.
11. Gypse.

On retrouve d'une manière générale cette constitution de la série crétacée dans tout le midi de l'Europe et dans l'Afrique septentrionale. Il convient d'y rapporter les dépôts de gypse et les dépôts de lignites des Pyrénées, les dépôts de sel gemme de Cardona, en Catalogne.

Nous terminerons ce chapitre en mentionnant un dernier membre de la série crétacée, souvent annexé, et peut-être avec plus de raison, à la série tertiaire : la formation *nummulithique*. Cette formation, si bien étudiée par M. Leymerie, joue un rôle très-important dans la géologie des contrées méditerranéennes. Elle accompagne bien souvent, il est vrai, le terrain crétacé et se soude intimement avec lui ; de là l'épithète d'*épicrétacée ;* mais ses fossiles montrent, en général, beaucoup moins d'analogie avec ceux de la période crétacée qu'avec ceux de la période tertiaire. Les éléments habituels du terrain épicrétacé sont des marnes, des sables, des calcaires, presque toujours recouverts superficiellement par un poudingue très caractéristique, le poudingue de Palassou. Les coquilles fossiles y sont très-nombreuses, particulièrement les *Nummulithes.*

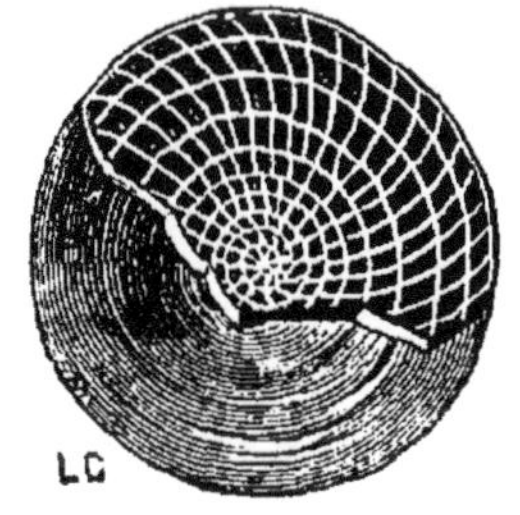

Fig. 155.—*Nummulithes exponens.*

CHAPITRE XXIV

TERRAINS TERTIAIRES.

Les TERRAINS TERTIAIRES font suite aux terrains secondaires dans la série chronologique; ils se rattachent à ces terrains par des formations en quelque sorte mixtes, où l'on retrouve des fossiles appartenant à la première des deux périodes, mêlés à un grand nombre de ceux qui sont particuliers à la seconde. Les terrains tertiaires sont caractérisés, au point de vue paléontologique, par la première apparition d'un très-grand nombre de Reptiles, de Mammifères et d'Oiseaux; parmi les Mammifères, prédominent les Pachydermes et les grands Édentés. Les roches qui constituent les formations de cette période sont des argiles, des sables, des marnes, des gypses, des calcaires, des grès, des meulières. La nature des coquilles que l'on y rencontre annonce qu'un certain nombre de dépôts se sont formés au sein des eaux douces, un certain nombre au fond de la mer, enfin beaucoup d'autres dans un mélange d'eaux douces et d'eaux salées. A cette époque, l'émersion successive des différents terrains que nous venons d'étudier avait donné au territoire de la France un relief déjà très-voisin de celui qu'il présente actuellement. Les cinq massifs, d'abord tout à fait isolés, du Plateau central, de la Bretagne, des Vosges, des Pyrénées et des Alpes s'étaient trouvés reliés par les formations Jurassiques; les formations Crétacées avaient complété cette liaison. Sur un grand nombre de points, il restait à combler quelques lacunes intérieures, et particulièrement à faire disparaître les deux grandes échancrures ouvrant passage à la mer du Nord dans la région parisienne, et à l'Océan dans la région aquitanique: telle fut l'œuvre des formations tertiaires.

La classification le plus généralement admise pour cet ensemble de terrains est celle de Lyell, qui les partage en trois sections : 1° l'*Eocène* 2° le *Miocène*, et 3° le *Pliocène*. Ces noms, dérivés du grec [1], indiquent une proportion de plus en plus forte d'espèces récentes, une origine de plus en plus moderne. Les trois sections correspondent :

L'Eocène, aux étages *Danien*, *Suessonien* et *Parisien* de d'Orbigny, au *terrain Tertiaire Inférieur*, au *terrain Parisien*, au *terrain Palæothérien* des divers auteurs;

Le **Miocène**, à l'étage *Falunien* de d'Orbigny, au *terrain Tertiaire Moyen*, au *terrain de la Mollasse*, au terrain *Mastodontique* des divers auteurs ;

Le **Pliocène**, à l'étage *Subapennin* de d'Orbigny, au *terrain Tertiaire Supérieur*, au *terrain Subapennin*, au terrain *Éléphantique*.

Les terrains tertiaires sont distribués en un certain nombre de bassins, dans lesquels les diverses formations ne se montrent pas toujours avec les mêmes caractères minéralogiques, et dans lesquels la série est loin d'être toujours complète. Afin d'éviter une confusion à laquelle, sans cela, il nous serait difficile d'échapper, nous étudierons successivement quelques-uns des types les plus propres à faire connaître les modifications les plus intéressantes.

I. — Le *bassin de Paris*, limité dans toute son étendue par des formations Crétacées qui, de tous les côtés, le pénètrent et l'entament plus ou moins profondément, s'étend sur une surface d'environ 300 kilomètres de longueur, du nord au sud, et de 150 kil. de largeur, de l'est à l'ouest.

La craie forme partout le fond du bassin; mais on la ren-

1. *Pliocène* vient de πλεῖον, *pleïon* (plus), et de καινὸς, *caïnos* (récent) et équivaut à : plus d'espèces récentes. *Miocène* vient de μεῖον, *meïon* (moins), et καινὸς (récent), et équivaut à : moins d'espèces récentes *Eocène* vient d'ἔως, *éôs* (aurore, commencement, et καινὸς (récent), et équivaut à : commencement des espèces récentes.

contre à des profondeurs très-variables, quelquefois en affleurement, d'autres fois sous des couches tertiaires dont l'épaisseur peut dépasser 50 mètres. Toutes ces couches appartiennent soit à l'Eocène, soit au Miocène ; le Pliocène fait défaut.

Immédiatement au-dessus de la craie se montre, dans un certain nombre de localités (Meudon, Bougival, Montereau, Beauvais, etc.), un calcaire blanc ou jaunâtre, souvent pétri de coquilles marines, auquel on a donné le nom de *calcaire pisolithique* (*étage Danien* de d'Orbigny), et que plusieurs géologues considèrent comme devant être classé parmi les formations crétacées. Ce calcaire, en s'associant avec des rognons crayeux, forme le *conglomérat de Meudon*, dans lequel on a découvert les débris du *Gastornis parisiensis*, oiseau gigantesque dont la taille dépassait celle des autruches.

Au-dessus de ce calcaire, et, lorsqu'il n'existe pas, immédiatement au-dessus de la craie, se montre ordinairement l'*argile plastique*, remplacée dans certaines localités par des poudingues et des grès quartzeux, dans d'autres, par des sables argileux, riches en pyrites et souvent exploités pour la fabrication de l'alun (*sables de Bracheux en Soissonnais*). L'argile plastique varie de couleur, suivant qu'elle renferme une plus ou moins forte proportion d'éléments ferrugineux. Elle est blanche à Moret, grise à Montereau, jaune du côté de la forêt de Dreux, brune ou d'un rouge plus ou moins pur à Montrouge et dans la banlieue sud de Paris. Suivant sa couleur et son état de pureté, on l'emploie à faire de la faïence ou des poteries.

On distingue généralement deux bancs d'argile, un inférieur, formé exclusivement d'argile et renfermant peu ou point de fossiles ; un supérieur, connu sous le nom de *fausse glaise*, séparé de l'inférieur par un lit de sable, très-sablonneux lui-même, de couleur noirâtre, souvent très-riche en débris organiques à l'état de lignite, contenant des pyrites, du succin en nodules et de nombreuses coquilles fossiles. Bien que la nature générale de ces coquilles indique que l'argile s'est formée dans des eaux douces, on rencontre, dans les couches tout à fait supérieures, des coquilles provenant d'espèces qui vivent dans les eaux saumâtres, et même des coquilles marines. Coquilles de l'argile plastique : *Planorbis rotundatus, Physa antiqua, Lymnea* plastique *longiscata, Paludina lenta, Melania inquinata, Cyrena antiqua, Cerithium variabile, Ostrea bellovacina.*

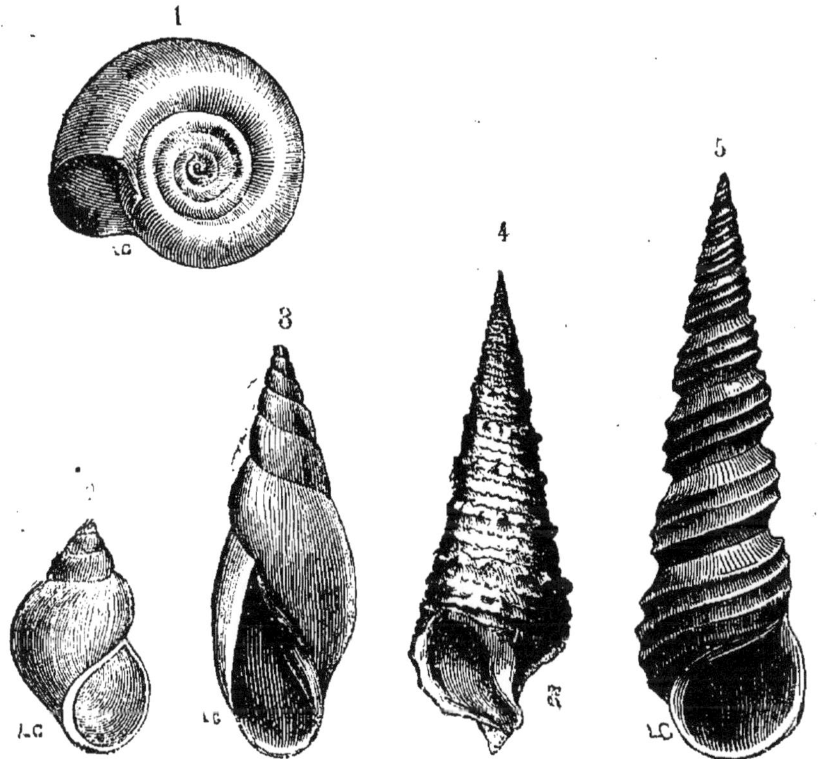

Fig. 156. Fossiles de l'argile plastique. — 1. *Planorbis rotundatus.* — 2. *Paludina lenta.* — 3. *Lymnea longiscata.* — 4. *Cerithium variabile.* — 5. *Melania inquinata.*

Au-dessus de l'argile, se trouvent fréquemment des sables diversement colorés (*sables de Cuise-la-Motte en Soissonnais*), renfermant des masses de grès coquillier, assez pur et assez solide. Ces sables et ces grès sont d'origine marine, comme l'indiquent l'*Ostrea multicostata* et les autres fossiles.

La formation du *calcaire grossier*, qui vient au-dessus,

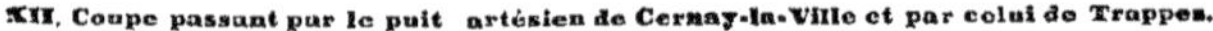

XII. Coupe passant par le puit artésien de Cernay-la-Ville et par celui de Trappes.

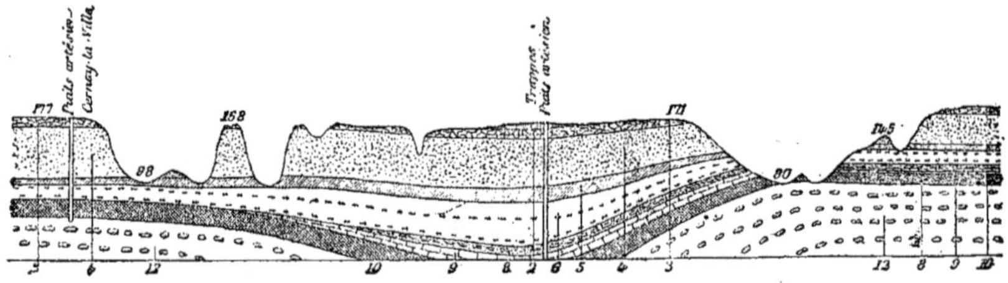

XIII. Coupe passant par le château de Nogent-le-Rotrou et par le puits artésien de la Bordinière.

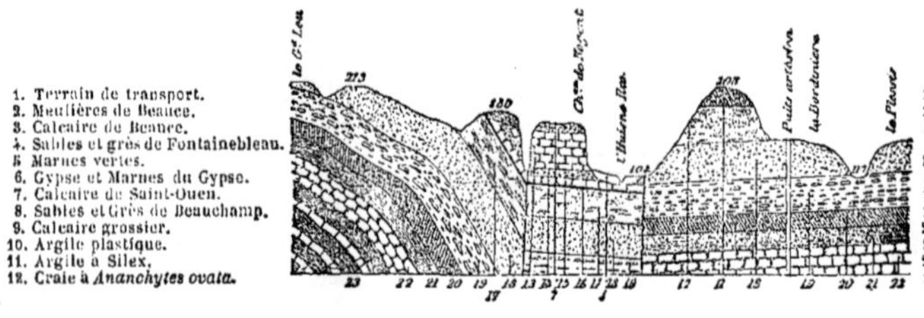

1. Terrain de transport.
2. Meulières de Beauce.
3. Calcaire de Beauce.
4. Sables et grès de Fontainebleau.
5. Marnes vertes.
6. Gypse et Marnes du Gypse.
7. Calcaire de Saint-Ouen.
8. Sables et Grès de Beauchamp.
9. Calcaire grossier.
10. Argile plastique.
11. Argile à Silex.
12. Craie à *Ananchytes ovata.*
13. Craie à *Ostrea auricularis.*
14. Craie à *Terebratela Bourgeoisii.*
15. Craie à *Inoceramus problematicus.*
16. Craie à *Ostrea biauriculata.*
17. Sables Cénomaniens supérieurs.
18. Craie à *Scaphites æqualis.*
19. Craie à *Pecten asper.*
20. Craie à *Ostrea vesiculosa.*
21. Kimmeridge-clay.
22. Coral-rag.
23. Oxford-clay.

se compose de couches alternatives de calcaire grossier plus ou moins dur, de marnes argileuses et de marnes calcaires. Les premières couches, *Glauconie grossière*, sont très-sablonneuses, souvent même plus sablonneuses que calcaires. Les pierres qu'elles fournissent se délitent à l'air et sont, par conséquent, peu susceptibles d'emploi. On trouve presque toujours, dans ces couches, des grains d'une terre ferrugineuse verdâtre, analogue à la terre de Vérone. Les fossiles marins y sont abondants. Nous donnons ici la figure très-réduite du *Cerithium giganteum*.

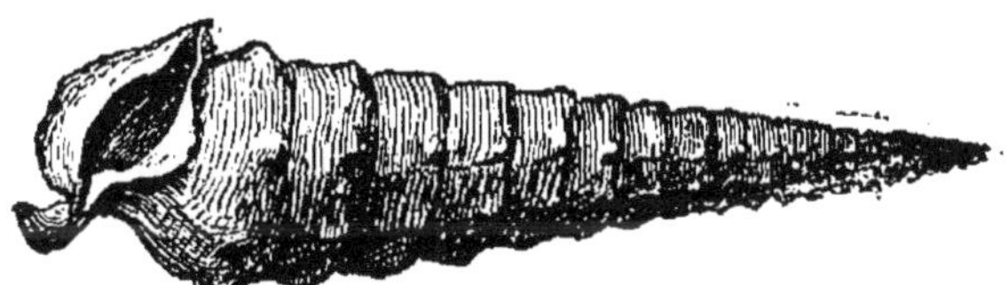

Fig. 157. — *Cerithium giganteum.*

La portion inférieure du calcaire grossier renferme un grand nombre de *Nummulithes* (pierres à liards des carrières du Soissonnais); mais il ne faut pas la confondre avec la formation nummulithique dont il a été question à la fin des terrains crétacés. Les couches moyennes, caractérisées par la présence des petites coquilles presque microscopiques, connues sous le nom de *Miliolithes*, renferment des calcaires à pâte tendre, de couleur verdâtre (*banc vert*), et d'autres plus durs, d'une couleur jaunâtre ou grisâtre. Les couches supérieures, beaucoup moins riches en coquilles, se composent de calcaires tendres ou durs, très-employés sous le nom de *roche*. Les *Cérithes* et les *Corbules* distinguent les différents bancs.

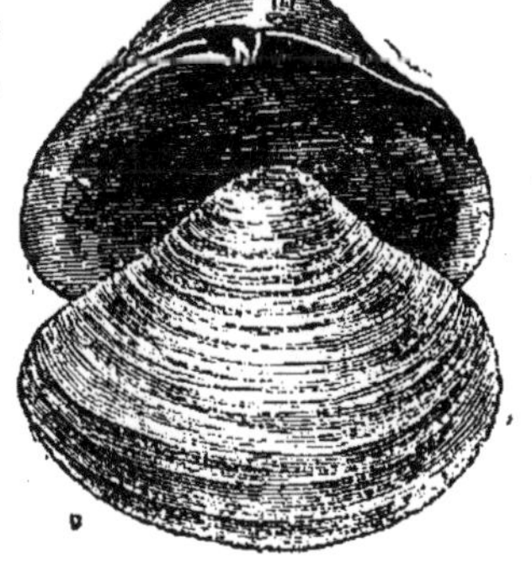

Fig. 158. — *Corbura gallica.*

Au-dessus des couches calcaires supérieures, viennent les *marnes calcaires dures*, généralement de couleur blanche, et renfermant peu de fossiles.

Nous compléterons ce qui se rapporte à la formation du calcaire grossier, en mentionnant les dépôts marins de grès coquilliers et de sables (*sables* et *grès de Beauchamp*), qui tantôt se trouvent intercalés dans les calcaires, tantôt les surmontent, tantôt les remplacent complétement.

Au-dessus du calcaire grossier, ou des sables et grès de Beauchamp, se présente une formation d'origine lacustre, *calcaire siliceux* ou *travertin de Saint-Ouen*, constituée par un calcaire de couleur grise ou blanche, de nature tendre ou compacte, à grain très-fin, pénétré de matière siliceuse, et renfermant de nombreux échantillons de *ménilithe* ou *silex résinoïde*, ainsi que des meulières caverneuses disséminées. On rapporte à cette formation la roche dure, compacte, mais facile à casser, que les ouvriers nomment *cliquart*. Le calcaire siliceux donne une très-bonne chaux. Les fossiles sont des *lymnées*, des *planorbes*, des *gyrogonites* ou graines de *chara*, etc.

Fig. 159. — Gyrogonite (*Chara medicaginula.*)

Au-dessus du calcaire siliceux, mais, plus souvent, directement sur le calcaire grossier ou sur les marnes blanches, on trouve une série de *marnes argileuses* et *calcaires*, alternant avec des *gypses d'eau douce*. Les parties inférieures de la formation renferment peu de gypse et beaucoup de marne; c'est de là qu'on tire, à Montmartre et ailleurs, l'argile compacte, gris-marbré, qui sert de pierre à détacher. Les portions supérieures présentent des couches gypseuses d'une épaisseur très-considérable, quelquefois pres-

Fig. 160. — *Palæotherium magnum.* — *Anoplotherium commune.*

que immédiatement situées sous le sol, comme à Dammartin, à Montmorency, surmontées plus habituellement par des bancs puissants de marne calcaire ou argileuse, dans lesquels on trouve des troncs de palmier silicifiés. C'est dans la masse supérieure que Cuvier a découvert les ossements épars d'un grand nombre de mammifères, entre autres ceux de deux pachydermes, l'*Anoplothérium* et le *Palæothérium*, dont nous donnons un essai de restitution.

Au-dessus des marnes du gypse proprement dites, se trouvent d'autres marnes, les *marnes vertes*, qui en diffèrent par leur origine marine, et qui sont caractérisées par la présence de nombreuses espèces d'huîtres.

Au-dessus des marnes vertes et autres dépôts marins supérieurs au gypse, apparaissent diverses assises d'origine lacustre ou fluviatile, constituées par des calcaires marneux ou siliceux, que surmontent des argiles enveloppant des meulières. Ces assises, qui continuent le calcaire de Saint-Ouen, sont réunies sous le nom de *calcaire* ou *travertin de la Brie*. Elles sont, en effet, très-répandues dans cette région, et l'exploitation des pierres meulières est très-importante aux environs de la Ferté-sous-Jouarre.

Toutes les couches dont il a été question jusqu'ici appartiennent à l'Éocène. Au-dessus du calcaire de Brie, commence le Miocène avec des sables quartzeux, purs ou mélangés d'argile ou de mica, et des grès quartzeux souvent calcarifères (*sables marins supérieurs* et *grès de Fontainebleau*), Les grès à paver d'Orsay, de Fontainebleau, font partie de cette formation, ainsi que les sables de Nemours et de Bonnevaux, si recherchés pour la verrerie. On cite, parmi les fossiles caractéristiques, communs à Montmartre et à Étampes, quelques cérithes (*C. Lamarckii*, etc.), quelques cythérées (*Cytherea elegans*, etc), plusieurs espèces d'huîtres (*Ostrea longirostris*, etc.).

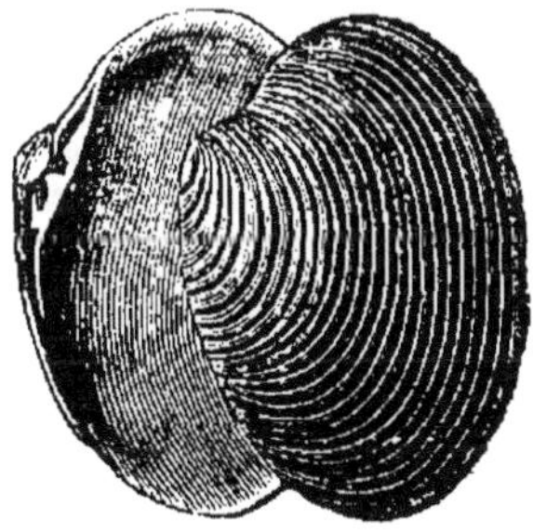
Fig. 161. — *Cytherea elegans.*

Au-dessus des sables et grès de Fontainebleau, viennent

XIV et XV. Coupes du bassin parisien, prises au Mont-Valérien et à Montmartre.

(Réduction d'après la carte géologique du département de la Seine, par M. Delesse.)

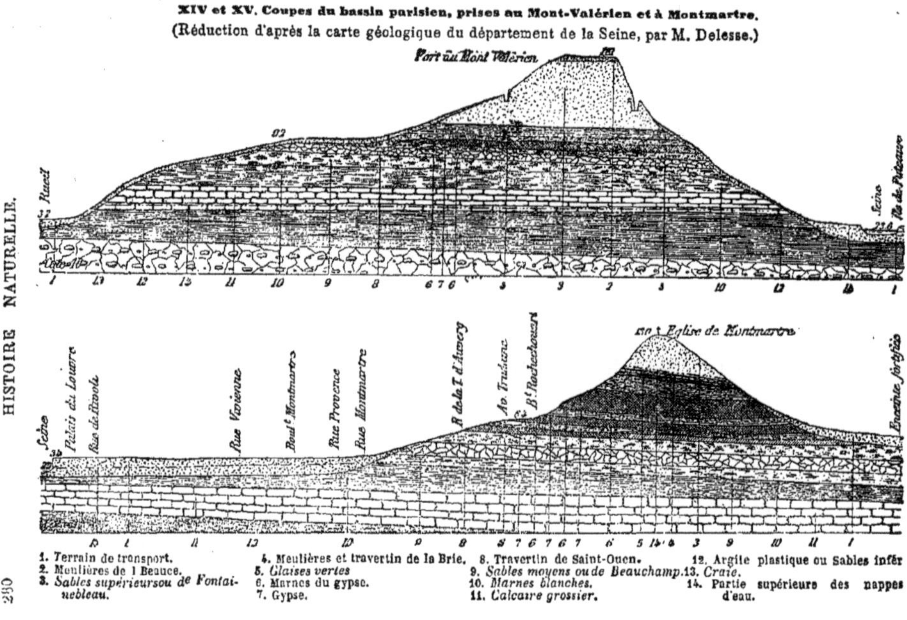

1. Terrain de transport.
2. Meulières de la Beauce.
3. *Sables supérieurs ou de Fontainebleau.*
4. Meulières et travertin de la Brie.
5. *Glaises vertes*
6. Marnes du gypse.
7. Gypse.
8. Travertin de Saint-Ouen.
9. *Sables moyens ou de Beauchamp.*
10. *Marnes blanches.*
11. *Calcaire grossier.*
12. Argile plastique ou Sables infér
13. *Craie.*
14. Partie supérieure des nappes d'eau.

les *calcaires siliceux* et les *argiles à meulières de la Beauce*, qui complètent la série des assises constituant le bassin de Paris. Ces calcaires et ces argiles renferment des coquilles d'eau douce ou terrestres, telles que *lymnées*, *planorbes*, *hélices*, etc., et des débris de végétaux aquatiques.

Les coupes XIV et XV serviront à fixer les idées relativement à l'ordre de superposition des couches du bassin parisien. Les couches d'origine marine sont indiquées, dans la légende, en lettres italiques; les couches d'origine lacustre ou fluviatile en caractères ordinaires.

II. — Le *plateau central* de la France présente plusieurs petits bassins Tertiaires, dont les couches inférieures paraissent contemporaines de la série gypseuse du bassin de Paris (Éocène), et les supérieures, contemporaines du calcaire de Beauce et des faluns (Miocène). Le caractère essentiel de toutes ces formations est leur origine lacustre. Elles reposent sur un fond de roches ignées ou primaires, granit, gneiss, micaschiste, etc., dont les débris agglomérés forment leurs premières assises. Viennent ensuite des grès, des marnes feuilletées rouges, vertes ou blanches; ensuite, des calcaires d'eau douce plus ou moins siliceux; enfin, des marnes gypseuses. Nous citerons comme localités : la Limagne d'Auvergne, entre les monts Dômes et le Forez, les environs d'Aurillac, et ceux du Puy-en-Velay.

III. — La grande dépression de terrain qui constitue aujourd'hui le *bassin de la Loire* nous présente, sur un certain nombre de points, des lambeaux, quelquefois assez étendus, de formations Tertiaires, que l'on peut placer après les calcaires d'eau douce supérieurs, car ils recouvrent souvent ce dernier terrain. Ces formations, connues sous le nom de *faluns*, se composent principalement de débris plus ou moins ténus de coquilles et de zoophytes, tantôt libres, tantôt réunis par un ciment calcaire. On emploie, en Touraine, pour amender les terres, des sables faluniens qui possèdent toutes les propriétés de la tangue. L'origine des faluns est essentiellement marine; cependant, on y a découvert plusieurs grands mammifères terrestres, tels que *mastodontes*, *hippopotames*, *rhinocéros*.

IV. — Dans le *bassin de Bordeaux*, la série Tertiaire se montre beaucoup plus complète que dans le bassin de la Loire, où elle n'est assez généralement représentée que par des faluns; elle comprend les sables de Royan à *Ostrea multicostata*, les calcaires à *Miliolithes* du Médoc, les grès de Bergerac, les meulières du Périgord, les calcaires à *astéries* de Bordeaux, les faluns de Léognan et de Bazas, enfin les sables des Landes, quelquefois mélangés de minerais ferrugineux ou d'imprégnations bitumineuses.

V. — Le *bassin Sous-Pyrénéen* est recouvert, sur toute son étendue, par des formations Tertiaires d'origine lacustre. Les plus anciennes, parmi ces formations, correspondent à la période Éocène et renferment des débris de *palæotherium* et de *lophiodon*, de coquilles terrestres et d'eau douce. On y trouve des sables grossiers, des argiles, des marnes, des grès tendres, des calcaires, des lignites exploités comme combustibles. Nous citerons comme localités : Castres, Castelnaudary, Carcassonne, Armissan. Les formations plus nouvelles sont postérieures aux gypses du bassin parisien. Elles se composent d'argiles, de calcaires, de marnes passant au calcaire, de sables passant souvent à la mollasse. On y a trouvé, dans les parties voisines des Pyrénées, particulièrement dans la célèbre localité de Sansan (Gers), un grand nombre de mammifères, tels que *rhinocéros*, *mastodontes*, *dinotherium*, *singes*, etc.

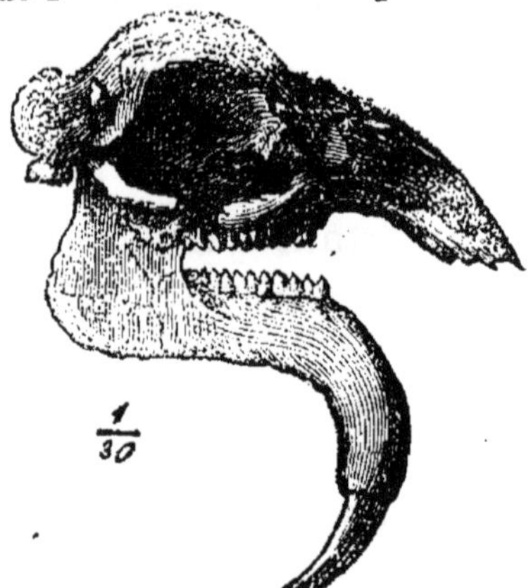

Fig. 162.— Tête osseuse du *Dinotherium giganteum*.

VI. — Les formations Tertiaires de la *Provence* et du *Languedoc* se rapportent parfaitement aux trois sections que nous avons indiquées au commencement de ce chapitre. L'Éocène est représenté, aux environs d'Aix, par une série de couches calcaires, marneuses, argileuses, toutes essentiellement lacustres. A la base de la série, on trouve les lignites bitumineux de Fuveau, au sommet, les gypses d'Aix, qui forment l'équivalent des gypses du bassin parisien. — Le Miocène est représenté par deux assises marines, l'inférieure, marneuse, la supérieure, calcaire et formée de débris coquilliers, parmi lesquels on retrouve souvent des fossiles du Miocène bordelais et du Miocène parisien. — Le Pliocène varie dans sa constitution suivant les localités. Ce sont généralement des dépôts marins, lambeaux d'une ceinture sédimentaire déposée par la Méditerranée, lorsqu'elle s'étendait beaucoup plus avant dans les terres qu'elle ne s'étend aujourd'hui.

VII. — Les formations Tertiaires de la *Bresse* nous offrent d'abord des alternances de marnes, d'argiles, de sables et de mollasse, dans lesquelles se trouvent des couches de lignites exploitées (la Tour-du-Pin, Isère). Au-dessus de cet équivalent du Miocène, paraissent des dépôts sablonneux et caillouteux qui semblent avoir été apportés par les courants alpins. Nous rejoignons ainsi les formations d'origine quaternaire.

CHAPITRE XXV

TERRAINS QUATERNAIRES ET TERRAINS MODERNES.

On réunit généralement sous le nom collectif de TERRAINS QUATERNAIRES, un certain nombre de dépôts, d'origine souvent très-différente, mais qui ont pour caractère commun d'être postérieurs aux derniers éléments de la série Tertiaire, et dont la plupart se continuent encore aujourd'hui, de telle sorte qu'il serait fort difficile d'établir une ligne de démarcation nettement tranchée entre la période Quaternaire et la période Moderne.

Nous grouperons ces dépôts d'après leur origine, et nous considérerons successivement : les produits des *soulèvements*, ceux des *transports par les glaciers et par les glaces polaires*, enfin, ceux du *diluvium* proprement dit.

On rapporte à la période quaternaire un grand nombre de dépôts résultant de l'exhaussement d'anciens rivages marins, et dont les plus remarquables, en Europe, sont ceux qui ont constitué une partie du littoral de la Sicile, et dans lesquels on distingue deux formations successives, l'une de marnes, l'autre de calcaires compactes. Le mouvement d'exhaussement insensible, mais continu, que l'on observe sur les côtes de la Suède et de la Norvége, le mouvement analogue qui se manifeste sur les côtes du Pérou et du Chili, mouvements qui représentent actuellement, dans certaines localités, une surélévation de plusieurs centaines de mètres, ont dû se manifester dès l'époque Quaternaire, comme le montre la nature des coquilles, appartenant à des espèces en général vivantes aujourd'hui, mais qui n'habitent plus précisément les mêmes latitudes. Les *travertins* ou calcaires d'eau douce des environs de Rome et de l'Italie méridionale paraissent remonter à la même époque, aussi bien que les couches fluviatiles de la vallée de la Tamise, et les couches fluvio-marines ou *crag* de Norwich, en Angleterre. Il en est de même des immenses dépôts qui ont formé les *pampas* de l'Amérique méridionale, et dans lesquels se trouvent mélangés les débris d'animaux terrestres, fluviatiles et marins.

Nous savons que les glaciers se déplacent d'une manière très-sensible le long des pentes qui les supportent, et que, dans ce mouvement régulier de translation, ils charrient avec eux des masses de débris provenant des éboulements, débris qui forment, sur divers points du parcours, des amas connus sous le nom de *moraines*. Nous savons, d'un autre côté, que les glaces détachées des régions polaires transportent, chaque année, à de très-grandes distances des quantités énormes de blocs, de fragments anguleux, de gravier et de sable. Or, les géologues admettent généralement que, vers la fin de l'époque Tertiaire, il se produisit un abaissement considérable de température, auquel participèrent simultanément ou successivement les différents continents; c'est ce qu'on a appelé la *période glaciaire*. Sous l'influence de ce refroidissement, les glaciers, antérieurement concentrés dans un petit nombre de régions, s'étendirent sur la plus grande partie de l'Europe. Ceux de la Suisse, particulièrement, franchissant l'espace qui les séparait du Jura, transportèrent jusque sur ces montagnes les blocs de dimensions prodigieuses dont la présence est restée si longtemps sans explication. Lorsque, par la suite, il se fit un retour à la température normale, la fonte des glaciers répandit sur toutes les pentes et sur les plaines subordonnées une couche épaisse de limon et de débris de toute nature. Des glaciers du même genre s'étaient formés dans l'extrême nord de l'Europe; ils avaient suivi également une marche régulière dans la direction du sud, et disséminé sur leur route des fragments volumineux arrachés aux montagnes de la Suède et de la Norvége; ce sont ces fragments, si nombreux aujourd'hui sur tout le littoral allemand de la Baltique, que l'on désigne sous le nom de *blocs erratiques*, aussi bien que les blocs laissés sur les montagnes du Jura. Lorsque, plus ou moins subitement, les immenses glaciers du nord se fondirent ou se disloquèrent; leurs débris et les matières qu'ils entraînaient furent charriés par les courants, et déposèrent sur les parties basses et encore submergées des provinces baltiques, des îles Britanniques, etc., ces amas de matériaux de toutes sortes, connus sous le nom anglais de *drift*.

On appelle *Diluvium* un ensemble de dépôts disséminés dans toutes les grandes vallées des deux continents, et dont la nature ne diffère guère de celle des alluvions que les fleuves actuels laissent sur les contrées riveraines après les inondations. De là vient le nom d'*alluvions anciennes* sous lequel on désigne souvent ces dépôts. Le nom de diluvium a pour origine l'opinion émise par divers géologues que ces alluvions seraient le résultat d'immenses inondations d'eau douce, produites par l'exhaussement subit de certaines portions de la surface du globe. D'autres géologues pensent que les alluvions normalement déposées par les cours d'eau qui occupent le fond des vallées ont suffi pour produire des accumulations de sable et de gravier dont l'épaisseur dépasse souvent deux cents mètres; si, parfois, on trouve des couches alluviales à un niveau très-supérieur au niveau actuel des cours d'eau, c'est que, par une action incessante, prolongée pendant une longue suite de siècles, certains de ces cours d'eau ont creusé le terrain sur lequel ils coulaient, de manière à produire l'abaissement que l'on constate aujourd'hui.

On trouve souvent, dans les descriptions géologiques, les expressions de *diluvium des vallées* et *diluvium des plateaux*. Le diluvium des vallées, qui est le plus ancien, est un terrain d'atterrissement déposé au fond des vallées, après la période d'érosion. Le diluvium des plateaux, formé de sable et de cailloux, résulte d'un nouvel envahissement des eaux, qui, après avoir rempli brusquement les vallées, se sont étendues sur les hauteurs environnantes. La dissémination des blocs alpins semble avoir été postérieure au diluvium des plateaux.

Sans entrer dans la discussion des causes peut-être multiples qui ont produit les alluvions anciennes, nous nous contenterons de mentionner quelques-uns des dépôts qui reconnaissent cette origine. Les rives de la Seine, aux environs de Paris, nous offrent des traces manifestes du diluvium. On trouve, sur des points très-élevés, certaines parties de la forêt de Saint-Germain par exemple, des amas de débris caillouteux que les eaux actuelles, dans leurs plus grands débordements, n'auraient pu élever certainement à un semblable niveau, et parmi lesquels il se rencontre des blocs trop volumineux pour qu'ils aient jamais pu être charriés, dans les faibles conditions de vitesse et d'impétuosité que nous connaissons à la Seine.—Le *læss* du Rhin (*lehm* de l'Alsace) consiste en une sorte de limon pulvérulent, d'une couleur gris jaunâtre, formé d'argile pour les deux tiers environ, et de carbonate de chaux et de sable quartzeux ou micacé pour le dernier tiers. Ce limon renferme des coquilles terrestres ou d'eau douce ; il est répandu dans toute la vallée du Rhin. — Le *diluvium alpin* a disséminé dans les plaines de l'Allemagne, du Piémont, de la Suisse et de la France méridionale des masses incalculables de débris qui se relient sans interruption à la chaîne des Alpes. — On classe généralement parmi les produits du diluvium certains terrains limoneux de l'ancien et du nouveau continent, terrains d'une origine assez complexe, dans lesquels abondent les gisements de métaux précieux et de pierres précieuses, et que, pour ce motif, on a souvent désignés sous le nom de *terrains plusiaques*. — Les *terres noires* du midi de la Russie, si célèbres par leur inépuisable fécondité, appartiennent encore à la période des alluvions anciennes.

On désigne sous le nom de *minerais d'alluvion* des dépôts très-considérables de *limonite*, ou hydroxyde de fer à l'état terreux, géodique, oolithique ou pisiforme, que l'on trouve disséminés dans des couches d'origine alluviale et qui, par conséquent, sembleraient devoir être classés dans la période qui nous occupe. Il en est ainsi, effectivement, pour le plus grand nombre de ces dépôts ; mais plusieurs remontent à une époque beaucoup plus ancienne, et il y a tout lieu de croire que, dans l'espace de temps qui s'est écoulé depuis l'origine des premiers dépôts sédimentaires, des phénomènes analogues à ceux qui ont formé les dépôts du *Diluvium* ont dû se produire à bien des reprises.

Parmi les fossiles de la période quaternaire, les plus intéressants pour nous sont les débris de plusieurs grands mammifères, dont la race est actuellement éteinte, ou qui, après avoir vécu sur toute l'étendue des continents, se trouvent aujourd'hui confinés dans certaines régions très-circonscrites. Nous citerons parmi les premiers : l'Ours des cavernes (*Ursus spelæus*), l'Hyène des cavernes (*Hyæna spelæa*), le Lion des cavernes (*Felis spelæus*), le Mammouth (*Elephas primigenius*), le Rhinocéros laineux (*Rhinoceros tichorhinus*), le grand Hippopotame (*Hippopotamus major*), l'Élan irlandais (*Megaceros hibernicus*) ; le *Megatherium*, le *Megalonyx*, le *Mastodonte*. Parmi les espèces appartenant à la seconde catégorie nous indiquerons : le Bœuf musqué (*Ovibos moschatus*), le Renne (*Cervus tarandus*), l'Aurochs (*Bison europæus*), l'Urus (*Bos primigenius*). L'épithète d'*animaux des cavernes*, appliquée à plusieurs des espèces ci-dessus mentionnées, se rapporte aux localités dans lesquelles on rencontre habituellement leurs débris. Ces débris sont accompagnés, la plupart du temps, d'une quantité d'ossements à l'état fossile, lesquels proviennent des animaux dévorés par ces carnassiers.

Les *cavernes à ossements*, ainsi que les *brèches osseuses*, c'est-à-dire, les failles ou fissures remplies par un mélange d'ossements et de matières sédimentaires, offrent aux géologues et aux paléontologistes d'inépuisables sujets de recherches. Dans un assez grand nombre de cavernes, les débris de mammifères aujourd'hui disparus se trouvent englobés dans un ciment alluvial dont l'origine quaternaire ne paraît guère discutable. On a constaté quelquefois, dans la même gangue et au milieu des mêmes ossements, l'existence d'objets qui sont évidemment des œuvres de l'industrie humaine. Nous voulons parler ici des silex et des os plus ou moins grossièrement taillés sous diverses formes.

Fig. 163. Instrument pour préparer les peaux (silex).

L'homme a donc vécu pendant la période quaternaire; peut-être même l'existence de notre espèce remonte-t-elle beau-

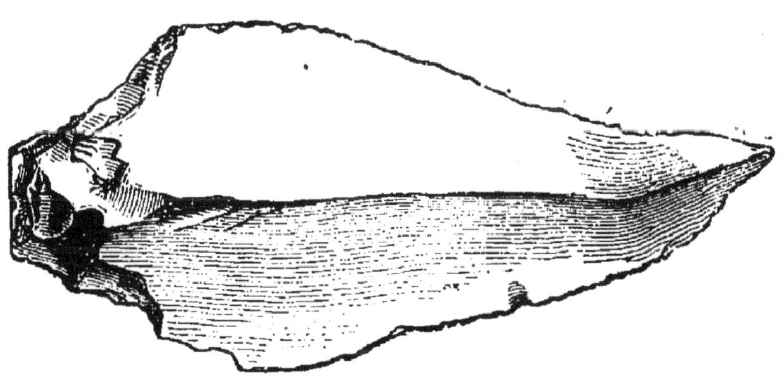

Fig. 164. — Tête de flèche ou d'arme de jet (silex).

coup plus haut, s'il faut en juger par la découverte qu'a faite tout récemment M. l'abbé Bourgeois de silex taillés, dans des couches appartenant bien évidemment au terrain

Tertiaire moyen. Nous croyons devoir donner la coupe de cette fouille, relevée, en octobre 1869, par M. de Mortillet. Des échantillons authentiques des silex ont été déposés au musée de Saint-Germain.

Ce fut en 1841 que M. Boucher de Perthes découvrit pour la première fois, à Menchecour près Abbeville (Somme), des *haches* ou instruments de silex. L'opinion

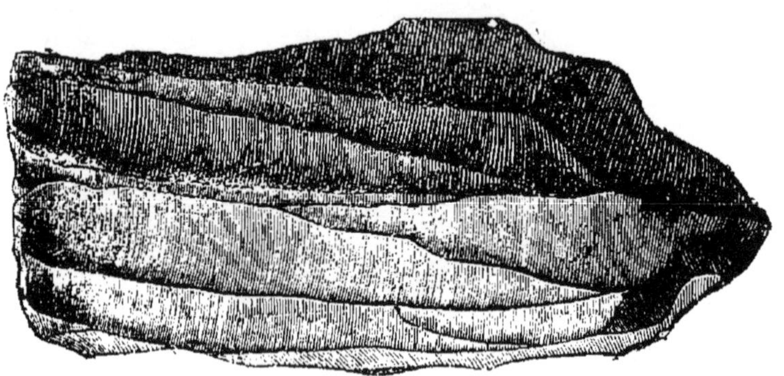

Fig. 165. — *Nucleus* ou noyau de silex.

générale se souleva contre les conclusions qu'il prétendit en tirer relativement à l'ancienneté de la race humaine; on ne

Fig. 166. — Racloir de silex.

voulut pas même admettre que ces haches fussent des objets travaillés. Aujourd'hui, il n'est point de localité, pour

XVI. Coupe d'un puits creusé à Thenay (Loir-et-Cher), par M. l'abbé Bourgeois.

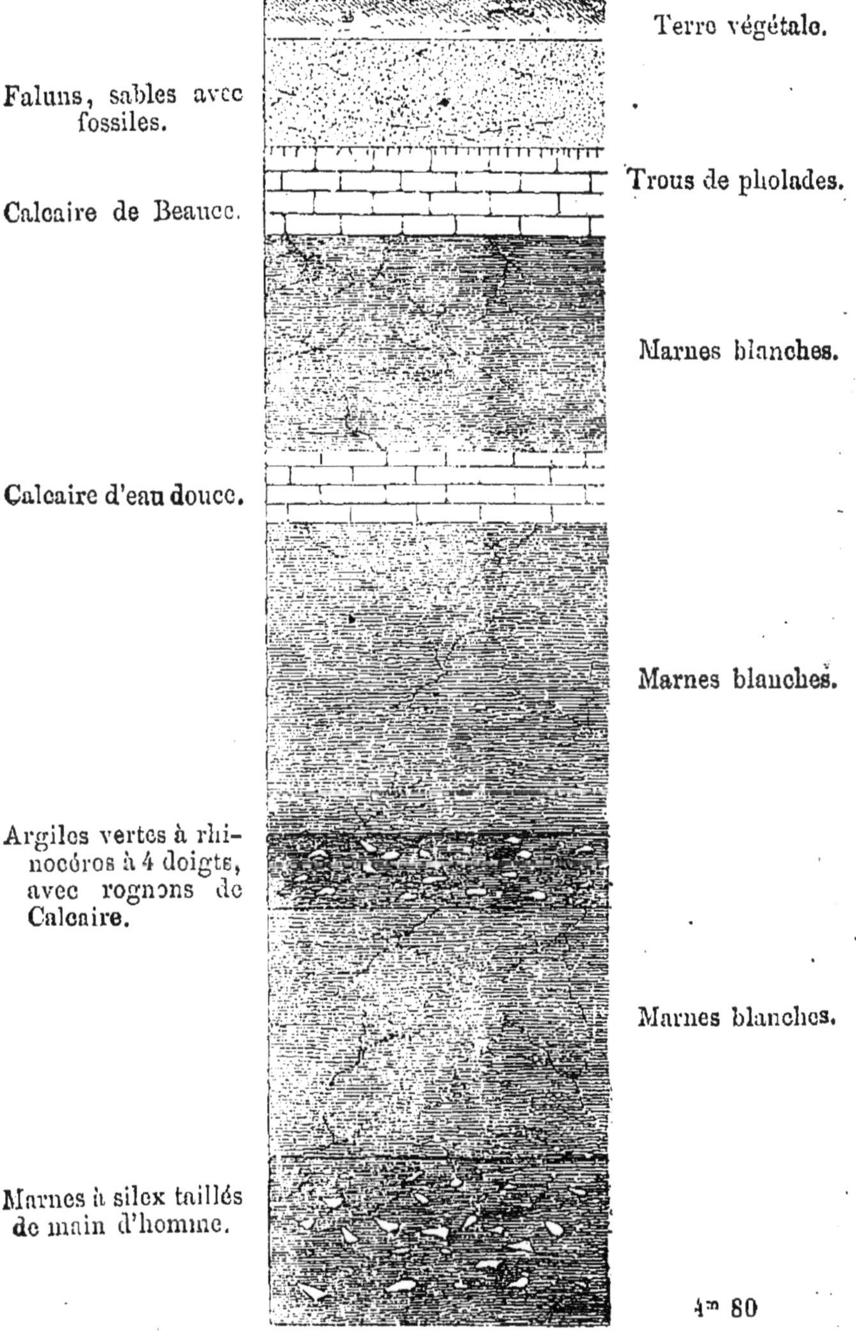

ainsi dire, dans laquelle on ne soit en position de faire des découvertes de cette nature. Tout le monde a vu, à l'Exposition universelle de 1867, les magnifiques collections exposées par M. Lartet, par M. de Vibraye, par M. l'abbé Delaunay, par M. l'abbé Bourgeois, et par un grand nombre d'autres savants. On possède non-seulement un ensemble très-remarquable d'instruments de pierre ou d'os fabriqués incontestablement pendant la période quaternaire, mais encore les premiers rudiments de la sculpture, telle que la pratiquaient les sauvages tribus qui précédèrent la race Celtique dans la possession de notre territoire. La question scientifique semble à peu près complétement vidée aujourd'hui, sauf peut-être en ce qui touche l'absence presque constante d'ossements humains authentiques, parmi tant d'instruments qui sont irrécusablement l'ouvrage de l'homme. Nous sommes réduits sur ce point à des conjectures plus ou moins fondées. Jusqu'à présent, c'est à peine si l'on citerait deux ou trois crânes d'une date tant soit peu certaine, et la seule induction que nous osions tirer de la forme de ces crânes et des renseignements fournis par les objets usuels, c'est que les habitants de la France et d'une partie de l'Europe pendant la période dite *préhistorique* appartenaient probablement à une race voisine de la race Lapone.

Fig. 167. — Tête de lance (silex).

On peut rencontrer dans toutes les couches du diluvium des objets travaillés se rapportant à la période dont il vient d'être question; mais les localités dans lesquelles les recherches ont été jusqu'à présent les plus fructueuses sont: les cavernes et grottes souterraines, les abris sous roche et les terrains nus situés dans le voisinage, les *tumuli* ou collines artificielles construites pour servir de monuments funéraires, les amas de coquilles employées à l'alimentation, les *palafittes*, ou emplacements d'anciens villages lacustres.

Fig. 168. — Éclat de silex.

Quant à la nature des objets, nous pouvons mentionner : les éclats de silex, les *nuclei* ou blocs ayant fourni ces éclats, les couteaux, les racloirs, les pierres à apprêter les peaux, les perçoirs, les coins, les marteaux, les pierres à filets, les haches, les pointes de flèches ou de lances, les pierres de fronde, tous ces objets généralement faits de silex, mais quelquefois de pétrosilex, de basalte, etc. ; — les aiguilles, les poinçons, les hameçons faits d'os ; — les dents d'animaux, les coraux fossiles, les coquillages percés en manière d'ornements ; — les molettes de tisserand en poterie; les débris de vases très-grossièrement faits et sans l'aide du tour ; — les charbons et les cendres de foyers ; les os rongés pour en extraire la moelle.

Nous connaissons, par les travaux des paléontologistes, l'ordre de succession des grands animaux de la période quaternaire. Cet ordre de succession peut se résumer ainsi, en commençant par les animaux les plus anciens : 1° Ours des cavernes; 2° Mammouth et Rhinocéros tichorhinus; 3° Renne; 4° Aurochs. Il est, par suite, assez facile de classer chronologiquement les objets trouvés avec les ossements. Ajoutons que, dans les stations d'origine très-reculée, on ne rencontre jamais d'instruments à faces polies, tandis que, dans les stations d'origine relativement récente, on rencontre non-seulement des instruments de pierre polie, mais encore des instruments de bronze. L'usage du cuivre plus ou moins mélangé d'étain a précédé, comme on le sait, l'usage du fer.

Certains archéologues pensent que l'on peut établir différentes périodes successives sous les noms de : âge de la pierre taillée, âge de la pierre polie, âge du bronze et âge du fer. Bien que les divers modes de fabrication se soient évidemment succédé dans l'ordre ainsi indiqué, il ne nous semble pas que l'on soit en droit d'en inférer qu'il n'y ait pas eu, dans un grand nombre de cas, une incontestable contemporanéité.

L'usage des instruments de pierre paraît s'être conservé pendant une période de temps très-considérable, bien longtemps après qu'on eut découvert l'art de travailler les alliages de cuivre et le fer même. Très-fréquemment, on a trouvé réunis des objets fabriqués avec ces différentes matières. Nous avons eu l'occasion de suivre, à Nemours et dans les environs, les intéressantes recherches d'un de nos archéologues les plus patients et les plus sagaces, M. Doigneau, et nous avons pu constater, dans les mêmes localités, d'une part, la présence simultanée d'objets polis et d'objets simplement taillés par éclats, et, d'autre part, la continuation de ces mêmes objets au-dessus du diluvium, dans les couches tout à fait superficielles du sol, couches dont l'origine est relativement très-récente.

Nous croyons d'une certaine utilité les détails qui précèdent; car la recherche des vestiges de l'homme est désormais intimement liée à l'étude de la géologie. Les limites qui nous sont assignées ne nous permettent point d'insister davantage; nous renverrons nos lecteurs au curieux et savant ouvrage publié par sir John Lubbock sous le titre de : *l'Homme avant l'Histoire*, et dont l'obligeance de M. Germer Baillère, éditeur, nous a mis à même de reproduire ici quelques gravures très-propres à donner une idée exacte des instruments primitifs.

TERRAINS MODERNES.

On réunit sous cette dénomination commune tous les dépôts actuellement en voie de formation : les dépôts limoneux des fleuves sur leurs rives ou à leur embouchure; les dépôts tourbeux dans les marais; les moraines incessamment accrues des glaciers; les ceintures madréporiques des îles de la mer du Sud; les émersions de rivages produites par les exhaussements continus que nous avions déjà signalés dans la période quaternaire. Il faudrait ajouter à notre énumération un grand nombre d'autres modifications qui s'accomplissent incessamment, sur tous les points du globe, dans la distribution relative des matières solides et liquides. Ces modifications, pour être moins appréciables que les grands bouleversements dont l'étude des terrains antérieurs nous a montré la violence, n'en produiront pas moins, par la suite des siècles, des résultats tendant à changer de la manière la plus complète l'aspect de cette surface terrestre qui nous semble arrivée aujourd'hui à une époque définitive de stabilité.

APPENDICE

NOTIONS SUR LA PRODUCTION MINÉRALE DE LA FRANCE.

Il n'existe en France, en dehors des mines de houille et des mines et minières de fer à différents états, qu'un bien petit nombre de gisements qui donnent lieu à des exploitations tant soit peu considérables. Ce n'est pas que l'on n'ait, à diverses époques, découvert, sur différents points du territoire, une assez grande quantité de gisements de substances minérales; mais ces gisements sont, en général, peu étendus, et, de plus, situés dans des pays peu accessibles, par cela même, d'exploitation difficile. En résumé, pendant que l'on comptait, au 1er janvier 1865, sur le territoire français, 595 concessions de mines de combustible minéral et 245 concessions de mines de fer, il n'y avait, pour toutes les autres espèces de mines, que 327 concessions, dont un grand nombre inexploitées.

MINES DE COMBUSTIBLE MINÉRAL.

Les mines de combustible minéral, par leur nombre comme par la quantité et la valeur de leurs produits, méritent tout d'abord de fixer l'attention. En 1864, il existait, comme nous venons de le dire, 595 concessions, embrassant un périmètre de 5631 kilomètres carrés et se répartissant entre 51 départements dans des proportions très-différentes. Nous mentionnerons seulement les départements qui se trouvent placés en tête de la liste.

	k.c.	concess.		k.c.	concess.
Nord................	615	21	Maine-et-Soire.......	172	9
Pas-de-Calais........	520	20	Aveyron.............	165	43
Gard................	475	52	Loire-Inférieure.....	152	3
Saône-et-Loire......	428	23	Mayenne............	130	11
Hérault.............	288	25	Bas-Rhin...........	128	5
Loire...............	285	72	Haute-Saône........	126	9
Bouches-du-Rhône..	277	20	Allier..............	125	20
Moselle............	217	11	Calvados	100	1
Sarthe.	197	7	Isère...............	99	37

Le nombre des mines *exploitées* était de 327, et l'extraction s'est élevée, en comprenant 8 800 000 q. m. d'anthracite, à 112 426 337 quintaux métriques, représentant une valeur de 126 749 126 fr. En 1851, l'extraction pour toute la France n'atteignait pas 45 millions de quintaux; en 1860, elle s'élevait déjà à 83 millions. Cet accroissement si rapide de la production indigène n'a pu suivre néanmoins l'accroissement des besoins de l'industrie, et, en 1864, nous avons dû importer 66 millions de quintaux métriques.

Parmi nos 71 bassins exploités, ceux qui ont contribué pour la plus grosse part à alimenter notre industrie sont : le bassin de Valenciennes (30 millions de q. m.); le bassin de la Loire (31 millions de q. m.); le bassin d'Alais (12 millions); le bassin de Commentry (8 millions); le bassin du Creuzot et de Blanzy (7 millions); le bassin d'Aubin (5 millions); le bassin de Ronchamp (2 millions); le bassin d'Aix (2 millions). Quant aux importations, elles provenaient de la Belgique (40 millions de q. m.); de l'Angleterre (13 millions); des provinces Rhénanes (13 millions).

Les départements qui ont consommé la plus grande quantité de houille sont : le Nord (26 millions de q. m.); — la Seine (19 millions); — la Loire (12 millions); — la Moselle (10 millions); — le Rhône (8 millions); — le Pas-de-Calais (7 millions); le Gard (6 millions); — Saône-et-Loire (6 millions 1/2); — l'Allier (6 millions 1/2.) Ces neuf départements consomment emsemble les 4/7es de la production houillère. Le département qui consomme le moins de houille est celui de la Corse (6,000 q. m.).

La population employée aux travaux des mines de houille représentait, en 1864, 77 000 individus, recevant un salaire moyen annuel de 750 francs, pour un nombre moyen de 288 journées de travail. Le prix de vente des houilles, sur les lieux de production, était, à la même époque, de 1 fr. 12 centimes en moyenne, et le prix de vente en gros, sur les lieux de consommation, de 2 fr. 17 centimes le quintal métrique.

BITUMES ET SCHISTES BITUMINEUX.

Les gîtes de bitumes et de schistes bitumineux sont recherchés avec soin, depuis l'emploi des huiles de schiste. Le nombre des mines exploitées, qui n'était que de 17 en 1855, s'est élevée à 24 en 1864. Ces mines sont groupées dans 7 départements; on en compte 13 dans Saône-et-Loire, 3 dans le Bas-Rhin, 3 dans la Haute-Savoie, 2 dans le Gard, 1 dans l'Ardèche, 1 dans le Puy-de-Dôme. Le chiffre des produits extraits a été, en 1864, de 1 690 000 q. m. valant 858 000 francs. Le département le plus important est celui de Saône-et Loire, qui a produit, en 1864, 1 343 000, q. m. Viennent ensuite : le Bas-Rhin, avec 120 000 q. m. et l'Ardèche, dont la seule mine exploitée a fourni près de 100 000 q. m. Cette production est tout a fait insuffisante relativement aux besoins de notre industrie, et l'importation, en 1866, a dû s'élever à 250 000 q. m., contre une exportation de 40 000 quintaux.

TOURBIÈRES.

A la suite des produits de nos bassins carbonifères, vient se placer la tourbe, combustible intermédiaire entre le bois et la houille, et qui, pour la consommation de certaines industries, peut remplacer l'un ou l'autre. Il a été extrait, en

EXERCICES

SUR CHACUNE DES PARTIES

DE LA

GRAMMAIRE ÉLÉMENTAIRE

A LA MÊME LIBRAIRIE :

DICTIONNAIRE GÉNÉRAL DE LA LANGUE FRANÇAISE, comprenant : 1° Tous les termes littéraires et ceux du langage usuel, avec leur sens propre et leur sens figuré ; 2° Un vocabulaire des principaux termes usités dans les sciences et dans les arts (mathématiques astronomie, physique, chimie, histoire naturelle, botanique, géologie, architecture, etc.) ; 3° Un dictionnaire biographique et mythologique, ou dictionnaire des noms propres de saints personnages de divinités fabuleuses, de personnes qui ont marqué dans l'histoire ou qui se sont illustrées dans les lettres, dans les sciences ou dans les arts ; 4° Un dictionnaire de géographie ancienne et moderne. — Indiquant : 1° La prononciation figurée, dans les cas exceptionnels ou douteux ; 2° Les étymologies propres à déterminer et à rappeler le sens précis des termes scientifiques, et terminé par une liste des citations ou locutions latines, italiennes ou anglaises, le plus fréquemment employées par les Français dans leurs conversations ou dans leurs écrits ; par MM. *Guérard*, préfet des études au collége Sainte-Barbe, et *Sardou*, professeur de langue française à l'école Ottomane. 1 vol. in-16 raisin.

Prix, cartonnage ordinaire......	2	60
— — anglais en percaline gaufrée..........	3	»

DICTIONNAIRE ABRÉGÉ DE LA LANGUE FRANÇAISE, comprenant: 1° Tous les termes littéraires et ceux du langage usuel avec leur sens propre et leur sens figuré ; 2° Un vocabulaire des principaux termes usités dans les sciences ou dans les arts; 3° Un dictionnaire biographique et mythologique, ou dictionnaire des noms propres ; 4° Un dictionnaire de géographie ancienne et moderne. — Indiquant la prononciation figurée, dans les cas exceptionnels ou douteux et terminé par une liste des citations ou locutions latines, italiennes ou anglaises, le plus fréquemment employées par les français dans leurs conversations ou dans leurs écrits; par MM. *Guérard*, préfet des études au collége Sainte-Barbe, et *Sardou*, professeur de langue française à l'école Ottomane. 1 vol. in-18 carré.

Prix, cartonnage ordinaire......	2	»
— — anglais en percaline gaufrée..........	2	25

21933. — Typographie Lahure, rue de Fleurus, 9, à Paris.

COURS COMPLET

DE LANGUE FRANÇAISE

(THÉORIE ET EXERCICES)

PAR M. GUÉRARD

Agrégé de l'Université, Directeur des Études à Sainte-Barbe,
Chevalier de la Légion d'honnenr.

EXERCICES

SUR CHACUNE DES PARTIES

DE LA

GRAMMAIRE ÉLÉMENTAIRE

NOUVELLE ÉDITION

PARIS

LIBRAIRIE CH. DELAGRAVE

15, RUE SOUFFLOT, 15

1879

1864, 3 768 000 quintaux métriques, chiffre très-inférieur à celui de 1847, qui dépassait 5 millions de quintaux. Ce résultat doit être attribué, pour quelques groupes de tourbières, à l'appauvrissement des gîtes, et pour quelques antres, à l'établissement de nouvelles voies de transport qui ont mis les consommateurs en communication directe avec des bassins houillers.

Les départements qui occupent le premier rang pour la production de la tourbe sont : la Somme (1 357 000 q. m.); — le Pas-de-Calais (358 000 q. m.); — l'Aisne (294 000 q. m.); — l'Oise (292 000); — le Doubs (215 000); — la Loire-Inférieure (210 000); — Seine-et-Oise (145 000). Le Nord, qui produisait 135 000 quintaux métriques en 1860, en produit à peine 35 000 aujourd'hui, et le prix de la tourbe est descendu, dans ce département, à moins de 50 centimes le quintal en moyenne.

Le travail des tourbières emploie environ 30 000 ouvriers, mais seulement pendant une partie de la saison d'été, 31 jours, en moyenne.

MINES ET MINIÈRES DE FER.

Les *mines* de fer occupent, en France, le premier rang après les mines de houille. Cependant elles ne constituent pas les seules sources où viennent s'approvisionner nos usines, et de nombreux gîtes superficiels, classés dans la catégorie des *minières* concourent dans une large mesure à l'alimentation des hauts-fourneaux.

Les concessions de mines de fer présentaient, en 1864, une étendue superficielle de 1240 kilomètres carrés, et se répartissaient, dans des proportions très-variables, entre 36 départements. Nous citerons, parmi les départements le plus favorisés sous ce rapport :

Le Gard (233 k. c.); les Basses-Pyrénées (160 k. c.); la Moselle (100 k. c.); l'Ardèche (97 k. c.); l'Isère (79 k. c.); l'Aveyron (63 k. c.).

On verra, par le tableau ci-joint, que la production est loin d'être toujours en rapport avec l'étendue des concessions.

Les départements le mieux partagés sous le rapport de la production sont :

(1864)	q. m.	(1864)	q. m.
Le Cher..........	7 814 000	Le Nord..........	1 647 000
La Moselle.........	5 426 000	La Meurthe........	1 286 000
La Haute-Marne....	5 284 000	La Meuse..........	1 283 000
Le Pas-de-Calais....	2 829 000	La Haute-Saône....	1 134 000
L'Ardèche.........	2 323 000	Le Jura...........	1 112 000
Saône-et-Loire......	1 966 000	La Côte-d'Or......	1 079 000

On peut citer ensuite les départements du Gard, de l'Aveyron, des Ardennes, de la Dordogne, du Doubs, de l'Indre, du Lot et de Lot-et-Garonne, dont la production, inférieure à un million de quintaux dépasse 250 000.

En 1864, la production des 85 mines et des 797 minières en exploitation a été de 39 933 424 quintaux métriques de minerai brut, valant 15 464 258 fr, soit un peu moins de 39 centimes par quintal. Le nombre des ouvriers employés à l'exploitation est actuellement d'environ 15 000.

MINES DE PYRITES DE FER.

Les pyrites de fer sont recherchées par les fabricants de produits chimiques, qui ont trouvé le moyen de les employer directement, au lieu du soufre, dans la fabrication de l'acide sulfurique. En 1864, 9 mines de pyrites de fer étaient en activité, savoir : 7 dans le Gard et 2 dans l'Ardèche ; elles ont produit 406 000 q. m., valant 626 000 francs.

CONCESSIONS ET EXPLOITATIONS AUTRES QUE LES MINES DE FER, DE CHARBON, DE SEL GEMME ET LES SOURCES SALÉES.

Ces mines, en 1864, représentaient 296 concessions, embrassant 3 029 kilomètres carrés, et se divisant ainsi qu'il suit, d'après la nature de leurs produits :

	concess.	k.c.		concess.	k.c.
Graphite ou plombagine	5	10	Plomb et argent	46	725
Bitume	70	321	Cuivre	19	307
Terres pyriteuses et alumineuses	18	74	Plomb, argent, zinc, etc.	60	989
Antimoine	29	152	Or et argent	3	15
Manganèse	22	77	Arsenic	2	5
Plomb et alquifoux	19	166	Etain	1	185
			Soufre	1	78

Ces chiffres se sont quelque peu modifiés, durant l'année 1865, par suite d'un certain nombre de concessions nouvelles (18 environ), s'appliquant à une surperficie de 200 kilomètres carrés.

Malheureusement, la plupart des concessions restent inexploitées, et il n'existe qu'un très-petit nombre de gîtes qui soient l'objet de travaux sérieux et productifs.

En 1864, 15 départements, savoir : Hautes-Alpes, Alpes-Maritimes, Ariége, Aveyron, Corse, Finistère, Gard, Ille-et-Vilaine, Isère, Haute-Loire, Lozère, Puy-de-Dôme, Rhône, Savoie et Var, renfermaient des exploitations d'alquifoux ou de galène argentifère;

5 départements, savoir : Alpes-Maritimes, Moselle, Rhône, Savoie et Var, des exploitations de cuivre pyriteux ou carbonaté;

4 départements, savoir : Alpes-Maritimes, Ariége, Saône-et-Loire et Tarn, des exploitations de manganèse ;

3 départements, savoir : Cantal, Corse et Haute-Loire, des exploitations d'antimoine.

3 départements, savoir : Ariége, Ille-et-Vilaine et Savoie, donnaient, avec le plomb, une certaine quantité de zinc.

1 département, enfin, l'Isère, fournissait quelques quintaux de nickel et de cobalt.

En 1864, le chiffre des mines exploitées s'est élevé à 64, dont 39 d'alquifoux ou de galène argentifère, 12 de cuivre pyriteux ou carbonaté, 8 d'antimoine sulfuré, 4 de manganèse et 1 de nickel et cobalt.

La valeur totale des minerais s'est élevée à un peu plus de 6 millions de francs, dont la moitié au moins pour le minerai de plomb. 5 000 ouvriers ont pris part aux travaux d'exploitation, et leurs salaires représentent 2 600 000 fr.

EXPLOITATION DU SEL.

Bien peu de contrées offrent, pour la production du sel, des circonstances aussi favorables. Vers les frontières de l'Est, en effet, des gîtes inépuisables de sel gemme s'étendent sans discontinuité sous des provinces entières. Le long de la chaîne des Pyrénées et en Savoie, des sources salées, qui doivent également leur origine à des dépôts de sel, alimentent les populations qui les avoisinent. Enfin, l'évaporation des eaux de la mer, pratiquée en grand sur les côtes de la Méditerranée et de l'Océan, dans de vastes réservoirs établis près du rivage, donne annuellement des masses énormes de sel. Les bords de la Méditerranée présentent surtout des ressources toutes particulières pour cette industrie qui n'y connaît d'autres limites que l'étendue des débouchés. Le long des côtes de l'Océan, les ardeurs du soleil sont moins vives, l'évaporation s'opère plus lentement et l'abondance de la récolte varie naturellement avec les circonstances atmosphériques dans lesquelles elle s'opère.

En 1864, la quantité de sel produite en France s'est élevée, sans distinction d'origine, à 8 220 000 quintaux métriques, valant 11 790 000 francs.

Le sel provient de quatre origines différentes : les marais salants, les laveries de sable, les mines de sel gemme et les sources salées.

Les marais salants sont exploités : 1° sur les côtes de l'Océan, dans le Morbihan, la Loire-Inférieure, la Vendée, la Charente-Inférieure, la Gironde ; 2° sur les côtes de la Méditerranée, dans les Pyrénées-Orientales, l'Aude, l'Hérault, le Gard, les Bouches-du-Rhône, le Var, la Corse. Les départements qui comprennent la plus grande étendue de marais sont : la Charente-Inférieure (11 500 hectares) ; la

Vendée (1800 hectares) ; la Loire-Inférieure (1300 hectares); les Bouches-du-Rhône (900 hectares), En 1864, les marais salants ont produit 6 538 000 q. m. de sel, sur lesquels: 2 000 000 de q. m. pour la Charente-Inférieure, 1, 300 000 pour les Bouches-du Rhône, 780 000 pour la Loire-Inférieure et 638 000 pour l'Hérault. En 1862, la Charente-Inférieure n'avait fourni que 732 000 q. m., contre 1 480 000 provenant des Bouches-du-Rhône.

Le nombre des ouvriers occupés dans les marais salants, au moment de la récolte des sels, a été, en 1864, de 27 000.

Les laveries de sable pratiquées sur quelques points du littoral de la Manche constituent une industrie insignifiante.

Les mines de sel gemme et les sources salées ne présentent pas en France, sous le rapport de la production, la même importance que les marais salants; cependant, elles ont acquis sur le marché intérieur une position déjà considérable. On exploitait, en 1864, 13 mines de sel et 14 sources salées : 3 mines de sel dans le Jura, 6 dans la Meurthe, 1 dans la Moselle, 2 dans la Haute-Saône et 1 dans les Basses-Pyrénées ;—2 sources salées dans la Moselle, 1 dans la Meurthe, 9 dans les Basses-Pyrénées, 1 dans l'Ariége et 1 dans la Savoie. En 1864, la production des mines de sel gemme et des sources salées a été de 1 677 000 q. m., valant 4 600 000 fr.

FIN.

TABLE DES MATIÈRES

BOTANIQUE.

GÉOLOGIE.

FIN DE LA TABLE.

Paris. — Imprimerie JULES LE CLERE, rue Cassette, 29.

www.ingramcontent.com/pod-product-compliance
Ingram Content Group UK Ltd.
Pitfield, Milton Keynes, MK11 3LW, UK
UKHW020200250726
13967UKWH00003B/1184

9 782011 902863